InDesign
パーフェクトブック

森 裕司 [著]

CC 2018 対応

はじめに

2001年にリリースされたInDesignも、CC 2018で13番目のバージョンとなりました。当初に比べると機能も格段に増え、さまざまなことが可能となっています。その反面、「機能が多すぎて難しそう」といった声が聞かれるのも事実です。しかし、理解すればするほど操作するのが楽しくなるアプリケーション、それがInDesignです。本書では、ただ単に機能を解説するだけでなく、どうしてそういった使い方をするのかと言った基礎的な考え方についても、できるだけ解説しているので参考にしてください。

なお、この書籍は筆者が個人的に電子書籍として発売していた『InDesignパーフェクトブック（PDF版）』を紙でも読みたいというご要望にお応えして発行したものです。ただ、元の電子書籍が535ページもあるため、全ページを掲載することができず、Chapter 1の環境設定の一部と「インタラクティブな機能」「Creative Cloudのサービス」の章を削除しています。しかし、「インタラクティブな機能」以外のページは無償でPDFを公開していますので、削除されたこれらのページをお読みになりたい方は、以下のURL（https://study-room.info/perfectbook/home.html）からダウンロードしてお読みください。もちろん、電子書籍版を購入することも可能です。また、筆者の運営するサイト『InDesignの勉強部屋（http://study-room.info/id/）』も併せて、ご覧ください。

森 裕司(InDesignの勉強部屋)

Contents

はじめに ･･ 002

Chapter 1
InDesignの基本設定

1-01	InDesignの画面構成 ･･････････････････	010
1-02	ワークスペースを保存する ･･････････････	014
1-03	環境設定と初期設定 ･･････････････････	017
1-04	カラー設定を行う ････････････････････	019
1-05	キーボードショートカットを設定する ･･････	020
1-06	変更しておきたい設定 ････････････････	022
1-07	困ったときは ･･･････････････････････	024

Chapter 2
InDesignの基本操作

2-01	新規ドキュメントの作成 ･･････････････	026
2-02	ガイドを活用する ････････････････････	029
2-03	スマートガイドを活用する ･･････････････	033
2-04	表示の拡大／縮小 ･･････････････････	036
2-05	表示モードを変更する ････････････････	038
2-06	4種類のフレーム ････････････････････	039

Chapter 3
ページに関する操作

3-01	ページの基本的操作 ･･････････････････	042
3-02	ノンブルを作成する ･･････････････････	048
3-03	柱を作成する ･･･････････････････････	051
3-04	テキスト変数を使用して柱を作成する ････	055

3-05	新規でマスターページを作成し、適用する	057
3-06	親子関係を持つマスターページを作成する	063
3-07	見開きからスタートする	065
3-08	ページサイズを変更する	068
3-09	プライマリテキストフレームを活用する	069

Chapter 4
テキストの入力と配置

4-01	2種類あるテキストフレーム	074
4-02	テキストフレームの連結	080
4-03	テキストを配置する	082
4-04	自動流し込み	086
4-05	字形を挿入する	090
4-06	特殊文字・スペース・分割文字を挿入する	094
4-07	テキストフレーム設定を変更する	096
4-08	テキストフレームの自動サイズ調整	098
4-09	テキストフレームに段組の設定をする	100
4-10	フレームサイズをテキスト内容に合わせる	102

Chapter 5
テキストの編集

5-01	テキストに書式を設定する	106
5-02	文字を変形する	108
5-03	ベースラインシフトを適用する	110
5-04	字下げやドロップキャップを設定する	111
5-05	ルビ・圏点・下線・打ち消し線・割注を設定する	114
5-06	ぶら下がりを設定する	121
5-07	OpenType機能を設定する	122
5-08	タブを設定する	125
5-09	段落境界線を作成する	128
5-10	縦中横を設定する	131
5-11	字取り・行取り・段落行取りを設定する	134

5-12	段抜き見出しの作成と段の分割	137
5-13	箇条書き・脚注を設定する	139
5-14	合成フォントを作成する	146
5-15	コンポーザーを設定する	149
5-16	文字揃えとグリッド揃え	151
5-17	行送りの基準位置を設定する	153
5-18	禁則処理と禁則調整方式を設定する	154
5-19	文字組みアキ量設定を設定する	157
5-20	文字を詰める	162
5-21	テキストをアウトライン化する	168
5-22	相互参照を設定する	170
5-23	条件テキストを設定する	174
5-24	検索と置換を活用する	177
5-25	段落に囲み罫と背景色を設定する	186
5-26	ダーシ、引用符の組み方	189

Chapter 6

スタイル機能

6-01	段落スタイルを作成する	196
6-02	文字スタイルを作成する	198
6-03	スタイルを再定義する	200
6-04	オーバーライドを消去とリンクを切断	202
6-05	親子関係を持つ段落スタイルを作成する	207
6-06	次のスタイルを設定する	209
6-07	先頭文字スタイルを設定する	211
6-08	正規表現スタイルを設定する	214
6-09	正規表現スタイルで合成フォントの表現を目指す	217
6-10	検索と置換を利用したスタイル適用	220
6-11	タグを利用したスタイル適用	223
6-12	Wordのスタイルをマッピングして読み込む	225
6-13	グリッドフォーマットを作成する	227

Chapter 7

オブジェクトの操作

7-01	線幅や線種を設定する	230
7-02	角の形状を設定する	233
7-03	正確な角丸を描く	235
7-04	オブジェクトを整列させる	237
7-05	オブジェクトの間隔を調整する	239
7-06	オブジェクトを複製する	241
7-07	複合パス・複合シェイプを設定する	244
7-08	変形時の動作を設定する	246
7-09	効果を設定する	250
7-10	オブジェクトスタイルを設定する	253
7-11	インライングラフィックとアンカー付きオブジェクト	258
7-12	オブジェクトを繰り返し利用する	262
7-13	コンテンツ収集ツールとコンテンツ配置ツール	265
7-14	CCライブラリを活用する	269
7-15	代替レイアウトを作成する	274
7-16	リキッドレイアウトを設定する	282

Chapter 8

画像の配置と編集

8-01	画像を配置する	288
8-02	画像の位置・サイズを調整する	295
8-03	フレーム調整オプションを設定する	300
8-04	リンクを管理する	302
8-05	回り込みを設定する	306
8-06	画像を切り抜き使用する	309
8-07	ライブキャプションを作成する	314
8-08	Illustratorのパスオブジェクトをペーストする	317
8-09	選択範囲内へペーストを活用する	318

Chapter 9

カラーの設定

9-01	カラーを適用する	322
9-02	グラデーションを適用する	324
9-03	スウォッチの作成と適用	327
9-04	特色を作成する	332
9-05	特色の掛け合わせカラーを作成する	333
9-06	カラーテーマツールを使用する	337
9-07	Adobe Color テーマ	339

Chapter 10

表の作成

10-01	表を作成する	342
10-02	Excelの表を読み込む	345
10-03	セルの選択とテキストの選択	347
10-04	表のサイズをコントロールする	349
10-05	セル内のテキストを設定する	352
10-06	パターンの繰り返しを設定する	355
10-07	罫線を設定する	357
10-08	行や列を追加・削除する	360
10-09	セルの結合と分割	363
10-10	ヘッダー・フッターを設定する	365
10-11	表のテキストを差し替える	367
10-12	表スタイルとセルスタイルを作成する	368
10-13	グラフィックセルを活用する	375

Chapter 11

その他の便利な機能

11-01	ブック機能でドキュメントをまとめる	378
11-02	ドキュメントを同期する	381

11-03	目次を作成する	383
11-04	索引を作成する	387
11-05	データ結合を実行する	391
11-06	XMLを利用した組版	397

Chapter 12

ドキュメントのチェックとプリント

12-01	ライブプリフライトを実行する	402
12-02	オーバープリントを確認する	407
12-03	分版パネルで各版の状態を確認する	408
12-04	透明の分割・統合パネルで透明部分を確認する	411
12-05	使用フォントを確認する	413
12-06	プリントを実行する	415
12-07	パッケージを実行する	419

Chapter 13

ファイルの書き出し

13-01	PDFを書き出す	422
13-02	下位互換ファイル（IDML）を書き出す	426
13-03	SWF・FLAファイルを書き出す	427
13-04	EPUB（リフロー型）を書き出す	430
13-05	EPUB（フィックス型）を書き出す	440
13-06	Publish Online	442

INDEX	444

Chapter 1
InDesignの基本設定

- 1-01　InDesignの画面構成 …………………………………… p.010
- 1-02　ワークスペースを保存する ……………………………… p.014
- 1-03　環境設定と初期設定 ……………………………………… p.017
- 1-04　カラー設定を行う ………………………………………… p.019
- 1-05　キーボードショートカットを設定する ……………… p.020
- 1-06　変更しておきたい設定 ………………………………… p.022
- 1-07　困ったときは ……………………………………………… p.024

Chapter 1　InDesignの基本設定

1-01　InDesignの画面構成

InDesignでは、他のアドビ製品と同じように左側に［ツール］パネル、上部にアプリケーションバーや［コントロール］パネル、右側に各種パネルが表示されています。

InDesignの作業エリア

デフォルト設定では、最上部にアプリケーションバー（❶）、その下に［コントロール］パネル（❷）、そして左端には［ツール］パネル（❸）、右端には各種パネル類（❹）が表示されます。各パネルは、表示／非表示を切り替えたり移動したりと、作業しやすいよう自由にセッティングできます。なお、ドキュメントウィンドウ（❺）は、新規ドキュメントを作成するか、または既存のファイルを開くと表示されます。

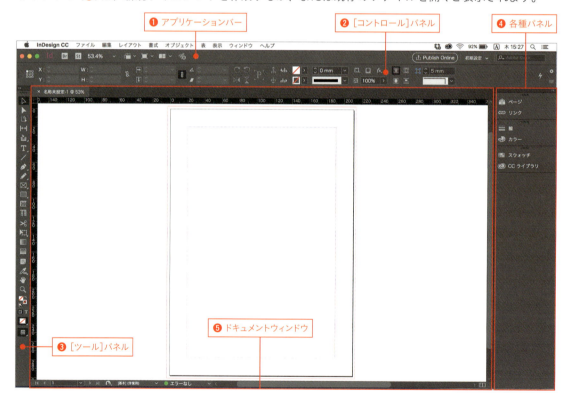

> **One Point　アプリケーションフレーム**
> すべてのパネルやウィンドウを一つの統合ウィンドウとして表示し、アプリケーション全体を一体のユニットとして扱うことができる機能がアプリケーションフレームです（デフォルトではオン）。Macの場合のみ、［ウィンドウ］メニューから［アプリケーションフレーム］をオフにすることができます。

> **One Point　UIの改善**
> CC 2015.4（11.4.0.90ビルド）から、各パネル内のウィジェットやフォントのサイズが大きくなり、見やすいユーザーインターフェイスに改善されました。そして、CC 2017.1（12.1.0.56ビルド）からは、フラットでモダンな通称「スペクトルUI」に変更され、より視認性が向上しています。

InDesignのアプリケーションバー

最上部のアプリケーションバーには、左側からBridgeに移動（❶）、Adobe Stockを検索（❷）、ズームレベル（❸）、表示オプション（❹）、スクリーンモード（❺）、ドキュメントレイアウト（❻）、GPUパフォーマンス（❼）を変更するためのボタンやメニュー、右側にはPublish Online（❽）、ワークスペース（❾）の切り替えメニュー、検索フィールド（❿）が並んでいます（Windows版ではアプリケーションバーの下部にInDesignのメニューが表示されます）。また、CC 2017からは検索フィールド内で［Adobe Stock］または［Adobeヘルプ］を指定して、Adobe Stock内の画像やAdobeのサポートページの関連する内容を検索できます。

InDesignのコントロールパネル

［コントロール］パネルは、選択したツールやオブジェクトの内容によって動的に変化するパネルです。例えば、［選択ツール］を選択すると、座標値、拡大/縮小パーセント等、オブジェクトの位置やサイズに関する項目が多く表示されます（❶）。また、［文字ツール］を選択すると、フォントやフォントサイズ、段落揃え等、テキスト編集に関する項目が表示されます（❷）。表示される項目数は、モニターの解像度によっても変わりますが、オプションメニューからカスタマイズすることも可能です。

One Point　表示／非表示の切り替え

［アプリケーションバー］や［コントロール］パネルの表示／非表示は、［ウィンドウ］メニューの［コントロール］（❶）と［アプリケーションフレーム］［アプリケーションバー］（❷）のオン／オフを切り替えることで可能です（Windows版ではアプリケーションバーはオフにできません）。また、［コントロール］パネルは、パネル右端のオプションメニュー（❸）をクリックすることで、表示位置を変更できます。［下部で結合］を選択するとウィンドウ下部に表示され、［フロート］を選択すると好きな位置に置いておけます（❹）。

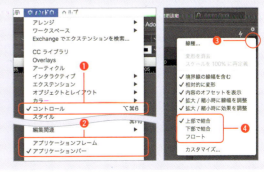

011

InDesignのツールパネル

InDesignの［ツール］パネルでは、作業の内容に応じて目的のツールを選択します。ツールの右下に◢が表示されたアイコンは、隠れたツールがあることをあらわしており、クリックすることで隠れたツールを選択できます。また、ツール名の後にショートカットが書かれている場合、そのショートカットを使用してツールの切り替えができます。

One Point ［ツール］パネルの形状変更

［ツール］パネルの上部の>>部分をクリックすることで、パネルの形状を縦長から縦2段、あるいは横長に変更することができます。作業しやすい形状に変更しておくとよいでしょう。なお、変更は［環境設定］の［インターフェイス］からも可能です。

One Point ［ツールヒント］パネル

［ウィンドウ］メニューから［ユーティリティ］→［ツールヒント］を選択して、［ツールヒント］パネルを表示させると、現在選択しているツールの詳細や修飾キー、ショートカットが確認できます。

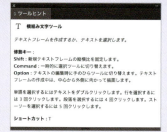

タッチインターフェイス

CC 2015.2（11.2.0.99ビルド）より、タッチインターフェイスの機能が追加されました。この機能は、2in1（ツー・イン・ワン）のデバイスで、キーボードを外した時にタブレットモードで動作するというものです。図は、キーボードを付けた状態でInDesignを起動したインターフェイス（❶）と、キーボードを外した状態のタッチインターフェイスです（❷）。タッチインターフェイスでは、通常のInDesignに比べ、ツールが大幅に少ないのが分かります。

デフォルトの設定では、左側上から［選択ツール］［描画ツール］［横組み文字ツール］［長方形フレームツール・楕円形フレームツール］［長方形ツール・楕円形ツール・多角形ツール］［取り消し］［やり直し］［削除］、右側上から［塗りと線のカラー］［線］［揃えと分布］［不透明度］［テキスト］［CCライブラリ］［コンテキストメニュー］の各パネルが並んでいます。

012

● 新規ドキュメントの作成

[ファイル]メニューから[新規ドキュメント]を選択すると、図のような画面が表示され、目的のサイズを選択できます。もちろん、[カスタム形式]に数値を入力してサイズを指定することも可能です。

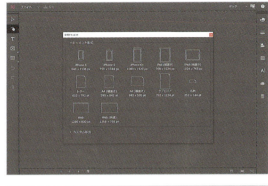

● テキストや図形を作成する

[横組み文字ツール]を選択し、指やタッチペンでドラッグすると自動的にテキストフレームが作成され、ダミーテキストが入力されます。もちろん、[テキスト]パネルを使用した書式の設定も可能です。また、テキストフレーム右側に表示されるスライダーを使用して文字サイズを変更することもできます。

[楕円形ツール]等の図形描画ツールも、指でドラッグすることでオブジェクトを描画できます。もちろん、塗りや線に対してカラー（CMYKとRGBでのカラー指定が可能）や線幅も指定可能です。

● 画像の配置

[ファイル]メニューから[配置]コマンドを実行したり、[CCライブラリ]パネルを利用することで、画像を配置することもできます。もちろん、サイズ調整やトリミングも可能です。なお、作成したドキュメントは[保存]ボタンをクリックすれば保存できます。

● 使用可能なタッチジェスチャー

タブレットモードでは、図のようにさまざまなタッチジェスチャーを使用できます。

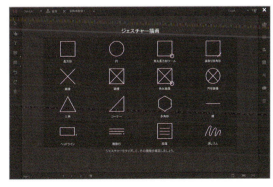

013

Chapter 1　InDesignの基本設定

1-02 ワークスペースを保存する

あらかじめ、表示させるパネルの種類や位置をワークスペースとして登録しておくことで、いつでも登録した時の状態を呼び出すことができます。「テキスト編集用」「画像編集用」等、用途に応じたワークスペースをいくつか作成しておくと便利です。

ワークスペースの保存

❶ 登録したいパネルの状態にする

まず、各パネルの表示／非表示や位置、およびパネルの状態（開いているのか、アイコンパネル化しているのか等）を自分が作業しやすいように設定します。この状態がワークスペースとして登録されることになります。なお、ワークスペースは複数登録可能です。

One Point　パネルのアイコン化と展開

パネルは、パネル右上にある>>部分をクリックすることで、アイコン化した状態と展開した状態を切り替えることができます。アイコン化したパネルを使用するためには展開する必要がありますが、あまり使用しないパネルでスペースを取りたくないような場合には、アイコン化しておくと良いでしょう。

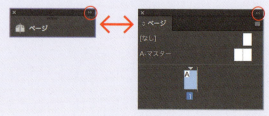

014

❷ **ワークスペースを保存する**

[ウィンドウ]メニューから[ワークスペース]→[新規ワークスペース]を選択します。

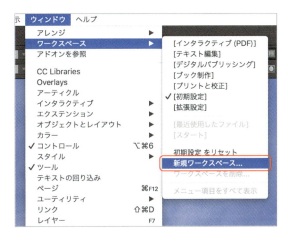

❸ **名前を付ける**

[新規ワークスペース]ダイアログが表示されるので、[名前]を付けて、[OK]ボタンをクリックします。なお、パネルの位置やカスタマイズしたメニューをワークスペースに含めるかどうかも指定可能です。

❹ **ワークスペースを呼び出す**

保存したワークスペースは、[ウィンドウ]メニューの[ワークスペース]の最上部、あるいはアプリケーションバーの右側に表示されるポップアップメニュー最上部に表示されるようになります。目的のセットを選択すれば、いつでもそのワークスペースを保存した時の状態に切り替えることができます。

One Point　ワークスペースのリセットと削除

パネル等を動かしてしまった場合には、[ウィンドウ]メニューから[ワークスペース]→[(ワークスペース名)をリセット]を選択することで、登録時のワークスペースの状態に戻すことができます。
また、不必要なワークスペースを削除する場合には、[ウィンドウ]メニューから[ワークスペース]→[ワークスペースを削除]を選択します。

015

CC 2015（2015.2）からの起動画面

CC 2015.2（11.2.0.99ビルド）から、InDesign起動時の（デフォルトの）画面表示が変わりました。最近使用したファイルを開いたり、［CCファイル（Creative Cloud内のファイル）］にもアクセスできます（図はCC 2018の起動画面）。また、Adobe Stockの画像を検索したり、さらにはInDesignを学ぶためのページにジャンプすることもできます。［新規作成］ボタンをクリックすると、［新規ドキュメント］ダイアログが表示されます。

この画面は、デフォルトの［ワークスペース］に［スタート］が選択されている場合に表示されますが、ワークスペースを他のものに変更すると、最近使用したファイルやAdobe Stockの検索フィールドは表示されなくなります。また、［ウィンドウ］メニューから［アプリケーションフレーム］をオフにすることでも、［スタート］ワークスペースを非表示にできます（Mac版のみ）。あるいは、［環境設定］の［一般］で、CC 2018では［従来の「新規ドキュメント」ダイアログを使用］をオン、CC 2017では［開いているドキュメントがない場合、「スタート」ワークスペースを表示（CC 2017）］をオフにしてもかまいません。

One Point ［新規ドキュメント］ダイアログ

CC 2018から［新規ドキュメント］ダイアログが変更され、［最近使用したもの］［保存済み］［印刷］［Web］［モバイル］等、目的に応じたプリセットを選択できるようになりました（いくつかのテンプレートも用意されています）。この画面上でドキュメントのサイズや方向、ページ数等を指定したのち、［レイアウトグリッド］あるいは［マージン・段組］のいずれかを選択して作業を進めます。以後、これまでと同じ画面が表示されます。

Chapter 1　InDesignの基本設定

1-03　環境設定と初期設定

環境設定の設定内容によって、作業のしやすさは違ってきます。環境設定にはどのような項目があり、どのような動作をするのかをきちんと把握し、自分にとってのベストな設定のバックアップをとっておくと良いでしょう。

環境設定を設定する

❶ [環境設定]パネルを表示する

InDesignを使用する上での、動作の基本的な設定を行うのが[環境設定]です。[InDesign]メニュー（Windowsでは[編集]メニュー）から[環境設定]の任意の項目（図では[一般]）を選択します。

❷ 目的の項目を表示させる

[環境設定]ダイアログが表示されるので、ウィンドウ左側のリストから目的の項目を選択します。図では、[単位と増減値]を選択しました。

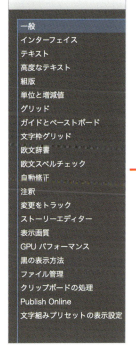
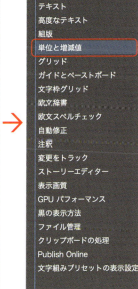

One Point　ドキュメントに埋め込まれる設定と埋め込まれない設定

[環境設定]の設定項目は、ドキュメント自体に埋め込まれるドキュメント依存の設定と、埋め込まれないアプリケーション依存の設定があります。ドキュメント依存の設定は、異なる環境設定のマシンでドキュメントを開いても、その設定が引き継がれるのに対し、アプリケーション依存の設定は、ドキュメントには影響を受けず絶えず同じ設定を維持します（例えば、[高度なテキスト]の[文字設定]は、ドキュメントを開いた状態で変更すると、設定はドキュメントに埋め込まれ、アプリケーション自体の設定には影響を与えません）。

017

❸ 設定を変更し、保存する

自分が作業しやすいように、目的の項目の設定を変更します。図では、[組版]と[テキストサイズ]の設定を[ポイント]に変更し、[OK]ボタンをクリックしました。このように、目的に応じて各項目を設定していくと良いでしょう。

> **One Point　環境設定をデフォルトに戻す**
>
> 環境設定の内容を変更した場合でも、以下の方法で簡単にデフォルトの設定に戻すことができます。Macでは、[shift]＋[option]＋[⌘]＋[control]を押しながらInDesignを起動し、表示されるダイアログで[はい]をクリックします。Windowsでは、InDesignを起動後、直ちに[Shift]＋[Ctrl]＋[Alt]を押し、表示されるダイアログで[はい]をクリックします。
> なお、[環境設定]ダイアログを表示中に[option]（Windowsでは[Alt]）キーを押すと、[キャンセル]ボタンが[リセット]ボタンに変わり、環境設定を開いてからの変更箇所を元に戻すこともできます（環境設定ファイルが削除されるわけではありません）。

> **One Point　環境設定の詳細な内容**
>
> 環境設定の各項目の内容を詳細に記述したPDFを筆者のサイトからダウンロードできます。以下のURLからダウンロードしてください。
> https://study-room.info/data/Chapter_1.pdf

初期設定の保存場所とバックアップ

[環境設定]の設定内容や、カラー設定、ワークスペース、ショートカット等の設定は、初期設定として、自分のマシンに保存されます。この設定がどこにあるかを把握しておき、初期設定が壊れた時のためにバックアップを取っておくとよいでしょう（❶）。また、他のマシンに自分のマシンと同じ環境を再現したい場合にも、初期設定をコピーすれば簡単に同じ環境を再現できます。なお、初期設定は、以下の場所に保存されています。

・**Macの場合**
/ユーザ/<ユーザー名>/ライブラリ/Preferences/Adobe InDesign/Version x.0-J/ja_JP/

・**Windows 7・8・10の場合**
ユーザー¥<ユーザー名>¥AppData¥Roaming¥Adobe¥InDesign¥Version x.0-J¥ja_JP¥

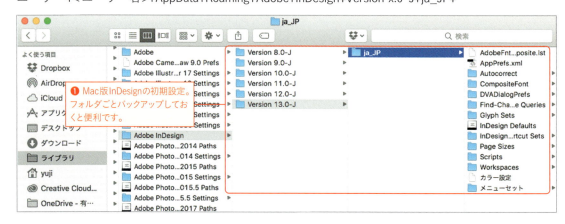

❶ Mac版InDesignの初期設定。フォルダごとバックアップしておくと便利です。

Chapter 1　InDesignの基本設定

1-04　カラー設定を行う

カラー設定はアプリケーション間で統一する必要があります。PhotoshopやIllustratorもInDesignと同じカラー設定にする必要がありますが、アプリケーションごとに設定していては面倒です。アプリケーションごとに異なるカラー設定で作業しないよう、Adobe Bridgeから一括してカラー設定を指定します。

カラー設定

❶ ［カラー設定］を選択する

［カラー設定］は、InDesignの［編集］メニューからも設定できますが、必ずAdobe Bridgeから行うようにします。Adobe Bridgeから実行することで、PhotoshopやIllustrator、InDesignといったAdobe製品の［カラー設定］をまとめて同期できます。アプリケーション間で異なるカラー設定を使用してしまうといったトラブルを避けるためにも、必ずAdobe Bridgeから実行するようにしましょう。

まず、Adobe Bridgeを起動したら、［編集］メニューから［カラー設定］を選択します（❶）。

❷ Bridgeでカラー設定を同期する

［カラー設定］ダイアログが表示されるので、適用したいカラー設定を選択して（❷）、［適用］ボタンをクリックします。これにより、Adobe製品の［カラー設定］がすべて同期されます。

なお、印刷目的で、とくに印刷会社からカラープロファイルの指定がない場合には、「プリプレス用-日本2」の使用が推奨されています。

One Point　Japan Color 2011 Coated

CC 2015.4（11.4.0.90ビルド）から、最新のCMYKプロファイルとなる［Japan Color 2011 Coated］が追加されています。

Chapter 1　InDesignの基本設定

1-05　キーボードショートカットを設定する

InDesignでは、キーボードショートカットが割り当てられていないコマンドにショートカットを設定したり、既存のショートカットを変更したりといったことが可能です。素早く作業するためにもショートカットは欠かせないものです。自分が使いやすいよう、設定しておくと良いでしょう。

キーボードショートカットを設定する

❶ ［キーボードショートカット］を選択する

InDesignでは、キーボードショートカットが設定されていないコマンドにキーボードショートカットを設定したり、既に設定されているキーボードショートカットを別のものに変更することができます。まず、［編集］メニューから［キーボードショートカット］を選択します（❶）。

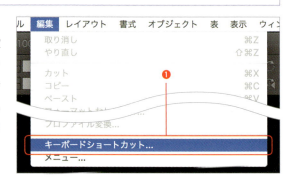

❷ ［新規セット］を作成する

［キーボードショートカット］ダイアログが表示されるので、［新規セット］ボタンをクリックします（❷）。

❸ 名前を付ける

［新規セット］ダイアログが表示されるので、［元とするセット］を選択し（❸）、［名前］を付けたら（❹）、［OK］ボタンをクリックします。なお、［元とするセット］には既存のセットの中から、自分が一番使いやすいものを選択しておくと良いでしょう。

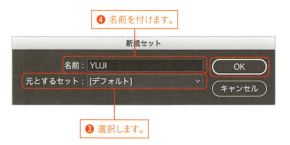

❹ ショートカットを設定する

指定した名前でカスタムのセットが作成され、[キーボードショートカット]ダイアログが表示されます。[機能エリア]と[コマンド]から目的のものを選択し(❺)、[新規ショートカット]フィールドに直接、ショートカットを入力します。図では、[オブジェクト]メニューの[テキストフレーム設定]を選択し、「⌘＋Ｓ」と入力していますが、既に他のコマンドで使用されているため、割り当てることはできません。このように、他のコマンドで使用されている場合、そのコマンド名が表示されます(❻)。

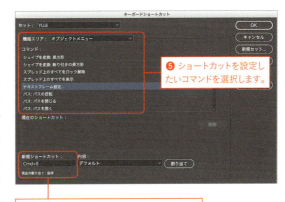

❺ ショートカットを設定したいコマンドを選択します。

❻ 入力したショートカットが既に使用されている場合、現在の割り当てコマンドが表示されます。

❺ 別のショートカットを設定する

今度は、[新規ショートカット]フィールドに「control ＋⌘＋Ｔ」と入力しました。[割り当てなし]と表示されているので(❼)、[割り当て]ボタンをクリックしてショートカットを設定します(❽)。

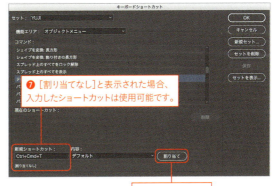

❼ [割り当てなし]と表示された場合、入力したショートカットは使用可能です。

❽ クリックします。

❻ ショートカットが設定される

設定した内容で[現在のショートカット]が登録されるので(❾)、[OK]ボタンをクリックしてダイアログを閉じます。これでショートカットが使用可能となります。

なお、続けてショートカットを登録したい場合には、[OK]ボタンではなく、[保存]ボタンをクリックします。ちなみに、ショートカットは複数、設定可能です。

❾ ショートカットが設定されます。

One Point　セットを表示

InDesignのキーボードショートカットは、設定したいコマンドがどこにあるのか分かりづらいのが難点です。そんな時は、[キーボードショートカット]ダイアログの右側にある[セットを表示]ボタンをクリックしてみましょう。テキストエディタでショートカットセットの一覧が表示されるので、目的のコマンドがどこにあるかを検索してみてください。

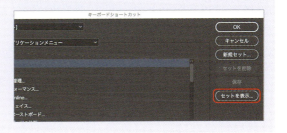

021

Chapter 1 InDesignの基本設定

1-06 変更しておきたい設定

InDesignで作業するにあたり、皆さん、自分が使いやすいように設定を変更して使っていることと思います。ここでは、InDesignの初期設定で変更しておいた方が良いと思われる項目について記述したいと思います。なお、インターフェイスや単位など、個人の好みに関する部分については取り上げていません。

和文組版で変更しておきたい設定

［環境設定］ダイアログの［高度なテキスト］カテゴリーにある［異体字、分数、上付き序数表記、合字で表示］と［テキスト選択/テキストフレームの装飾を表示して書式をさらに制御］は、どちらもオフにしておくのがお勧めです。これらの項目がオンになっていることで、テキスト編集の際の動作がおかしくなるという報告があります。なお、CC 2015では［異体字で表示］［分数で表示］という項目になっています。

［環境設定］ダイアログの［欧文辞書］カテゴリーでは、［日本語］の言語の［二重引用符］と［引用符］の設定に、どちらも一番上の引用符を選択しておきます。これらの設定がデフォルト（一番下の設定）のままになっていると、俗に言う「まぬけ引用符」が使用されてしまいます。

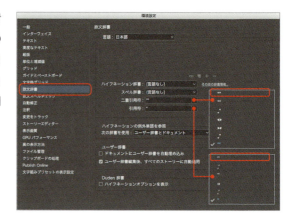

［環境設定］ダイアログの［黒の表示方法］カテゴリーにある［スクリーン］と［プリント/書き出し］は、それぞれ［すべての黒を正確に表示］［すべての黒を正確に出力］を選択しておくのがお勧めです。

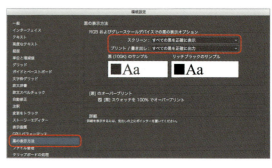

［段落］パネルのパネルメニューでは、まず［連数字処理］をオフにしておきます。この項目がオンの場合、意図しない分離禁止処理や字間の調整がされてしまう場合があります。詳細は、InDesignの勉強部屋の『InDesign 1.0 No.75 連数字処理』でも紹介しています（https://study-room.info/id/studyroom/id1/study75.html）。

次に、ケースバイケースで［全角スペースを行末吸収］をオフにします。この項目は、行末にきた全角スペースを吸収し、全角スペースが行頭から始まらないようにする機能ですが、ぶら下げなくても良い全角スペースであっても強制的にぶら下げ処理をしてしまうので、これを嫌う場合にはオフにしておくと良いでしょう。

コンポーザーもデフォルトの［Adobe 日本語段落コンポーザー］から［Adobe 日本語単数行コンポーザー］に変更しておくのがお勧めです（［環境設定］ダイアログの［高度なテキスト］カテゴリーからも変更できます）。詳細は、Chapter 5『5-15 コンポーザーを設定する』を参照してください。

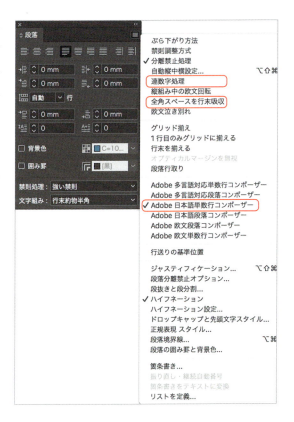

さらに、［段落］パネルのパネルメニューの［禁則調整方式］には［調整量を優先］を選択しておくのがお勧めです（デフォルトでは［追い込み優先］が選択されています）。行中で生じた半端なアキは、［調整量を優先］以外の設定の場合、行頭や行末を禁則文字で調整できる場合のみ、追い込みや追い出しがなされるのに対し、［調整量を優先］では行末や行頭に禁則文字がなくても、追い込む方向で処理が可能というのが理由です。

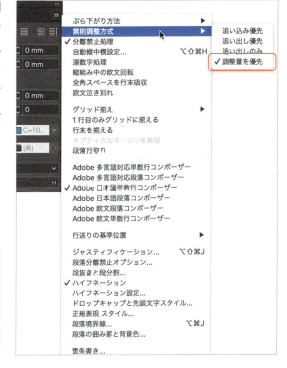

One Point　その他、行っておきたいこと

この項で紹介した設定以外にも、ドキュメントを何も開いていない状態で、カスタマイズした［禁則処理］や［文字組みアキ量設定］をはじめ、良く使うスウォッチや各種スタイル等も読み込んでおくと便利です。また、［縦中横設定］を設定しておくのも良いでしょう。

023

Chapter 1　InDesignの基本設定

1-07　困ったときは

InDesignを操作する上で、何か困ったことや疑問に思ったことがあった場合、検索して調べるクセを付けておくと良いでしょう。購入した書籍で学ぶのはもちろん、現在ではネット上を検索すればさまざまな情報を得ることができます。

InDesignヘルプを活用する

［ヘルプ］メニューから［InDesignヘルプ］を選択すると（❶）、ブラウザが起ち上がり、［Adobe InDesign ラーニングとサポート］が表示されます。［検索］ウィンドウに調べたい内容を入力することで、Adobeサイト内で関連する情報を検索できます（❷）。

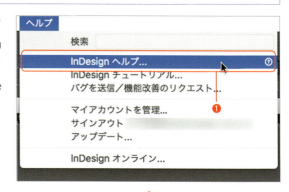

↓

Chapter 2
InDesignの基本操作

2-01　新規ドキュメントの作成 …………………………………… p.026

2-02　ガイドを活用する ……………………………………………… p.029

2-03　スマートガイドを活用する ………………………………… p.033

2-04　表示の拡大／縮小 …………………………………………… p.036

2-05　表示モードを変更する ……………………………………… p.038

2-06　4種類のフレーム …………………………………………… p.039

Chapter 2　InDesignの基本操作

2-01　新規ドキュメントの作成

InDesignで新規ドキュメントを作成する場合、［レイアウトグリッド］と［マージン・段組］の2つのアプローチ方法があります。どちらを選んでも、最終的に同じ印刷物を作ることはできますが、作業途中の手間が変わってきます。用途によって使い分けるとよいでしょう。

新規ドキュメントの作成

❶［ドキュメント］を選択する

［ファイル］メニューから［新規］→［ドキュメント］を選択します（❶）。

❷ ドキュメントの仕様を指定する

［新規ドキュメント］ダイアログが表示されるので、目的に応じて各項目を設定していきます（CC 2018からダイアログが変更されています）。［ドキュメントプロファイル］には、印刷物の制作であれば［印刷］、Web用パーツの制作であれば［Web］、電子書籍等の制作であれば［モバイル］を選択します（❷）。選択した内容に応じて、単位や基本的なカラーモードが変わります。なお、デフォルトでは、裁ち落とし領域外のオブジェクトは印刷されされない設定になっていますが、［裁ち落としと印刷可能領域］の［印刷可能領域］を設定することで、その範囲内にあるオブジェクトの印刷が可能となります（❸）。

One Point　プライマリテキストフレーム

CS5.5まで［新規ドキュメント］ダイアログにあった［マスターにテキストフレーム］という項目は、CS6からは［プライマリテキストフレーム］という機能に変更されました。このオプションをオンにすることで、マスターページ上に自動的にテキストフレームが作成され、ドキュメントページ上にはマスターページと連動したテキストフレームが作成されます。マスターページ上のテキストフレームに変更を加えれば、その変更は即座にドキュメントページ上のテキストフレームに反映されるため、レイアウトが変更される可能性があるような場合に使用すると便利です。詳細は、Chapter 3『3-09 プライマリテキストフレーム』を参照してください。

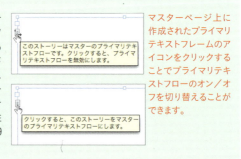

マスターページ上に作成されたプライマリテキストフレームのアイコンをクリックすることでプライマリテキストフローのオン／オフを切り替えることができます。

レイアウトグリッドを使用したドキュメントの作成

❶ [レイアウトグリッド]を選択する

レイアウトグリッドをベースとして作業したい場合には、[新規ドキュメント]ダイアログで各項目を設定した後、[レイアウトグリッド]ボタンをクリックします（❶）。

❷ [新規レイアウトグリッド]ダイアログを設定する

[新規レイアウトグリッド]ダイアログが表示されるので、本文として使用したい書式を設定していきます（❷）。[グリッド書式属性]や[行と段数]を設定すると、その内容に応じて[グリッド開始位置]が計算されるので、天・地・ノド・小口、いわゆる版面の値を指定します（❸）。その際、[グリッド開始位置]のプルダウンメニューには、値を指定しやすいものを選択すると良いでしょう。すべての指定が終わったら、[OK]ボタンをクリックします。

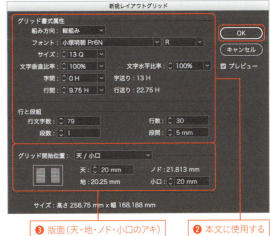

❸ 版面（天・地・ノド・小口のアキ）を指定します。

❷ 本文に使用する書式を指定します。

❸ レイアウトグリッドが作成される

指定した値でレイアウトグリッド（❹）が作成されます。なお、赤いラインが裁ち落としガイド（❺）、その外側の青いラインが印刷可能領域をあらわすガイド（❻）です。

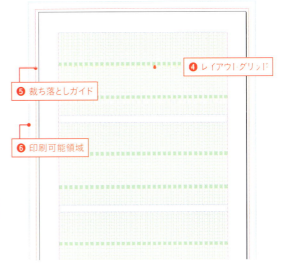

❹ レイアウトグリッド
❺ 裁ち落としガイド
❻ 印刷可能領域

> **One Point** 1歯詰めの指定
>
> 写植でよく使用された「1歯詰め」も再現可能です。[新規レイアウトグリッド]ダイアログで、[字間]をマイナスの値（1歯詰めなら-1）に設定します。もちろん、-0.5といった半端な値も指定可能です。

027

マージン・段組を使用したドキュメントの作成

❶ ［マージン・段組］を選択する

最初にマージンのみを決定して作業を進めたい場合には、［新規ドキュメント］ダイアログで各項目を設定した後、［マージン・段組］ボタンをクリックします（❶）。

> **One Point　ドキュメントプリセットの保存**
>
> 新規ドキュメントの設定は、［ファイル］メニューから［ドキュメントプリセット］→［定義］を選択することで、保存が可能です。保存した設定は［ファイル］メニューの［ドキュメントプリセット］から選択可能になります。よく使用する設定は保存しておくとよいでしょう。

❷ マージンと段組を指定する

［新規マージン・段組］ダイアログが表示されるのでマージン（天・地・ノド・小口のアキ）を指定します（❷）。次に［組み方向］や段数、段間等、［段組］に関する指定をしたら（❸）、［OK］ボタンをクリックします。

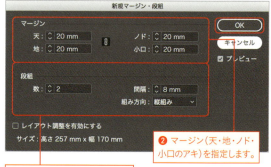

❷ マージン（天・地・ノド・小口のアキ）を指定します。

❸ 段組に関する設定をします。

❸ マージンと段組が指定される

指定した値でマージンガイド（❹）と段組ガイド（❺）が作成されます。なお、段組ガイドは［表示］メニューの［グリッドとガイド］→［段組ガイドをロック］をオフにすると、ドラッグして移動できます。

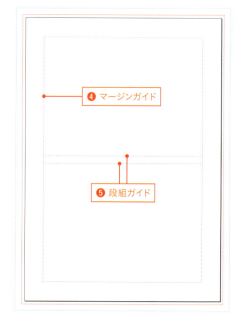

❹ マージンガイド

❺ 段組ガイド

> **One Point　レイアウト調整**
>
> ［新規マージン・段組］ダイアログには、［レイアウト調整を有効にする］という項目があります。この機能は、ドキュメントサイズが変更になった場合に、［レイアウト］メニューの［レイアウト調整（CS5.5まで搭載されていた機能）］で指定された内容に基づいて、各オブジェクトの位置やサイズを調整してくれる機能でした。しかし、CS6からはリキッドレイアウトの機能が搭載され、より高度にオブジェクトの調整が可能になっています。詳細はChapter 7『7-16 リキッドレイアウトを設定する』を参照してください。

Chapter 2　InDesignの基本操作

2-02　ガイドを活用する

レイアウトグリッドやマージンガイド、段組ガイド以外にも、InDesignにはさまざまなガイドが用意されています。オブジェクトを揃える作業には欠かせないガイドについて理解しておきましょう。

ガイドを作成

❶ [ガイドを作成]を選択する

オブジェクトは、ガイドにスナップ（吸着）させることができるため、オブジェクトを揃える際に、ガイドを活用すると便利です。ここでは、複数の等間隔のガイドを作成する方法をご紹介します。まず、[レイアウト]メニューから[ガイドを作成]を選択します（❶）。

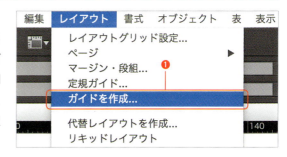

❷ マージンを基準にガイドを作成する

[ガイドを作成]ダイアログが作成されるので、[行][列]のそれぞれに、作成するガイドの[数]やその[間隔]を指定します（❷）。また、ガイドを[マージン]あるいは[ページ]のどちらを基準に作成するのかを選択し（❸）、[OK]ボタンをクリックすればガイドが作成されます。図では、[マージン]を基準にガイドを作成しました。なお、既に作成済みのガイドを削除して、新規にガイドを作成する場合には[既存の定規ガイドを削除]にチェックを入れます。

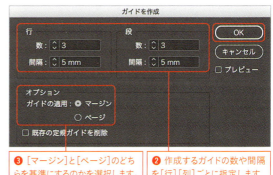

❸ [マージン]と[ページ]のどちらを基準にするのかを選択します。

❷ 作成するガイドの数や間隔を[行][列]ごとに指定します。

One Point　四則演算と全角数字の入力

InDesign CS6より、各パネルの入力フィールドにおいて、複数の演算子（+ - * /）の入力が可能となりました。さらに、InDesign CCからは全角数字の入力にも対応しています。

029

❸ ページを基準にガイドを作成する

今度は、ページを基準にガイドを引いてみましょう。[ガイドを作成]ダイアログで[行]や[列]を指定したら、[ページ]にチェックを入れて（❹）、[OK]ボタンをクリックすると、ガイドが作成されます。なお、既に作成済みのガイドを削除して、新規にガイドを作成する場合には[既存の定規ガイドを削除]にチェックを入れます（❺）。

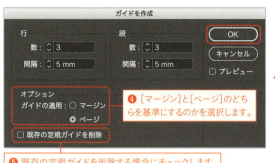

❹ [マージン]と[ページ]のどちらを基準にするのかを選択します。

❺ 既存の定規ガイドを削除する場合にチェックします。

定規ガイドを作成する

❶ 定規の上でクリックする

任意の位置にガイドを引きたい場合には、定規ガイドを作成します。水平定規または垂直定規（図では垂直定規）の上をマウスでクリックすると、図のようにマウスポインタの表示が変わります（❶）。

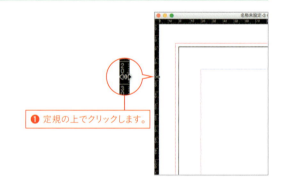

❶ 定規の上でクリックします。

❷ 定規ガイドを作成する

そのままガイドを引きたい位置までドラッグし（❷）、マウスを離すとガイドが引かれます（❸）。なお、ドラッグ中はマウスポインタの右側に現在の座標値が表示されますが、shiftキーを押しながらドラッグすると、定規の目盛りにスナップさせながらドラッグできます。

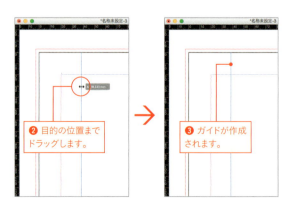

❷ 目的の位置までドラッグします。

❸ ガイドが作成されます。

030

❸ 位置を調整する

なお、マウスを離した直後はガイドが選択された状態になっているため、[コントロール]パネルや[変形]パネルに数値を入力することで、正確な位置にガイドを引くことができます（❹）。

❹ 水平方向のガイドを作成する

水平方向のガイドも作成方法は同じです。水平定規上をクリックしたら、目的の位置までドラッグして（❺）、マウスを離せばガイドが作成されます（❻）。

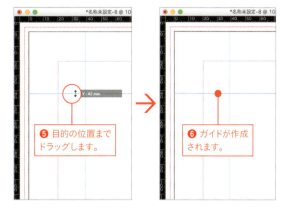

> **One Point　スプレッドガイドの作成**
>
> 水平方向のガイドは、マウスを離したページ上に作成されますが、⌘キー（Windowsでは Ctrl キー）を押しながら定規からドラッグするか、あるいはペーストボード上でマウスを離すと、見開きにまたがるガイド（スプレッドガイド）が作成できます。

❺ 水平・垂直の定規ガイドを一気に作成する

水平と垂直の定規ガイドを、一度の操作で作成することもできます。⌘キー（Windowsでは Ctrl キー）を押しながら、水平定規と垂直定規の交点をマウスでクリックします（❼）。

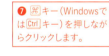
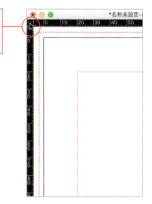

❻ 水平と垂直の定規ガイドが作成される

目的の位置までドラッグし（❽）、マウスを離すと水平と垂直の定規ガイドを一気に作成できます（❾）。

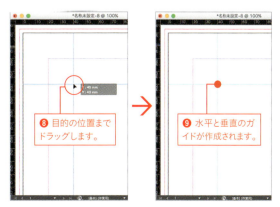

031

定規ガイドの選択と移動

❶ 定規ガイドのロックを解除する

定規ガイドは、通常のオブジェクト同様、選択して移動することができます。ガイドは、選択ツールでクリックすれば選択できますが、選択できない場合にはガイドがロックされているので解除します。解除するには、[表示]メニューの[グリッドとガイド]→[ガイドをロック]をオフにします（❶）。既にオフになっていれば、この手順は必要ありません。

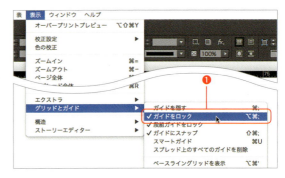

❷ 定規ガイドを選択してドラッグする

選択ツールで目的の定規ガイドを選択したら、そのまま掴んでドラッグします（❷）。マウスを離すと、その位置にガイドが移動します（❸）。

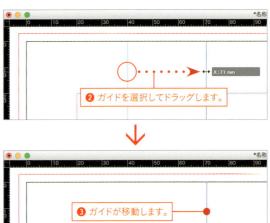

原点の移動

❶ 原点をドラッグして変更する

水平定規と垂直定規の交点をクリックして（❶）、新しく原点にしたい場所までドラッグします（❷）。ここでは、既に作成済みのガイドの交点までドラッグしました。

❷ 原点が変更される

マウスを離すと、原点が変更されます（❸）。なお、原点を元に戻したい場合には、水平定規と垂直定規の交点をダブルクリックします。

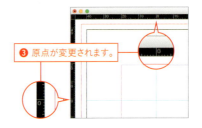

032

Chapter 2　InDesignの基本操作

2-03 スマートガイドを活用する

オブジェクトを新規に作成したり、移動、変形する際に便利なのが、スマートガイドの機能です。作業内容に応じたさまざまなガイドが表示され、直感的に作業できます。スマートガイド、スマートサイズ、スマートスペーシング、スマートカーソルの4つからなっています。

スマートガイド

❶ スマートガイドとは

オブジェクトを揃える際に、他のオブジェクトの端や中心に揃う位置にくるとガイドが表示され、スナップされます。これがスマートガイドです。例えば、図のような2つのオブジェクトがあり、シアンのオブジェクトを移動させてみましょう（❶）。

❶ このオブジェクトをドラッグして移動します。

❷ 端にスナップする

シアンのオブジェクトを移動させていくと、マゼンタのオブジェクトの上端にシアンのオブジェクトの上端が揃う位置にくるとガイドが表示され、スナップされます（❷）。これがスマートガイドです。

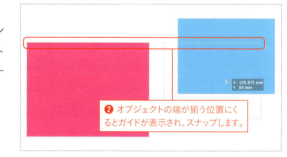

❷ オブジェクトの端が揃う位置にくるとガイドが表示され、スナップします。

❸ 中心にスナップする

さらにオブジェクトを動かしていくと、今度は2つのオブジェクトのそれぞれ中心が揃う位置にくるとガイドが表示され、スナップされます（❸）。このように、オブジェクトの端や中心が揃う位置にくるとガイドが表示されスナップされるため、簡単にオブジェクトを揃えることができます。

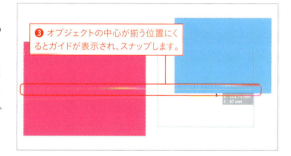

❸ オブジェクトの中心が揃う位置にくるとガイドが表示され、スナップします。

One Point　スマートガイドが表示されない？

スマートガイドの機能は、[表示]メニューの[グリッドとガイド]にある[グリッドにスナップ]と[レイアウトグリッドにスナップ]のいずれかの項目がオンになっていると動作しないので注意してください。

033

❹ **回転角度を揃える**

また、回転角度を揃える場合にもスマートガイドは表示されます。シアンのオブジェクトを回転させてみましょう（❹）。

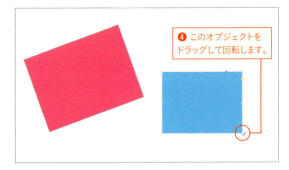

❺ **回転角度が揃う**

シアンのオブジェクトを回転させていくと、マゼンタのオブジェクトの角度とシアンのオブジェクトの角度が同じになる位置にくるとガイドが表示され、スナップされます（❺）。

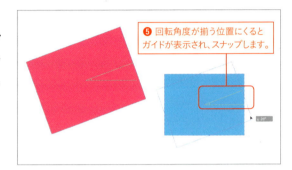

スマートサイズ

オブジェクトを新規作成、変更、回転する際に「幅」「高さ」「回転」が表示され、サイズや回転がまわりのオブジェクトと同じになるとハイライト表示されます。例えば、図のような2つのオブジェクトがあるケースで、シアンのオブジェクトのサイズを変更してみましょう（❶）。

すると、他のオブジェクトと縦、または横のサイズが同じになる所で、サイズが同じことを示すガイドが表示され、スナップします（❷）。

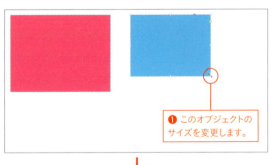

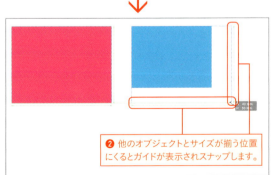

スマートスペーシング

他のオブジェクト間のスペースと同じスペースになるとガイドが表示され、オブジェクトをスナップできます。複数のオブジェクトを等間隔で整列させたい場合に便利な機能です。例えば、図のような3つのオブジェクトがあるケースで、シアンのオブジェクトを移動してみましょう（❶）。
すると、他のオブジェクト間と同じスペースになった所でスペースが同じことを示すガイドが表示され、スナップします（❷）。

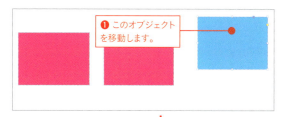
❶ このオブジェクトを移動します。

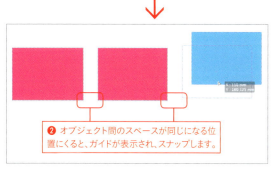
❷ オブジェクト間のスペースが同じになる位置にくると、ガイドが表示され、スナップします。

スマートカーソル

オブジェクト間を移動したり、変形させたりする際に、カーソルに「X位置」「Y位置」「幅」「高さ」「回転」などの情報が表示されます（❶）。これをスマートカーソルといいます。

❶ カーソルにさまざまな情報が表示されます。

> **One Point** 表示／非表示の切り替え
>
> スマートガイドの機能は、オブジェクトを揃えるのに非常に便利な機能ですが、オブジェクトが複雑に入り組むドキュメントでは、頻繁にガイドが表示され、逆に作業しづらい場合もあります。そのような場合は、［環境設定］の［ガイドとペーストボード］の［スマートガイドオプション］で表示のオン／オフを切り換えることができます（❶）。また、スマートカーソルの表示も［環境設定］の［インターフェイス］の［変形値を表示］で切り替えることが可能です（❷）。
>
>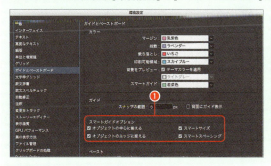

035

Chapter 2　InDesignの基本操作

2-04　表示の拡大／縮小

表示の拡大／縮小は、頻繁に行う作業です。InDesignでは、さまざまな方法で拡大／縮小が可能です。作業内容に応じて、使い分けるとよいでしょう。

ズームツールで拡大・縮小する

❶ クリックして拡大／縮小する

［ツール］パネルから［ズームツール］を選択します（❶）。［ズームツール］を選択すると、マウスポインタの形状が変わるので拡大したい場所でクリックします（❷）。すると、クリックした位置を中心に拡大されます（❸）。続けてクリックすると、さらに拡大されます。なお、縮小したい場合には、option キー（Windowsでは Alt キー）を押しながらクリックします。

❷ ドラッグして拡大／縮小する

［ズームツール］を選択し、クリックではなく任意の場所をドラッグすると（❹）、ドラッグした範囲がウィンドウいっぱいに表示されます（❺）。なお、option キー（Windowsでは Alt キー）を押しながらドラッグして縮小することも可能です。

表示倍率を変更する

現在の表示倍率は、アプリケーションバーの［ズームレベル］に表示されています。ポップアップメニューから目的の倍率を選択、あるいはウィンドウに直接、数値を入力することで目的の倍率に変更できます（❶）。

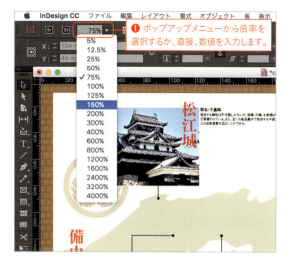

❶ ポップアップメニューから倍率を選択するか、直接、数値を入力します。

One Point　アニメーションズーム

CC 2015.4（11.4.0.90ビルド）より、アニメーションズームが可能になりました（GPUパフォーマンスに対応しているマシンのみ）。［環境設定］の［GPUパフォーマンス］で［アニメーションズーム］がオンになっていると、［ズーム］ツール選択時にクリックしながら左にドラッグするとズームアウトし、右にドラッグするとズームインします。

［表示］メニューを使用する

［表示］メニューには、拡大のための［ズームイン］コマンド、縮小のため［ズームアウト］コマンドが用意されています。これらのコマンドを使用して拡大／縮小ができますが、実際の作業ではショートカットを使用すると素早く作業できます（❶）。なお、［ページ全体］［スプレッド全体］［100％表示］［ペーストボード全体］コマンドもよく使用しますので、ショートカットを覚えておきましょう。

One Point　パワーズーム

［手のひらツール］を選択時に、マウスをプレスするとマウスポインタの表示が変わり、赤い枠が表示されます。この赤い枠を「ズーム領域マーカー（❶）」といい、この状態で任意の場所に移動してマウスボタンを離すと、画面表示の領域を移動することができます。この際、ズーム領域マーカーで指定された場所が元のズームレベルで表示されます。なお、ズーム領域マーカーのサイズは、上下の矢印キーまたはマウスのスクロールホイールを使用して拡大または縮小できます。

※この操作は、任意のツールを選択時に □ （スペース）キーを選択している場合にも有効です。
※文字編集をしている場合でも、 option キー（Windowsは Alt キー）を押して一時的に［手のひらツール］になっていれば有効です。

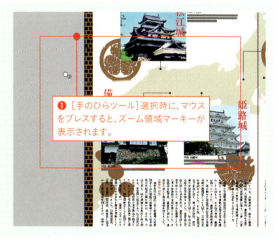

❶［手のひらツール］選択時に、マウスをプレスすると、ズーム領域マーカーが表示されます。

037

Chapter 2　InDesignの基本操作

2-05　表示モードを変更する

実際には印刷されないガイド類は、表示と非表示を切り替えながら作業すると便利です。［表示］メニューからも切り替えられますが、すべての印刷されないオブジェクトを非表示にする際には、［ツール］パネルから切り替えると良いでしょう。

表示モードの変更

実際には印刷されないフレーム枠やガイド類は、作業時には欠かせないものですが、仕上がりのイメージを確認するようなケースでは、非表示にした方が作業しやすくなります。さまざまな方法で表示を切り替えられますが、すべての印刷されないオブジェクトを一番簡単に非表示にするには、表示モードを切り替えると便利です。［ツール］パネルの一番下のアイコンをクリックすることで、切り替えが可能です（❶）。なお、［プレゼンテーション］は、その名のとおり、プレゼンテーション時に使用するモードなので、印刷物を制作する時は使用しません。

❶ クリックして、目的のモードを選択します。

標準モード

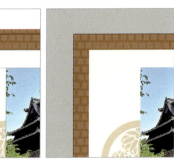
プレビュー

裁ち落としモード

印刷可能領域モード

One Point　［表示］メニューからの切り替え

［表示］メニューの［エクストラ］と［グリッドとガイド］には、ガイドをはじめ、グリッドやフレーム枠等の表示／非表示を個別に切り替えるコマンドが用意されています。目的に応じて使い分けましょう。

Chapter 2　InDesignの基本操作

2-06　4種類のフレーム

InDesignには、4種類のフレームが用意されています。それぞれのフレームの基本的な用途は決まっていますが、配置する内容によってフレームの属性は変化します。InDesignのフレームの特性を理解しておきましょう。

4種類のフレーム

❶ InDesignのフレームとは

InDesignでは、画像やテキストといったアイテムをレイアウトする場合には、必ずフレームと呼ばれる入れ物の中に配置して作業を行います。この考え方は、Illustratorと大きく異なります。フレームは4種類あり、（長方形）フレームツールで作成する画像配置用のグラフィックフレーム（❶）、（長方形）ツールで作成する長方形（❷）、文字ツールで作成するテキスト用のプレーンテキストフレーム（❸）、そしてグリッドツールで作成するフレームグリッドがあります（❹）。

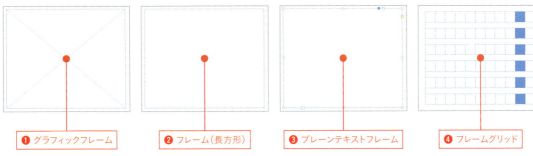

❶ グラフィックフレーム　　❷ フレーム（長方形）　　❸ プレーンテキストフレーム　　❹ フレームグリッド

❷ 変化するフレームの属性

本来、それぞれのフレームの役割は異なっていますが、試しに各フレームに画像を配置してみましょう。グラフィックフレームに画像が配置できるのは当たり前ですが、その他のフレームにも画像が配置できてしまうはずです。これは、元のフレームの属性がなんであれ、InDesignは配置したものの内容に応じてフレームの属性を変化させることができるためです。

グラフィックフレーム　　　フレーム（長方形）　　　プレーンテキストフレーム　　フレームグリッド

039

❸ 変化したフレームの属性

今度は、[ダイレクト選択ツール]で各フレーム内をクリックし、delete キーを押して画像を削除してみましょう。すべてのフレームがグラフィックフレームに変化しているのが分かります。

グラフィックフレーム

フレーム（長方形）

プレーンテキストフレーム

フレームグリッド

❹ パスでできているフレーム

では、[文字ツール]で、いずれかのフレームをクリックしてみましょう。フレーム内にカーソルが表示され、文字が入力できるはずです（❺）。さらに、ペンツールでフレームのライン上をクリックしてアンカーポイントを追加してください。もちろん、アンカーポイントは動かすことができるので、フレームの形も自由に変形できます（❻）。このように、InDesignのフレームはパスでできており、自由度が非常に高いことが分かるでしょう。

❺ 文字ツールでフレームをクリックすると、プレーンテキストフレームに変化し、文字が入力できます。

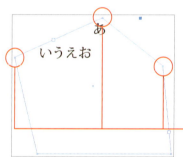

❻ アンカーポイントを追加したり、アンカーポイントを動かしてフレームを変形できます。

❺ フレームの属性はメニューからも変更可能

InDesignでは配置したアイテムの内容によって、フレームの属性は自動的に変化しますが、メニューから手動で変更することも可能です。[オブジェクト]メニューの[オブジェクトの属性]（❼）、および[フレームの種類]（❽）で目的のものを選択します。

❼ 目的のものを選択して、オブジェクトの属性を変更できます。

❽ 目的のものを選択して、プレーンテキストフレームとフレームグリッドを切り替えられます。

Chapter 3
ページに関する操作

3-01	ページの基本的操作	p.042
3-02	ノンブルを作成する	p.048
3-03	柱を作成する	p.051
3-04	テキスト変数を使用して柱を作成する	p.055
3-05	新規でマスターページを作成し、適用する	p.057
3-06	親子関係を持つマスターページを作成する	p.063
3-07	見開きからスタートする	p.065
3-08	ページサイズを変更する	p.068
3-09	プライマリテキストフレームを活用する	p.069

Chapter 3　ページに関する操作

3-01　ページの基本的操作

ここでは、ページ関係の基本的操作を紹介します。目的のページに移動したり、ページの挿入、削除、移動等、その操作の多くは［ページ］パネルから実行できます。いろいろな方法があるので、目的に応じて使い分けるとよいでしょう。

表示するページの移動

❶ ページアイコンをダブルクリックする

ページの移動は、さまざまな方法で行うことができます。まずは、［ページ］パネルを使ってページを移動してみましょう。［ページ］パネルで表示させたいページのページアイコンをダブルクリックします（❶）。すると、そのページがドキュメントウィンドウの中央に表示されます（❷）。

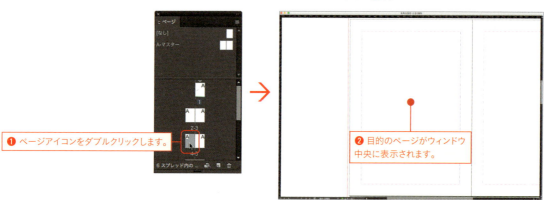

❷ ページ番号をダブルクリックする

［ページ］パネルで表示させたいスプレッド（見開き）のページ番号の部分をダブルクリックします（❸）。すると、そのスプレッドがドキュメントウィンドウの中央に表示されます（❹）。

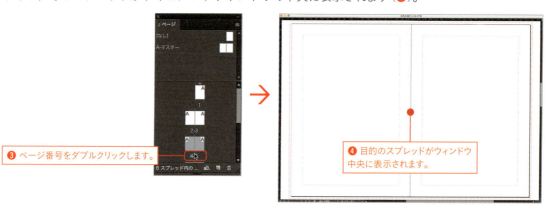

042

❸ ページを指定して移動する

ドキュメントウィンドウ左下に表示されている[ページボックス]に直接ページ数を入力して return キー（Windowsでは Enter キー）を押すか（❺）、あるいはその右側にある▼マークをクリックして、ポップアップメニューから目的のページ番号を選択しても移動できます（❻）。

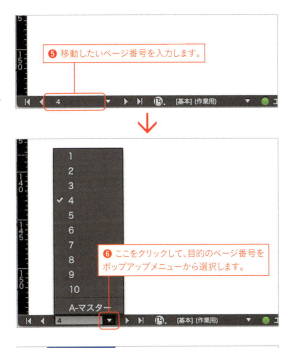

❺ 移動したいページ番号を入力します。

❻ ここをクリックして、目的のページ番号をポップアップメニューから選択します。

❹ メニューからコマンドを実行する

[レイアウト]メニューから[先頭ページ][前ページ][次ページ][最終ページ][次スプレッド][前スプレッド]を選択すると、その内容に応じたページに移動できます（❼）。また、[ページへ移動]を選択すると（❽）、[ページへ移動]ダイアログが表示されるので、ページ番号を指定して目的のページに移動できます。なお、[先頭ページ][前ページ][次ページ][最終ページ]コマンドは、ドキュメントウィンドウ左下の[ページボックス]横のアイコンをクリックすることでも、同様の結果が得られます。

❼ 目的のコマンドを選択します。

❽ ページを指定する場合には、ここを選択します。

❺ ページをスクロールする

ドキュメントウィンドウの右端に表示されるスクロールバーを動かすことでもページを移動できます（❾）。もちろん、ホイールマウスを使用していれば、マウス操作でページをスクロールできます。

❾ スクロールバーを動かしてページを移動します。

043

ページの挿入

❶ ［ページを挿入］を選択する

ページの挿入も、いくつかの方法があります。まず、［ページ］パネルのパネルメニューから［ページを挿入］を選択します（❶）。

> **One Point** ［レイアウト］メニューからも実行可能
>
> ［ページを挿入］コマンドは、［レイアウト］メニューの［ページ］からも実行できます。

❷ ページを挿入を実行する

［ページを挿入］ダイアログが表示されるので、［ページ］や［挿入］［マスター］等、必要な項目を設定し（❷）、［OK］ボタンをクリックします。図では、3ページ目の後に、2ページ追加しています。

❷ 各項目を設定します。

❸ ページが挿入される

指定した位置に、指定したページ数が追加されます（❸）。

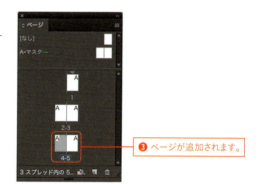

❸ ページが追加されます。

> **One Point** 選択とターゲットの違いに注意
>
> ページに関する操作を行う際に注意したいのが、「選択」と「ターゲット」です。図のケースでは、ページアイコンが青くハイライトされている状態（2ページ目）が「選択（❶）」、ページ数が白黒反転している状態（4-5ページ）が「ターゲット（❷）」となります。ページアイコンを1回クリックすれば「選択」となり、ダブルクリックすれば「ターゲット」となりますが、ページに関するコマンドは「選択」しているページに実行されるものと、「ターゲット」のページに対して実行されるものがあります。
>
> 例えば、図の状態からページを削除するコマンドを実行したとしましょう。実際に表示されているのは4-5ページなので、4-5ページが削除されると思いがちですが、実際には2ページ目が削除されてしまいます。「選択」なのか「ターゲット」なのかを意識しながら作業しないと、思わぬ事故に繋がるので注意しましょう。

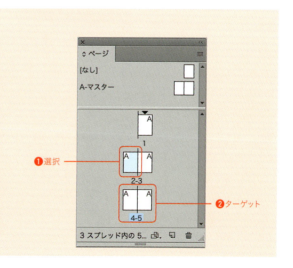

❶ 選択
❷ ターゲット

直感的なページの挿入

❶ マスターアイコンを選択する

マウス操作のみで、直感的にページを追加することも可能です。この場合、まず追加したいマスターアイコンを選択します。片ページのみを追加したい場合には、アイコン部分をクリックして選択すればOKですが（❶）、スプレッド（見開き）を追加したい場合には、一度マスターページの文字部分（図では「A-マスター」）をクリックすると見開きのアイコンすべてが選択できます（❷）。

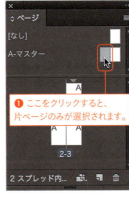

❶ ここをクリックすると、片ページのみが選択されます。

❷ ここをクリックすると、見開きが選択されます。

❷ マスターアイコンをドラッグする

次に、選択されたマスターアイコン、あるいはマスターページの文字部分をつかんで、ページを挿入したい位置までドラッグします。縦にラインが表示される位置でマウスを離せばページが挿入されます。どこにページが挿入されるかは、縦のラインの表示位置で確認できます（❸）（❹）。

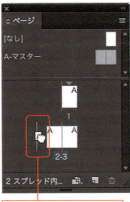

❸ 縦のラインが表示されたら、マウスを離します。この場合、2ページの前に挿入されます。

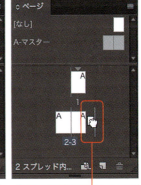

❹ 縦のラインが表示されたら、マウスを離します。この場合、3ページの後に挿入されます。

❸ ページが挿入される

ドラッグした場所にページが挿入されます（❺）。なお、この方法の場合、一度に挿入できるのは見開き単位となります。多くのページを一度の操作で追加したい場合には、前頁の手順で追加します。

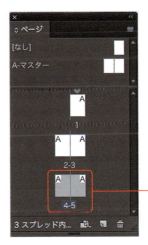

❺ ドラッグした場所にページが追加されます。

> **One Point　[ページ]パネルのアイコンからも挿入可能**
>
> ページの挿入は、[ページ]パネルの[ページを挿入]アイコンをクリックすることでも実行できます。このコマンドを実行した場合、現在選択しているページの次に1ページ追加されます。
>
>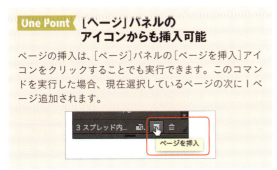

ページの削除

❶ [ページ]パネルでページを削除する

[ページ]パネルで、削除するページアイコンを選択し(❶)、[選択されたページを削除]アイコンをクリックすると(❷)、ページが削除されます。なお、[ページ]パネルのパネルメニューから[ページを削除]、あるいは[スプレッドを削除]を実行してもページを削除できます。

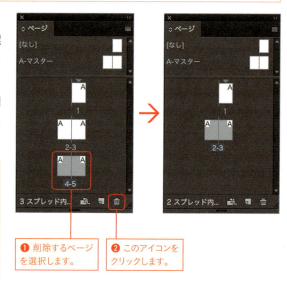

❶ 削除するページを選択します。
❷ このアイコンをクリックします。

> **One Point** [ページ]パネルのアイコンを使用した削除
>
> 複数の連続するページを選択する場合には、shiftキー、連続しない複数のページを選択する場合には⌘キー(WindowsではCtrlキー)を押しながらクリックします。なお、ページアイコン下のページ番号をクリックすると、スプレッドを選択できます。

❷ メニューからページを削除する

[レイアウト]メニューの[ページ]から[ページを削除]を実行することでもページを削除できます(❸)。この方法の場合、削除するページ範囲を指定することが可能です(❹)。

❹ 削除するページ範囲を指定します。

> **One Point** ページ範囲の指定
>
> ページ範囲の指定には、ハイフンとカンマを使用することが可能です。連続ページの指定はハイフン、連続していないページの指定にはカンマを使用します。図のケースの場合、4〜7ページと12ページが削除されます。

> **One Point** パネルオプション
>
> [ページ]パネルのパネルメニューから[パネルオプション]を選択すると、[パネルオプション]ダイアログが表示され、アイコンのサイズ等、[ページ]パネルの見た目の表示を変更できます。あくまでも見た目の変更がされるだけなので、自分が作業しやすいように設定しておくとよいでしょう。なお、ページアイコンを横にも並べて表示でしたい場合には、パネルメニューの[ページの表示]から[横方向]を選択すればOKです。

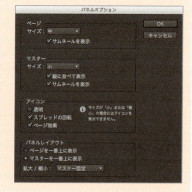

046

ページの移動

ページを移動する

移動させたいページ、あるいはスプレッドを選択したら（❶）、目的の場所までドラッグします（❷）。縦の線が表示される位置でマウスを離せばページが移動します（❸）。

❶ 移動するページを選択します。

→

❷ 移動するページまでドラッグします。

→

❸ ページが移動します。

One Point ［ページを移動］ダイアログ

ページの移動は、［レイアウト］メニューの［ページ］、あるいは［ページ］パネルのパネルメニューからも実行可能です。この場合、どのページをどこに移動させるかを設定する［ページを移動］ダイアログが表示されます。

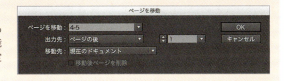

One Point スプレッドビューを回転とカラーラベル

［ページ］パネルのパネルメニューにある［ページ属性］には、［カラーラベル］と［スプレッドビューを回転］という項目があります。［カラーラベル］では、ページ単位でアイコンにカラーのラベルを付けることができます（❶）。初校、再校といったように、仕事の進み具合に応じて色分けする等、目的に応じてラベル付けしておくと便利です。
［スプレッドビューを回転］は、任意のページを回転できる機能です（❷）。横向きで配置したオブジェクトを編集する際、一時的にページを回転させておくといったようなケースで使用すると便利です。［スプレッドビューを回転］から目的のコマンドを実行すれば、指定した方向にページの表示が回転します。なお、回転を解除する時は［回転を取り消し］を実行します。

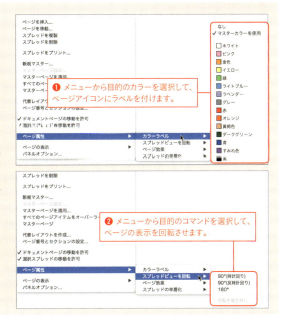
❶ メニューから目的のカラーを選択して、ページアイコンにラベルを付けます。

❷ メニューから目的のコマンドを選択して、ページの表示を回転させます。

047

Chapter 3　ページに関する操作

3-02　ノンブルを作成する

ページ物に必須なのが、ノンブルです。InDesignでは、ノンブルのことをページ番号と呼び、マスターページ上にページ番号の指定をすることで、自動的に連番のノンブルを発生させることができます。ページ番号のスタイルも選択可能なので、目的に応じて使い分けましょう。

ノンブルの作成

❶ マスターページへ移動し、テキストフレームを作成する

[ページ]パネルでマスターアイコン、あるいは文字部分をダブルクリックして（❶）、マスターページへ移動します。マスターページが表示されたら［文字ツール］を選択し、ノンブルを作成したい位置にテキストフレームを作成します（❷）。なお、テキストフレームは、ノンブルの桁数が大きくなってもちゃんと入るよう余裕を持った大きさで作成しておきましょう。

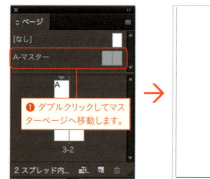

❷ 現在のページ番号を挿入する

作成したテキストフレーム内にカーソルをおき、書式メニューから［特殊文字の挿入］→［マーカー］→［現在のページ番号］を選択すると（❸）、「A」と入力されます（❹）。この「A」は、文字としての「A」ではなく、ノンブル（ページ番号）をあらわす特殊文字です。例えば、「B-マスター」上に作成すれば「B」と表示されます。

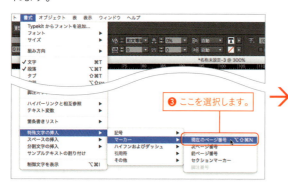

048

❸ 書式を整える

[文字ツール]で特殊文字の「A」を選択してフォントやサイズ等、書式を整えます（❺）。同様の手順で見開きのもう一方のページにもノンブル（ページ番号）を作成します（❻）。

❺ 書式を整えます。

❻ 対向ページにもノンブルを作成します。

❹ ノンブルが表示される

[ページ]パネルのページアイコンをダブルクリックして（❼）、ドキュメントページに移動します。図では最初のページに移動していますが、ノンブルをあらわすページ番号「1」が表示されているのが分かります（❽）。

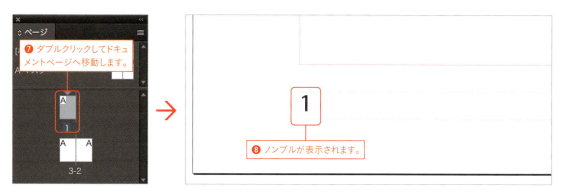
❼ ダブルクリックしてドキュメントページへ移動します。
❽ ノンブルが表示されます。

❺ ノンブルを変更する

ノンブルを任意のページから始めたい場合には、[ページ]パネルのパネルメニューから[ページ番号とセクションの設定]を選択します（❾）。[ページ番号とセクションの設定]ダイアログが表示されるので、[ページ番号割り当てを開始]にページ番号を入力し（❿）、[OK]ボタンをクリックします。なお、[スタイル]のプルダウンメニューでは、ノンブルのスタイルも変更できるので、目的に応じて変更しておきます（⓫）。

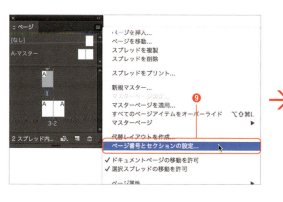
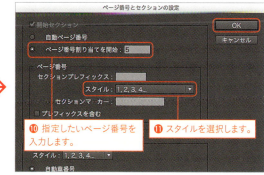
❿ 指定したいページ番号を入力します。
⓫ スタイルを選択します。

049

❻ **ノンブルが変更される**

指定したページ番号がノンブルとして反映されます（⓬）。なお、ページ番号を途中のページから変更したい場合には、そのページを選択して、［ページ番号とセクションの設定］ダイアログの［ページ番号割当を開始］に目的のページ番号を入力します。

［次（前）ページ番号］の作成

❶ **テキストフレームを作成する**

「○○に続く」や「○○から続く」といったように、ストーリーが離れたページに飛ぶような場合、［次ページ番号］と［前ページ番号］コマンドを利用します。ここでは、本文テキストが3ページから6ページにジャンプする設定で解説します。まず、3ページ目の本文テキストに少し重なるようにテキストフレーム作成し、文字を入力します（❶）。なお、図では作成したテキストフレームに対し、「テキストフレーム設定」の［配置］を［下］に変更しています。

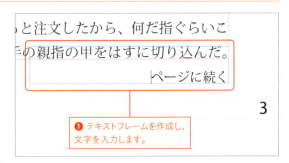

❷ **［次ページ番号］を実行する**

テキストフレーム内の先頭にカーソルを置き、［書式］メニューから［特殊文字の挿入］→［マーカー］→［次ページ番号］を選択すると（❷）、本文テキストが実際にジャンプするページ番号が表示されます（❸）。

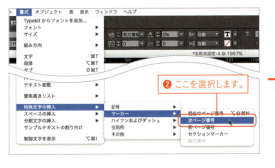 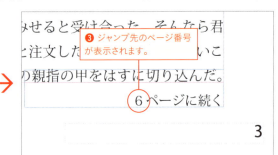

❸ **［前ページ番号］を作成する**

今度はジャンプ先のページ（6ページ）に移動します。同様の手順でテキストフレームを作成し、「ページに続く」と文字を入力します。カーソルを文字の先頭に移動させ、［書式］メニューから［特殊文字の挿入］→［マーカー］→［前ページ番号］を選択すれば、ジャンプ元のページ番号が表示されます（❹）。

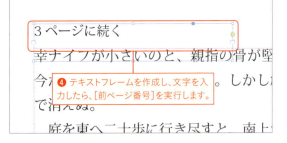

050

Chapter 3　ページに関する操作

3-03　柱を作成する

柱はページ物でよく使用されるアイテムです。InDesignでは柱のことをセクションマーカーと呼び、マスターページ上に作成します。［ページ番号とセクションの設定］ダイアログで実際に柱に使用するテキストを入力すると、自動的に柱として使用されます。

柱の作成

❶ マスターページへ移動し、テキストフレームを作成する

［ページ］パネルでマスターアイコン、あるいは文字部分をダブルクリックして（❶）、マスターページへ移動します。マスターページが表示されたら［文字ツール］を選択し、柱を作成したい位置へテキストフレームを作成します（❷）。なお、テキストフレームは、柱の文字があふれないよう、十分余裕を持った大きさで作成しましょう。

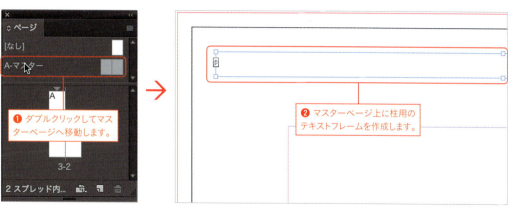

❶ ダブルクリックしてマスターページへ移動します。

❷ マスターページ上に柱用のテキストフレームを作成します。

❷ セクションマーカーを実行する

作成したテキストフレーム内にカーソルをおき（❸）、［書式］メニューから［特殊文字の挿入］→［マーカー］→［セクションマーカー］を選択します（❹）。

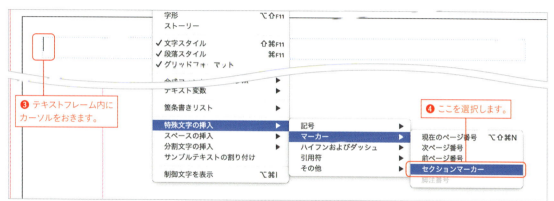

❸ テキストフレーム内にカーソルをおきます。

❹ ここを選択します。

051

❸ 書式を設定する

テキストフレーム内に「セクション」と入力されます（❺）。この「セクション」は文字ではなく、柱（セクションマーカー）をあらわす特殊文字です。目的に応じて、フォントやサイズ等、書式を整えます（❻）。

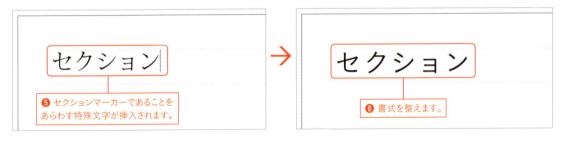

❹ セクションの設定を行う

柱（セクションマーカー）をスタートさせたいページに移動し、［ページ］パネルのパネルメニューから［ページ番号とセクションの設定］を選択します（❼）。

❺ 柱が適用される

［ページ番号とセクションの設定］ダイアログが表示されるので、［セクションマーカー］に柱として使用するテキストを入力します（❽）。［OK］ボタンをクリックすると、ドキュメントに柱が反映されます（❾）。なお、柱（セクションマーカー）は、次のセクションマーカーが設定されたページがあらわれるまで、繰り返し適用されます。

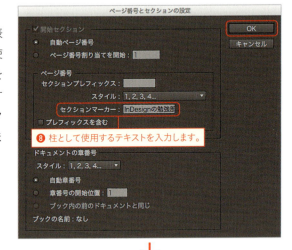

052

One Point [ページ]パネルの▼マーク

ノンブル（ページ番号）や柱（セクションマーカー）は、任意のページから変更することが可能です。変更したい場合には、そのページを選択し、[ページ番号とセクションの設定]ダイアログで設定を行いますが、どのページで変更がなされたかは[ページ]パネル上で確認できます。ページアイコンの上に▼マークが表示されている場合、そのページでページ番号、またはセクションマーカーが変更されていることをあらわしています。図のケースでは、5ページ目と12ページ目で、ページ番号、あるいはセクションマーカーが変更されているのが分かります。なお、ドキュメントの最初のページには、必ず▼マークが表示されます。

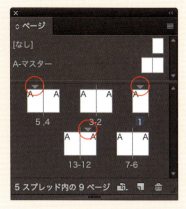

One Point セクションプレフィックス

[ページ番号とセクションの設定]ダイアログには[セクションプレフィックス]という項目があり、テキストを入力できます。ここにテキストを入力すると、セクションの接頭辞として使用できます。例えば、「A-」と入力すると（❶）、ページアイコンの番号表示に反映されます（❷）。さらに、[ページ番号とセクションの設定]ダイアログで[プレフィックスを含む]にチェックを入れると（❸）、ノンブル（ページ番号）にも接頭辞が反映されます（❹）。なお、[セクションプレフィックス]に入力できるのは最大で8文字です。

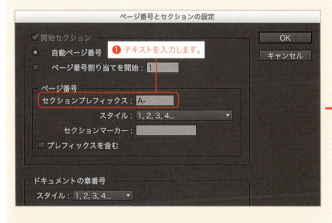
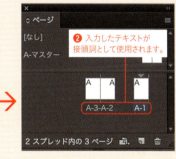
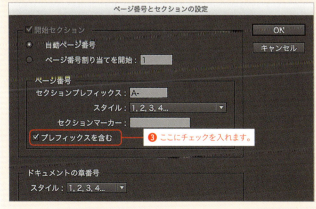

053

Chapter 3　ページに関する操作

3-04　テキスト変数を使用して柱を作成する

テキスト変数の機能を利用して、ドキュメント中のテキストから柱を発生させることができます。ケースによっては、いちいち柱（セクションマーカー）に使用するテキストを入力することなく、柱の運用が可能となります。

テキスト変数による柱の作成

❶ テキスト変数を使用した柱とは

テキスト変数の機能を利用することで、自動的に柱を生成することが可能となります。図では、タイトルのテキスト（❶）から、柱を生成しています（❷）。ここでは、実際にどのような手順で柱を作成しているかを解説していきます。

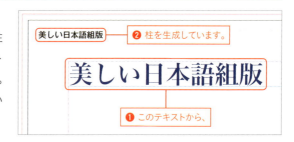

❷［テキスト変数］ダイアログを表示する

［書式］メニューから［テキスト変数］→［定義］を選択して（❸）、［テキスト変数］ダイアログを表示させます。次に［ランニングヘッド・柱］を選択して（❹）、［編集］ボタンをクリックします（❺）。

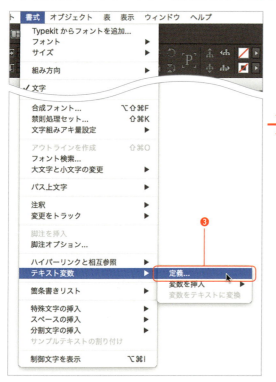

❸ **テキスト変数の編集**

［テキスト変数を編集］ダイアログが表示されるので、［スタイル］のポップアップメニューから柱として抜き出したいテキストに適用している段落スタイルを選択して（❻）、［OK］ボタンをクリックします。図では「タイトル」という段落スタイルを選択しました。なお、この図では設定していませんが、［名前］や［先行テキスト］［後続テキスト］を指定することも可能です。

この設定では、任意の段落スタイルが適用されている文字列から、自動的に柱を生成することができます。そのため、柱として抜き出したいテキストには、すべて同じ段落スタイルが適用されている必要があります。

❹ **テキスト変数の挿入**

マスターページ上にテキスト変数用のテキストフレーム作成します（❼）。テキストフレーム内にカーソルをおいたら、［書式］メニューから［テキスト変数］→［変数を挿入］→［ランニングヘッド・柱］を選択します（❽）。すると、テキストフレーム内に＜ランニングヘッド・柱＞と表示されます（❾）。これはテキスト変数をあらわす特殊文字です。

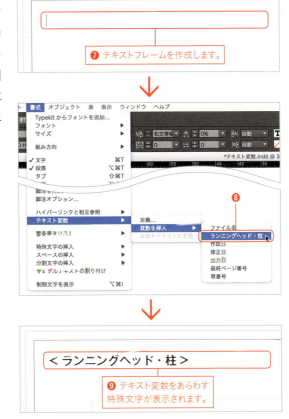

055

❺ テキスト変数が反映される

ドキュメントページに戻ると、指定した段落スタイルが適用されたテキストから（❿）、自動的に柱が生成されているのが分かります（⓫）。なお、生成された柱は、テキスト変数により生成される次の柱のページまで、常に同じ柱が表示されます。

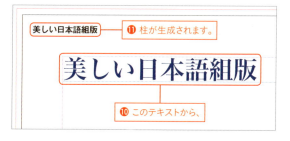

❻ テキストの修正が反映される

元のテキストを修正すると（⓬）、自動的に柱にも修正が反映されます（⓭）。

One Point　テキスト変数の種類

テキスト変数は、定義された内容によって自動的にテキストを生成する機能です。[ランニングヘッド・柱]以外にも、いくつかの種類が用意されていますが、デフォルトで用意されている種類で、どのようなオプション設定が可能かを把握しておくと良いでしょう。

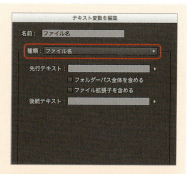

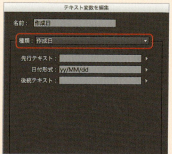
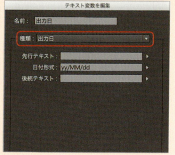

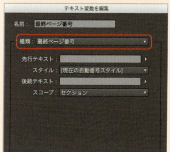
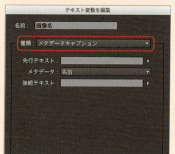
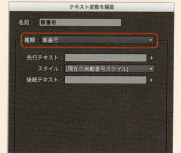

Chapter 3　ページに関する操作

3-05　新規でマスターページを作成し、適用する

ページレイアウトソフトには、マスターページという機能が搭載されています。マスターページ上のオブジェクトは、ドキュメントページへ自動的にリンクされるため、ノンブルや柱等、各ページに共通するアイテムを作成しておけば、効率の良い作業が可能になります。

マスターページの作成

❶ マスターページとは

ノンブルや柱をはじめ、各ページの同じ位置に共通して使用するパーツ類等は、ページごとに作成していては手間がかかります。そこでレイアウトソフトには、マスターページという機能が用意されています。マスターページ上に作成したオブジェクトは、自動的にドキュメントページにも反映されるため、ページごとに作成する手間を省くことができます。また、修正が生じた場合でも、マスターページ上のオブジェクトを修正すれば、ドキュメントページの修正も終えられます。透明なドキュメントページに、マスターページという下敷きを重ねたものだとイメージすると分かりやすいでしょう（❶）。

新規ドキュメントを作成すると、自動的に「A-マスター」というマスターページが作成されますが、このマスターページは複数作成して運用することが可能です。例えば、「１章用のマスターページ」「２章用のマスターページ」といった具合に使い分けられるのです。ここでは新規でマスターページを作成して、ドキュメントページに適用してみましょう。

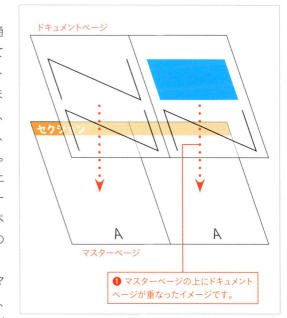

❶ マスターページの上にドキュメントページが重なったイメージです。

❷ 新規マスターページの追加

［ページ］パネルのパネルメニューから［新規マスター］を選択します（❷）。

❸ **新規マスターページの指定**

［新規マスター］ダイアログが表示されるので、［OK］ボタンをクリックします。なお、［プレフィックス］や［名前］の指定も可能ですが、ここではそのままにしています。

❹ **新規マスターページが作成される**

新しいマスターページ［B-マスター］が作成され（❸）、ドキュメントウィンドウにも「B-マスター」が表示されます。

❸ 新しいマスターページが追加されます。

**One Point　もう1つの
　　　　　マスターページ作成方法**

⌘キー（WindowsではCtrlキー）を押しながら［ページ］パネルの［ページを挿入］ボタンをクリックすることでも、新規でマスターページを作成できます。なお、この方法の場合、［新規マスター］ダイアログは表示されませんが、⌘＋optionキー（WindowsではCtrl＋Altキー）を押しながら［ページを挿入］ボタンをクリックした場合には、［新規マスター］ダイアログを表示してマスターページを作成できます。

**One Point　マスターページとして保存と
　　　　　マスターページの読み込み**

［ページ］パネルのパネルメニューには［マスターページ］という項目があり、選択している既存のドキュメントページをマスターページとして保存したり、他のドキュメントのマスターページを読み込むことができます。なお、ドキュメントアイコンをマスター領域にドラッグすることでも、マスターページとして保存することができますが、この場合、そのドキュメントページに適用されているマスターページを親（基準マスター）とするマスターページとして保存されます。

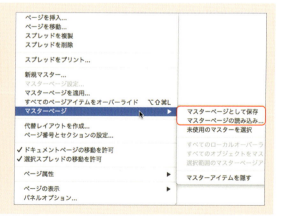

マスターページの適用

❶ マスターページを用意する

作成したマスターページは、簡単な操作でドキュメントページに適用できます。ここでは、新規で「B-マスター」を作成したドキュメントを用意しました。分かりやすいように「A-マスター」には青いオブジェクト（❶）、「B-マスター」にはマゼンタのオブジェクトを作成しています（❷）。

❷ マウス操作でマスターページを適用する

ここでは、2ページ目に「B-マスター」を適用してみましょう。「B-マスター」のアイコンをクリックして選択し（❸）、2ページ目のページアイコンまでドラッグします（❹）。2ページのアイコンがハイライトされたところでマウスを離すとアイコンの表示が変わり、「B-マスター」が適用されます（❺）。

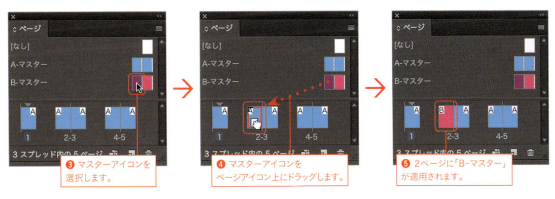

❸ マスターアイコンを選択します。
❹ マスターアイコンをページアイコン上にドラッグします。
❺ 2ページに「B-マスター」が適用されます。

❸ 見開きにマスターページを適用する

今度は、スプレッド（見開き）に対して「B-マスター」を適用してみましょう。「B-マスター」の左右のアイコンをクリックして選択し（❻）、4-5ページのページアイコンまでドラッグします（❼）。アイコンの四隅のいずれかの角にドラッグすると、ページアイコンがスプレッド（見開き）でハイライトされるところがあるのでマウスを離します。ページアイコンの表示が変わり、「B-マスター」が適用されます（❽）。なお、マスターアイコンを選択する際は、見開きの選択ではなく、片ページのみの選択でもかまいません。

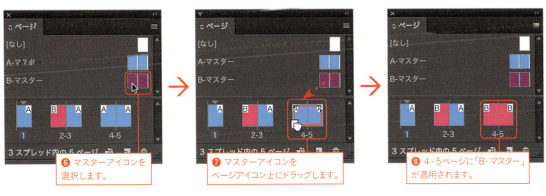

❻ マスターアイコンを選択します。
❼ マスターアイコンをページアイコン上にドラッグします。
❽ 4-5ページに「B-マスター」が適用されます。

❹ **マスターページを複数ページに適用する**

複数のページに一気にマスターページを適用したい場合には、[ページ]パネルのパネルメニューから[マスターページを適用]を選択します（❾）。

❺ **範囲を指定する**

[マスターページを適用]ダイアログが表示されるので、適用する[マスターページ]を指定し（❿）、[適用ページ]を入力したら（⓫）、[OK]ボタンをクリックします。

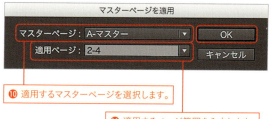

❿ 適用するマスターページを選択します。
⓫ 適用するページ範囲を入力します。

❻ **マスターページが適用される**

指定したページに対して、指定したマスターページが適用されます（⓬）。

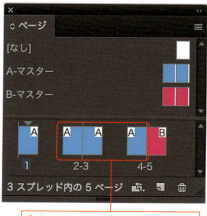

⓬ 指定したマスターページが適用されます。

> **One Point　マスターアイテムはさわれない？**
>
> マスターページ上に作成したオブジェクトをマスターアイテムと呼びますが、ドキュメントページ上ではマスターアイテムを選択できない仕様となっています。しかし、選択して編集したいケースもあるでしょう。そのような場合には、⌘ + shift キー（Windowsは Ctrl + Shift キー）を押しながらマスターアイテムをクリックすると、編集が可能になります。なお、編集可能となった状態をオーバーライドと呼びます。

> **One Point　マスターアイテムをレイヤーで管理する**
>
> マスターページ上に作成したオブジェクトは、ドキュメントページ上では最背面に表示されます。そのため、マスターアイテムと同じ位置にオブジェクトを作成すると、下に隠れて見えなくなってしまいます。マスターアイテムが隠れるのを防ぐためには、図のように上位のレイヤーにマスターアイテムを作成します。これにより、ドキュメントページ上でもマスターアイテムが隠れることなく運用できます。マスターアイテムもレイヤーで管理することができるのです。

オーバーライドしたオブジェクトをコントロールする

❶ マスターページ上にオブジェクトを作成する

前ページの『One Point』で解説したように、マスターアイテムはオーバーライドすることで編集可能になります。しかし、オーバーライドしたオブジェクトはマスターページとの連携（リンク）が切れたわけではありません。例えば、マスターページ上に図のようなオブジェクトを作成したとします。

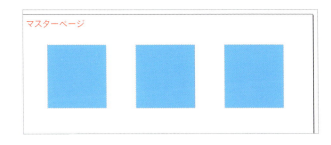

❷ オーバーライドしたオブジェクトを編集する

ドキュメントページに移動したら、⌘＋shiftキー（Windowsでは Ctrl ＋ Shift キー）を押しながら一番右のマスターアイテムをクリックしてオーバーライドさせ（❶）、カラーを変更します（❷）。

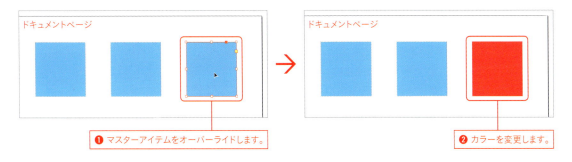

❸ マスターページのオブジェクトを編集する

今度はマスターページに戻り、一番右のオブジェクトを移動します（❸）。ドキュメントページに戻ると、一番右のオブジェクトの位置も移動しているのが分かります（❹）。カラーは変更後のままです。

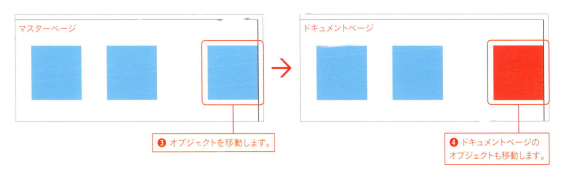

❹ オーバーライドしたオブジェクトを
　編集する

このように、マスターアイテムをオーバーライドしても、マスターページとの連携（リンク）が切れるわけではありません。マスターアイテムをオーバーライドしている場合には、マスターページの変更に十分注意してください。

なお、オーバーライドしてしまったオブジェクトがマスターページの影響を受けないようにするためには、［ページ］パネルのパネルメニューから［すべてのオブジェクトをマスターから分離］を実行します（❺）。また、［すべてのローカルオーバーライドを削除］を実行すれば、オーバーライドしてしまったオブジェクトを元に戻すことができます（❻）。なお、オブジェクトを選択している場合には、メニューのコマンド名が変わり、選択したオブジェクトだけにしか適用されません（❼）。

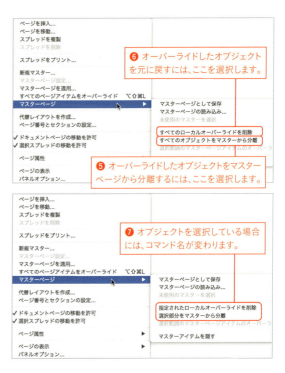

❺ すべてのページアイテムを
　オーバーライドする

なお、スプレッド（見開き）すべてのマスターアイテムを一気にオーバーライドしたい場合には、［ページ］パネルのパネルメニューから［すべてのページアイテムをオーバーライド］を実行します（❽）。

One Point　ページアイコン

InDesignの［ページ］パネルに表示されるアイコンは、そのページに適用されているマスターページや、親となるマスターページが何であるかが、一目で分かるように設計されています。アイコンに表示されている文字が、どのような意味を持つかをしっかりと理解しておきましょう。

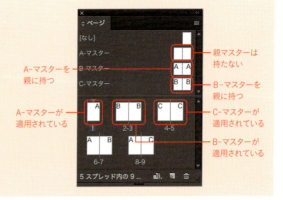

062

Chapter 3　ページに関する操作

3-06　親子関係を持つマスターページを作成する

InDesignでは、親子関係を持つマスターページが作成できます。親のマスターページに作成したオブジェクトは、自動的に子のマスターページにも反映されるため、高度なマスターページ運用ができます。どのような原理で動作しているかを、しっかりと理解しておきましょう。

マルチプルマスターページの作成

❶ マルチプルマスターページとは

マスターページの概念が理解できたら、さらに一歩進めて、親子関係を持つマスターページを作成してみましょう。考え方さえ理解してしまえば、より高度なマスターページ運用が可能となります。例えば、3章ある書籍を作成するとしましょう。章ごとにベースとなるカラーを変える場合、3章分のマスターページを作成すればよいのですが、ノンブルや柱等、全ページに共通のアイテムもすべてのマスターページに作成しなければなりません。こういった場合、親となるマスターページ上にノンブルや柱を作成しておき（❶）、子となるマスターページを3つ作成して、各章のベースカラーに応じたオブジェクトを作成します（❷）。仮にノンブルの位置やサイズが変更になった場合でも、親となるマスターページのみ修正すれば、子のマスターページにも自動的に修正内容が反映されるというわけです。このように親子関係を持つマスターページを「マルチプルマスターページ」と呼びます。

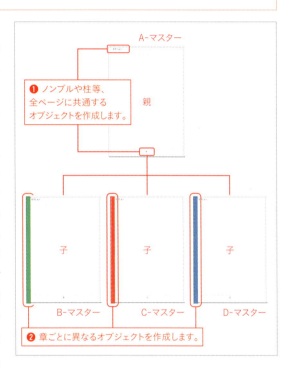

❷ 親マスターページを設定する

親となるマスターページに移動し、必要なオブジェクトを作成します。図では、「A-マスター」上にノンブル（ページ番号）と柱（セクションマーカー）を作成しました（❸）。

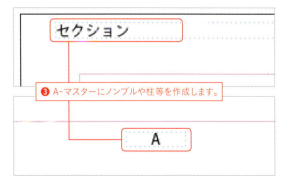

❸ 新規マスターを作成する

[ページ]パネルのパネルメニューから[新規マスター]を実行します(❹)。

❹ [基準マスター]を設定する

[新規マスター]ダイアログが表示されるので、[基準マスター]に親とするマスターページを選択して(❺)、[OK]ボタンをクリックします。図では、[基準マスター]に「A-マスター」を指定しました。なお、目的に応じて[プレフィックス]や[名前]も指定してください。

❺ 子のマスターページが作成される

新規でマスターページ(図では「B-マスター」)が作成されます(❻)。アイコンを見ると、「A」と表示され、「A-マスター」を親(基準マスター)に持つことが分かります。同様の手順で「A-マスター」を親に持つ「C-マスター」と「D-マスター」も作成しました(❼)。なお、「A-マスター」に変更を加えた場合、その修正内容は子である「B-マスター」や「C-マスター」「D-マスター」にも即座に反映されます。

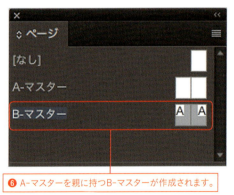

❻ A-マスターを親に持つB-マスターが作成されます。

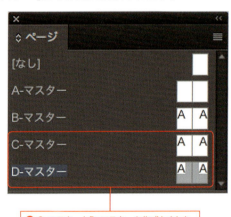

❼ C-マスターとD-マスターも作成しました。

> **One Point** 複数の階層を持つマスターページ
> 親子関係だけでなく、「子のまたさらに子」といったように複数の階層を持つマスターページも作成できます。うまく使用すれば、かなり高度にマスターページを運用できるので、ぜひ活用してください。

Chapter 3　ページに関する操作

3-07　見開きからスタートする

InDesignで見開きからドキュメントを始めるためには、偶数のノンブルから始める必要があります。本来これが正しい仕様ですが、イレギュラーなケースに対応するためには、[ドキュメントページの移動を許可]をオフにします。

見開きからスタートするドキュメントの作成

❶ 開始ページ番号を偶数に設定する

InDesignでドキュメントを見開きから作成したい場合、[新規ドキュメント]ダイアログで[開始ページ番号]に偶数を入力し（❶）、新規ドキュメントを作成します。すると、ページは見開きから始まります（❷）。

❶ 偶数を入力します。

❷ 見開きからスタートします。

❷ ページ番号を変更する

では、1ページ目のノンブル（ページ番号）を変更してみましょう。[ページ]パネルのパネルメニューから[ページ番号とセクションの設定]を選択し、[ページ番号とセクションの設定]ダイアログを表示させたら、[ページ番号割り当てを開始]に奇数を入力します（❸）。ここでは「1」と入力し、[OK]ボタンをクリックしました。

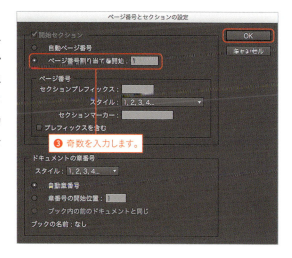

❸ 奇数を入力します。

065

❸ **片ページから始まる**

すると、片ページからスタートしてしまいます（❹）。これは、InDesignが左開きのドキュメントでは、右ページが奇数、右開きでは左ページが奇数になるよう設計されているからです。本来、ノンブルの付け方としてはこれで正しいのですが、なかには左開きのドキュメントでも、右ページを偶数にしたいといったケースもあるでしょう。

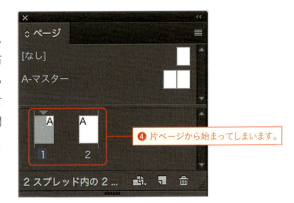
❹ 片ページから始まってしまいます。

❹ **［ドキュメントページの移動を許可］をオフにする**

では、[ページ番号とセクションの設定]を設定する前の手順に戻ります。[ページ]パネルのパネルメニューから[ドキュメントページの移動を許可]を選択してオフにします（❺）。デフォルトでは、オンになっています。

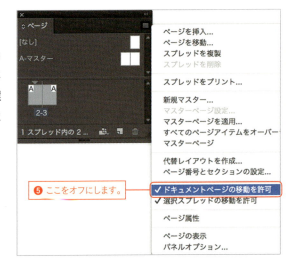
❺ ここをオフにします。

❺ **ページ番号を変更する**

再度、ノンブル（ページ番号）を設定してみましょう。[ページ]パネルのパネルメニューから[ページ番号とセクションの設定]を選択して、[ページ番号とセクションの設定]ダイアログを表示させたら、[ページ番号割り当てを開始]に奇数を入力します（❻）。ここでは「1」と入力し、[OK]ボタンをクリックしました。

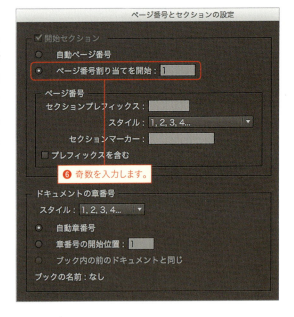
❻ 奇数を入力します。

066

❻ 見開きで奇数ノンブルから始まる

見開きから始まるドキュメントで、なおかつ奇数のノンブルから始まるドキュメントを作成できました（❼）。［ドキュメントページの移動を許可］をオフにしたことで、ノンブルが変更になっても、ページの移動がされなくなったわけです。

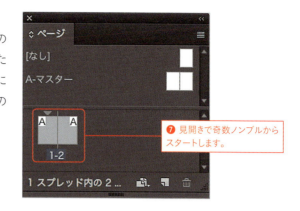

❼ 見開きで奇数ノンブルからスタートします。

見開きを固定する

❶ ［選択スプレッドの移動を許可］をオフにする

見開きから始める方法がもう1つあります。図のような3ページのドキュメントを用意しました。「2-3」ページを選択し（❶）、［ページ］パネルのパネルメニューから［選択スプレッドの移動を許可］を選択してオフにします（❷）。デフォルトではオンになっています。

❶ 選択します。

❷ ここをオフにします。

❷ 選択スプレッドが固定される

選択していたスプレッド（見開き）のページ番号が［　］付きで表示されます（❸）。これは、このスプレッドがバラバラにならないよう固定されたことをあらわします。なお、スプレッドを固定したまま、奇数ノンブルから始めたい場合には、1ページ目を削除すればOKですが（❹）、あとからページを追加した場合には、本来のページの並び方になってしまうため、注意が必要です（❺）。

❸ スプレッドが固定されます。

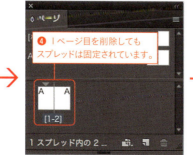

❹ 1ページ目を削除してもスプレッドは固定されています。

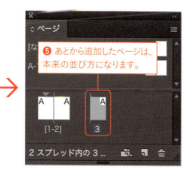

❺ あとから追加したページは、本来の並び方になります。

Chapter 3　ページに関する操作

3-08　ページサイズを変更する

InDesignでは、ページツールを使うことで簡単にページサイズを変更できます。サイズ変更はページ単位で行えるため、柔軟なページ運用ができます。また、後述しますが、リキッドレイアウトの機能を使うと、ページサイズ変更後のオブジェクトの位置やサイズをコントロールできます。

ページサイズの変更

❶ ページツールを選択する

ページサイズを変更するには、[ツール]パネルから[ページツール]を選択し（❶）、目的のページを選択します。

❶ ページツールを選択します。

> **One Point　ドキュメント設定による　　ページサイズ変更**
>
> CS5.5までは、[ページツール]を選択すると[コントロール]パネルに[レイアウト調整を使用]という項目が表示され、チェックを入れることでページサイズ変更後のオブジェクトサイズをある程度調整することができました。CS6では、リキッドレイアウトという機能が搭載され、ページサイズを変更した際に、オブジェクトの位置やサイズをこれまでよりも高度にコントロールすることが可能となりました。

❷ サイズを変更する

[コントロール]パネルに現在のサイズが表示されているので、プルダウンメニューからサイズを指定したり、数値を直接入力したりして、ページのサイズを変更します（❷）。ここでは、A4からB5にサイズ変更しました。なお、ドキュメントのマージン設定以下のサイズにはできません。

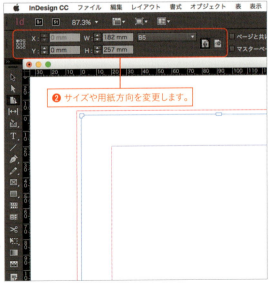

❷ サイズや用紙方向を変更します。

> **One Point　ドキュメント設定による　　ページサイズ変更**
>
> [ファイル]メニューから[ドキュメント設定]を選択することでも、ページのサイズを変更できます。この場合、すべてのページのサイズが変更されますが、手動でサイズを変更したページがある場合は、そのページのみサイズは変更されません。

Chapter 3　ページに関する操作

3-09　プライマリテキストフレームを活用する

プライマリテキストフレームの機能を使用することで、本文フォーマットのレイアウト変更にも柔軟に対応できます。なお、マスターページ上に作成したテキストフレームに対して、あとからプライマリテキストフローを設定することも可能です。

プライマリテキストフレーム

❶ プライマリテキストフレームとは？

[新規ドキュメント]ダイアログには[プライマリテキストフレーム]という項目があります（❶）。この項目は、CS5.5までは[マスターにテキストフレーム]という名前で、オンにすることでマスターページ上に自動的にテキストフレームを作成してくれる機能でした。しかし、[プライマリテキストフレーム]という機能になったことで、レイアウト変更にも柔軟に対応できる機能に生まれ変わりました。この項目をオンにしてドキュメントを作成してみましょう。

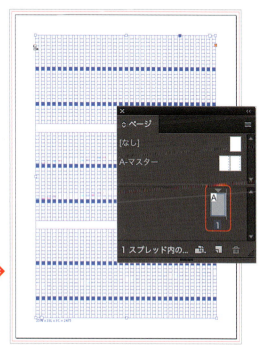

❷ 新規ドキュメントを作成する

[レイアウトグリッド]ボタンを選択して3段組のドキュメントを作成します（❷）。すると、ドキュメントページに（ロックされていない）フレームグリッドが作成されます。CS5.5までの機能では、マスターページ上にテキストフレームを作成しますが、ドキュメントページ上にはアクティブなテキストフレームは作成されませんでした（テキストを配置することでテキストフレームがアクティブになりました）。

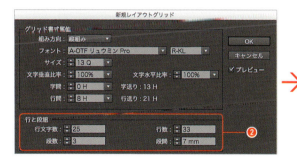

069

❸ マスターページの
   ［フレームグリッド設定］を変更する

では、マスターページに移動し、フレームグリッドの設定を変更してみましょう。マスターページ上に作成されたフレームグリッドを選択し、［オブジェクト］メニューから［フレームグリッド設定］を選択します（❸）。［フレームグリッド設定］ダイアログが表示されるので、ここでは設定を3段組から4段組に変更し（❹）、［OK］ボタンをクリックします。

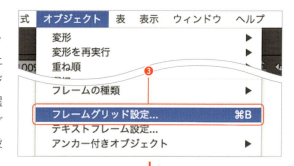

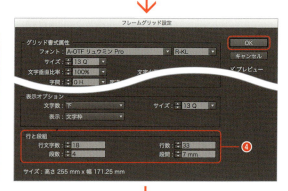

One Point　レイアウトグリッドの設定も変更しておく

この例のように、フレームグリッドの設定を変更すると、レイアウトグリッドとフレームグリッドの表示がずれてしまいます。これを避けたい場合には、［レイアウト］メニューから［レイアウトグリッド設定］を選択して［レイアウトグリッド設定］ダイアログを表示させ、レイアウトグリッドの設定をフレームグリッドの設定に合わせておくと良いでしょう。

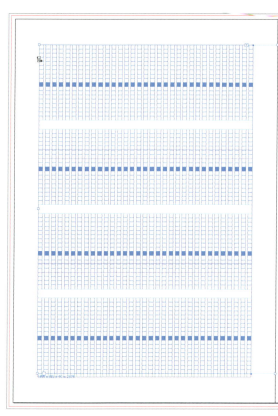

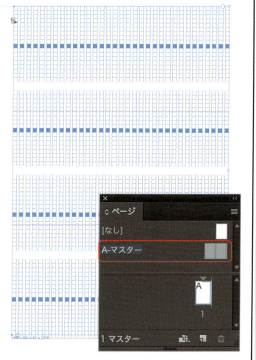

070

❹ **フレームグリッドが変更される**

ドキュメントページに戻ると、フレームグリッドが4段組に変更されたのを確認できます。このようにドキュメントのレイアウトを変更したいような場合に、プライマリテキストフレームを使用すると便利です。

なお、実際の作業でフォーマットを変更する場合には、あらたにマスターページを作成し、そのマスターページ上に異なるフォーマットを作成しておくのがお勧めです（つまり元のフォーマットは残しておきます）。そうすることで、いつでも元のフォーマットに戻すことができます。

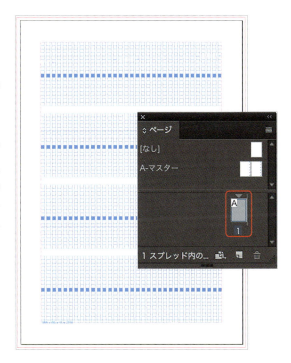

❺ **マスターページ上のテキストフレームをプライマリテキストフローにする**

では、新規でドキュメントを作成する際に［プライマリテキストフレーム］をオンにしていなかった場合はどうすればよいでしょうか。この場合、まずマスターページ上にプレーンテキストフレームまたはフレームグリッドを作成します。作成したテキストフレームを選択すると、図のようなアイコンが表示されるのが分かります（❹）。

このアイコンをクリックすると、アイコンの表示が矢印付きのものに変わり、プライマリテキストフローがオンになります（❺）。このマスターページをドキュメントページに適用すれば、フォーマットの変更にも柔軟に対応できます。

なお、ページをまたいでテキストを流したい場合には、スプレッドのプレーンテキストフレームまたはフレームグリッドを連結しておきます。

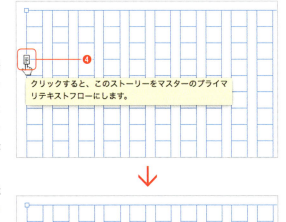

❻ 3段組のレイアウトを作成する

例えば、図のケースは3段組のフレームグリッドを設定してある「Aマスター」が適用してあります（プライマリテキストフローはオンになっています）。

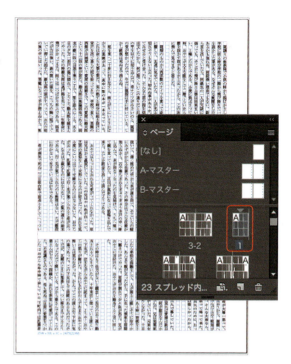

❼ 4段組のレイアウトに変更する

このページに、4段組のフレームグリッドを設定してある「B-マスター」を適用すると、図のように即座にレイアウトが変更されます（プライマリテキストフローはオンになっています）。

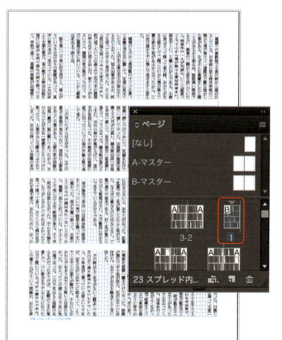

> **One Point　フォントやフォントサイズが異なる場合には注意**
>
> フォントやフォントサイズが異なるフレームグリッドをあらたに適用する場合には注意が必要です。テキストが、新しいフレームグリッドの影響を受けてしまうからです。あらかじめ、段落スタイルを作成しておくなどしておけば、スムーズな運用が可能となります。

072

Chapter 4
テキストの入力と配置

- 4-01　2種類あるテキストフレーム …………… p.074
- 4-02　テキストフレームの連結 ……………… p.080
- 4-03　テキストを配置する ……………………… p.082
- 4-04　自動流し込み ……………………………… p.086
- 4-05　字形を挿入する …………………………… p.090
- 4-06　特殊文字・スペース・分割文字を挿入する ………… p.094
- 4-07　テキストフレーム設定を変更する ………… p.096
- 4-08　テキストフレームの自動サイズ調整 ……… p.098
- 4-09　テキストフレームに段組の設定をする ……… p.100
- 4-10　フレームサイズをテキスト内容に合わせる ……… p.102

Chapter 4　テキストの入力と配置

4-01　2種類あるテキストフレーム

InDesignには、テキストを配置・入力するための入れ物であるテキストフレームが2種類あります。プレーンテキストフレーム（略してテキストフレームと呼ぶこともあります）とフレームグリッドです。ここでは、この2つの違いをきちんと理解しておきましょう。

プレーンテキストフレームとフレームグリッドの違い

❶ テキストをコピーする

InDesignには、プレーンテキストフレームとフレームグリッドという、2つのテキストフレームが用意されています。どちらもテキストの入れ物ですが、その性質は異なります。どう違うかを理解するために、まず図のようなテキストを用意し、コピーしました（❶）。

❶ テキストをコピーします。

❷ ペーストする

次に、コピーしたテキストをプレーンテキストフレームとフレームグリッドにそれぞれペーストします。図を見るとあきらかですが、プレーンテキストフレームはコピー元のテキストと同じ状態でペーストされていますが（❷）、フレームグリッドではコピー元のテキストと異なる書式でペーストされています（❸）。

❷ コピー元のテキストと同じ書式でペーストされます。

❸ コピー元のテキストと異なる書式でペーストされます。

❸［フレームグリッド設定］を表示させる

では、［選択ツール］でフレームグリッドを選択し（❹）、［オブジェクト］メニューから［フレームグリッド設定］を選択してみましょう（❺）。

❹ フレームグリッドを選択します。

> **One Point　グリッドフォーマットを適用せずにペースト**
>
> フレームグリッドに元の書式を保ったままテキストをペーストするには、［編集］メニューから［グリッドフォーマットを適用せずにペースト］を実行します。

❹ 書式属性を持つ［フレームグリッド設定］

［フレームグリッド設定］ダイアログが表示されます。このダイアログを見ると分かりますが、フォントやサイズ等、フレームグリッド自体に書式属性が設定されているのが分かります（❻）。つまり、プレーンテキストフレームが単なるテキストの入れ物であるのに対し、フレームグリッドは入れ物であるフレームグリッド自体が書式属性をもっており、［フレームグリッド設定］の内容でテキストが配置や入力されるというわけです。ただし、カラー等、このダイアログの設定にない属性に関しては、コピー元の属性が生きます。

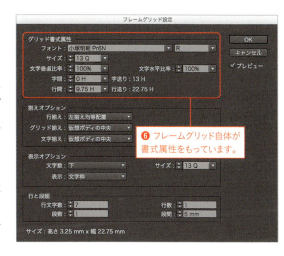

❻ フレームグリッド自体が書式属性をもっています。

❺ フレームグリッドの［グリッド揃え］を変更する

今度は、［グリッド揃え］がどうなっているかを見てみましょう。テキストを入力済みのフレームグリッドを選択して、［段落］パネルの［グリッド揃え］を見ると［仮想ボディの中央］になっています。この設定を［なし］に変更してみましょう（❼）。すると、テキストの行がグリッドに揃わなくなってしまいます（❽）。つまり、行がグリッドに沿って流れるためには［グリッド揃え］が［なし］以外（デフォルトでは［仮想ボディの中央］）になっている必要があるということです。

❼ ［仮想ボディの中央］から［なし］に変更します。

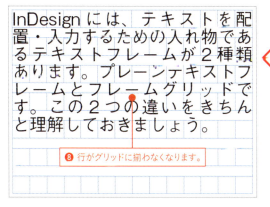

❽ 行がグリッドに揃わなくなります。

075

❻ プレーンテキストフレームの[グリッド揃え]を変更する

今度は、テキストを入力済みのプレーンテキストフレームを選択して、[段落]パネルの[グリッド揃え]を見てみましょう。[グリッド揃え]が[なし]になっているので、[仮想ボディの中央]に変更します(❾)。すると、テキストの1行目のスタート位置と行送りが変わります(❿)。プレーンテキストにはグリッドがないのに、どうしてでしょうか？

❾ [なし]から[仮想ボディの中央]に変更します。

❿ 1行目のスタート位置と行送りが変わります。

❼ ベースライングリッドを表示させる

[表示]メニューから[グリッドとガイド]→[ベースライングリッドを表示]を選択して(⓫)、ベースライングリッドを表示させます。すると、テキストの中央がベースラインに揃っていることが分かります(⓬)。このように、グリッドのないプレーンテキストフレームの場合には、ベースラインに揃ってしまいます。

⓬ テキストの中央がベースライングリッドに揃います。

One Point テキストフレーム設定

テキストフレーム設定は、段組やフレーム内にマージンを設定する際に使用します。[オブジェクト]メニューから実行できますが、プレーンテキストフレームだけでなく、フレームグリッドに対しても設定できます。

その他の違い

❶ [自動行送り]のデフォルト値の違い

プレーンテキストフレームとフレームグリッドでは、[自動行送り]のデフォルト値も異なります。[段落]パネルのパネルメニューから[ジャスティフィケーション]を選択すると、[ジャスティフィケーション]ダイアログが表示されます。このダイアログの[自動行送り]のデフォルト値は、プレーンテキストフレームでは「175%（❶）」、フレームグリッドでは「100%（❷）」になっています。

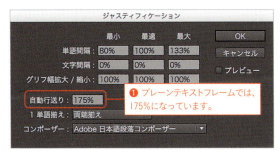
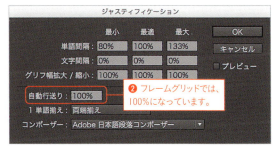

❷ 自動行送りとは

[自動行送り]は、[行送り]の値を数値指定していない場合に使用されます。例えば、[フォントサイズ]が16Qの場合、[自動行送り]が100%であれば[行送り]は16H、175%であれば16×1.75で28Hとなります。図のケースでは、[自動行送り]は175%だと分かります。なお、[行送り]を数値指定していない場合、数値は（ ）付きで表示されます（❸）。

❸ [文字の比率を基準に行の高さを調整]と[グリッドの字間を基準に字送りを調整]

[文字]パネルの[文字の比率を基準に行の高さを調整]と[グリッドの字間を基準に字送りを調整]の設定も異なります。プレーンテキストフレームではどちらもオフ、フレームグリッドではどちらもオンになっています（❹）。

[文字の比率を基準に行の高さを調整]は、テキストの垂直比率を変更している場合に、比率を変更する前の状態を基準に行を送るのか、比率を変更後の状態を基準に行を送るのかが異なります。

また、[グリッドの字間を基準に字送りを調整]をフレームグリッド使用時にオフにすると、[フレームグリッド設定]の[字間]をマイナスに設定する1歯詰め等が効かなくなるので注意しましょう。

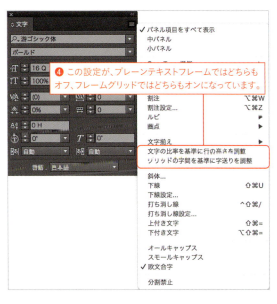

フレームグリッドへのペーストと入力

❶ フレームグリッドを用意する

フレームグリッド内のテキストは、［フレームグリッド設定］ダイアログの設定に依存しますが、テキストをペーストした場合と入力した場合では結果が異なるので注意が必要です。まず、フレームグリッドを作成し、テキストを入力します（❶）。当然ですが、［フレームグリッド設定］ダイアログの［グリッド書式属性］の設定でテキストが入力されます。

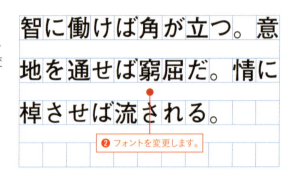
❶ テキストを入力します。

❷ フォントを変更する

では、フォントを変更してみましょう。ここでは、「小塚明朝 Pr6N」から「A-OTF 太ゴB101 Pro」に変更しました（❷）。

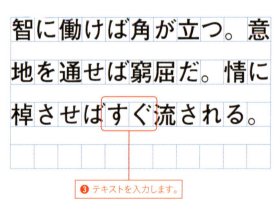
❷ フォントを変更します。

❸ テキストを入力する

次に、任意の場所にテキストを入力してみましょう。ここでは、最終行に「すぐ」と入力しました（❸）。とくに問題はありません。

❸ テキストを入力します。

❹ テキストをペーストする

今度は、テキストエディタ等からコピーしたテキストをペーストしてみます（❹）。すると、異なる書式でペーストされたのが分かるはずです。これは、フレームグリッド自体が書式属性を持っているためで、［フレームグリッド設定］ダイアログの［グリッド書式属性］で指定されたフォントでペーストされます。

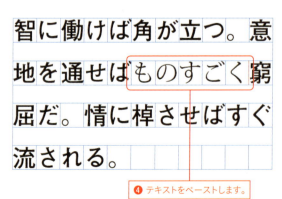
❹ テキストをペーストします。

❺ ［グリッドフォーマットを適用せずにペースト］を実行する

なお、［グリッド書式属性］の設定を無視してテキストをペーストしたい場合には、手順を1つ戻って、［編集］メニューから［グリッドフォーマットを適用せずにペースト］を実行します（❺）。

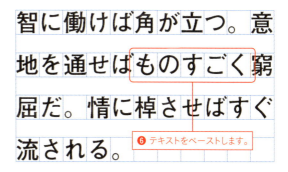

❻ グリッド書式属性を無視してペーストされる

［グリッド書式属性］の設定を無視して、カーソルを置いていた場所のフォント（図では「A-OTF 太ゴB101 Pro」）でペーストされます（❻）。

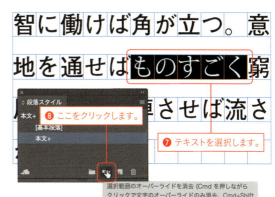

❼ ［選択範囲のオーバーライトを消去］を実行する

ちなみに、テキストに段落スタイルを適用してある場合でも、同じ動作をします。この場合、目的のテキストを選択し（❼）、［段落スタイル］パネルで［選択範囲のオーバーライトを消去］を実行すると（❽）、フォントを合わせることができます（❾）。

とは言え、［フレームグリッド設定］ダイアログの［グリッド書式属性］と実際のテキストの書式は、同じにしておくのが望ましいので、フレームグリッドにテキストを配置、あるいは入力する前に、フレームグリッドの［グリッド書式属性］を設定しておくようにしましょう。

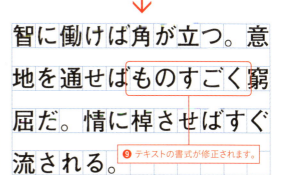

> **One Point** グリッドフォーマットの適用
>
> テキストを配置、あるいは入力後に［フレームグリッド設定］ダイアログの［グリッド書式属性］を変更した場合には、［編集］メニューから［グリッドフォーマットの適用］を実行することで、配置・入力したテキストの書式を［グリッド書式属性］の書式に合わせることができます。

Chapter 4　テキストの入力と配置

4-02　テキストフレームの連結

InDesignのテキストフレームは、フレームやページをまたいでテキストを流すことができます。これは、複数のテキストフレームを連結することで実現しています。ここでは、InDesignのテキスト連結の概念を理解しておきましょう。

テキスト連結の概念

❶ インポートとアウトポート

InDesignでは、複数のテキストフレームを連結させることで、フレームやページをまたいでテキストを流すことができます。ここでは、フレームの連結の概念を理解しておきたいと思います。まず、[選択ツール]でテキストフレームを選択してみましょう。ハンドルより大きめの四角形が2つ表示されます。これをインポート（❶）とアウトポート（❷）と呼びます。なお、アウトポートは、テキストがあふれていると赤い四角形に＋のアイコンに変化します（❸）。

❷ テキストを連結して配置する

[選択ツール]でテキストがあふれた状態のアウトポートをクリックすると、マウスポインタの表示が「テキスト保持アイコン」に変化し、テキストを配置可能になります（❹）。そのまま、クリックあるいはドラッグすればあふれたテキストを配置できます（❺）。なお、テキストがあふれていなくても、アウトポートをクリックすればテキストフレームを連結できます。

❹ テキスト保持アイコンに変化します。

❺ 連結した状態でテキストフレームを作成できます。

080

❸ テキスト連結の考え方

次に、連結済みの最初のテキストフレームのアウトポートをクリックします（❻）。マウスがテキスト保持アイコンに変化するので、任意の場所でドラッグします。すると、2つのテキストフレームの間に新しいテキストフレームが挿入されます（❼）。このように、作成済みのテキストフレーム間にテキストフレームを挿入することもできます。テキストフレームの連結とは、アウトポートとインポートを繋ぐ作業にほかなりません。アウトポートをクリックすればそのテキストフレームの後、インポートをクリックすればそのテキストフレームの前にテキストフレームを連結して挿入できます。

❻ アウトポートをクリックします。

❼ 2つのテキストフレームの間にテキストフレームを挿入できます。

One Point　連結アイコン

連結するテキストフレームは、あらかじめ作成しておいてもOKです。テキスト保持アイコンの状態で連結可能なテキストフレーム上にマウスを移動させると、図のような連結アイコンに変化します。この状態でクリックすれば、テキストフレームは連結され、テキストが流し込まれます。

One Point　テキスト連結を表示

テキストフレームがどのように連結されているかを目視で確認したい場合には、［表示］メニューの［エクストラ］→［テキスト連結を表示］を実行します。これにより、アウトポートとインポートが線で繋がれ、連結状態を確認できます。ただし、テキストフレームを選択していない場合や、［標準］モードになっていない場合は表示されません。

One Point　ストーリーエディター

あふれたテキストは、そのままでは編集することができません。このような時は、ストーリーエディターを表示させることで編集可能になります。目的のテキストフレーム内にカーソルをおき、［編集］メニューから［ストーリーエディターで編集］を選択すると、別ウィンドウとしてストーリーエディターが表示されます。テキストの左側の赤い線が、あふれたテキストをあらわしています。動作は非常に軽快なので、長文テキストを編集する際に使用しても便利です。なお、ショートカットは⌘＋Ｙキー（Windowsでは Ctrl＋Ｙキー）です。覚えておくとよいでしょう。

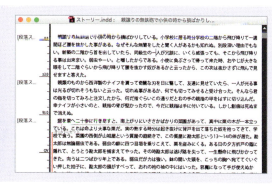

081

Chapter 4　テキストの入力と配置

4-03　テキストを配置する

InDesignでは、大きく分けて3つの方法でテキストの配置が行えます。どのような配置方法があるのかを理解し、用途に応じて最適な方法で配置できるようになりましょう。なお、テキストフレームをあらかじめ作成しておかなくても配置は可能です。

配置コマンドを使用してテキストを配置する

❶ [配置]ダイアログを表示させる

テキストの配置方法は、3つあります。あらかじめ作成したテキストフレームに、それぞれの方法で配置してみたいと思います。まず、[文字ツール]でテキストフレーム内にカーソルをおき（❶）、[ファイル]メニューから[配置]を実行します（❷）。

❷ 配置するファイルを選択する

[配置]ダイアログが表示されるので、目的のファイルを選択し（❸）、[開く]ボタンをクリックします。この時、[読み込みオプションを表示]にチェックを入れておくと、読み込むファイル形式に応じたオプションダイアログが表示されます（❹）。なお、テキストの読み込み方をコントロールできるのは、この方法のみです。

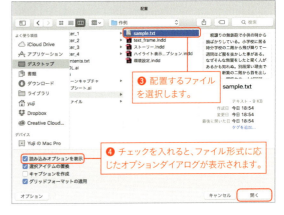

> **One Point　複数ファイルの配置**
>
> [配置]ダイアログでは、一度に複数のファイルを選択可能です。複数ファイルを選択している場合、マウスポインタはテキスト配置アイコンに変わり、配置可能なファイル数が表示されます（❶）。図の場合、2つのファイルを配置可能となっています。

❶ 配置可能なファイル数が表示されます。

❸ 読み込み方を設定する

[テキスト読み込みオプション]ダイアログが表示されるので、目的に応じて各項目を設定したら（❺）、[OK]ボタンをクリックするとテキストが配置されます（❻）。なお、図はプレーンテキストを読み込む際のダイアログです。ファイル形式が異なると、表示されるダイアログも異なります。

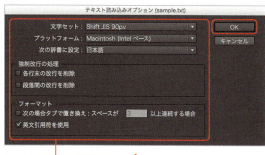

❺ 各項目を設定します。

> **One Point　サンプルテキストの割り付け**
>
> [書式]メニューには、[サンプルテキストの割り付け]というコマンドがあり、実行するとダミーのサンプルテキストを配置することができます。CS5.5までは、欧文のサンプルテキストが配置されていましたが、CS6からは和文のサンプルテキストが配置されるようになりました。CS5.5までのバージョンで、配置されるサンプルテキストを日本語にしたい場合、使用したいテキストをInDesignフォルダ直下に「Placeholder.txt」という名前で置いておきます。

❻ テキストが配置されます。

> **One Point　読み込みオプションを表示**
>
> [配置]ダイアログで[読み込みオプションを表示]にチェックを入れて読み込む場合、ファイル形式に応じたオプションダイアログが表示されます。例えば、WordやRTFファイルを読み込む場合には、[Microsoft Word読み込みオプション]ダイアログや[RTF読み込みオプション]ダイアログが表示され、スタイルやフォーマットを保持して読み込むのか、破棄して読み込むのか、また、目次や索引、脚注等のテキストも読み込むのか等、詳細に指定が可能になります（❶）。
>
> Excelのファイルを読み込む場合には、[Microsoft Excel読み込みオプション]ダイアログが表示され、読み込むシートの指定やセル範囲、フォーマットをどのように読み込むのか等を指定して読み込むことが可能です（❷）。
>
> なお、[配置]ダイアログで[読み込みオプションを表示]にチェックを入れずに読み込んだ場合には、前回、同じ形式のファイルを読み込んだ時と同じ設定内容で読み込まれます。

❶ [Microsoft Word読み込みオプション]ダイアログ

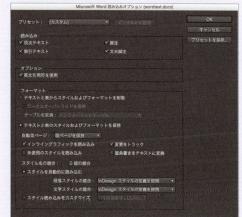

❷ [Microsoft Excel読み込みオプション]ダイアログ

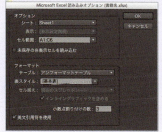

ドラッグ&ドロップでテキストを配置する

❶ ファイルをドラッグする

デスクトップやAdobe Bridge、[Mini Bridge]パネル等から、目的のファイルをドキュメント上にドラッグすることでもテキストを配置できます。まず、目的のファイルを選択します（❶）。図ではMini Bridge上でファイルを選択しています。そのままドラッグしてテキストを配置したいテキストフレーム上まで移動します（❷）。

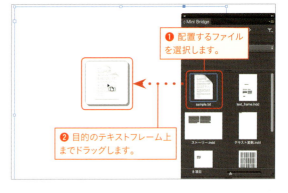

❷ テキストが配置される

マウスを離すと、テキストが配置されます（❸）。

> **One Point** バージョンによる [Mini Bridge] パネルの有無
> [Mini Bridge]パネルが使用できるのはCS5〜CC 2014までのバージョンとなっており、CC 2015からは[Mini Bridge]パネルはなくなりました。

コピー&ペーストでテキストを配置する

❶ テキストをコピーする

テキストエディタ等、他のアプリケーション上でコピーしたテキストも配置できます。まず、他のアプリケーション上で配置するテキストをコピーしておきます（❶）。

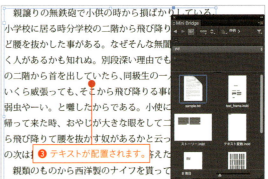

❷ ペーストを実行する

InDesignに切り替え、[文字ツール]で目的のテキストフレーム内にカーソルをおいたら、[編集]メニューから[ペースト]を実行すると、テキストが配置されます（❷）。

084

テキスト配置時にテキストフレームを作成する

❶ 配置するテキストを選択する

先に 3 種類のテキスト配置方法を解説しましたが、テキストを配置する場合、あらかじめテキストフレームを作成しておかなくても、テキスト配置は可能です。まず、[ファイル]メニューから[配置]を実行し、[配置]ダイアログで目的のファイルを選択して（❶）、[開く]ボタンをクリックしてみましょう。ここでは[読み込みオプションを表示]はオフにしておきました（❷）。

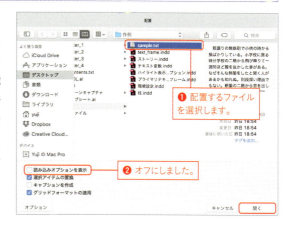

❷ テキストが配置される

マウスポインタがテキスト保持アイコンに変化するので（❸）、ドラッグあるいはクリックするとテキストフレームが作成され、テキストが配置されます（❹）。ちなみに、ドラッグするとその大きさでテキストフレームが作成され、クリックするとその位置を基準にマージンやガイドにぶつかるまでテキストフレームは広がって作成されます。

さらに、縦組みで配置されるのか、横組みで配置されるのかは、[書式]メニューの[組み方向]に何が選択されているかで変わります（❺）。[横組み]が選択されていれば横組み、[縦組み]が選択されていれば縦組みで配置されます。なお、[組み方向]は、[ストーリー]パネルの[組み方向]とも連動しているので、いずれかの項目から変更が可能です。

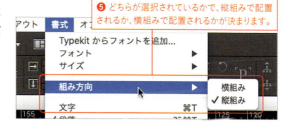

One Point [配置]ダイアログのオプション項目

[配置]ダイアログのオプション項目について解説します。[選択アイテムの置換]は、チェックを入れておくことで、選択しているテキストフレームにテキストを配置することができます。オフにしておくとテキストフレームを選択していても、そのテキストフレーム内にテキストは配置されず、何も選択していないで配置を実行した時と同じ動作をするので、通常はオンのままで運用します。[キャプションを作成]にチェックを入れると、テキストだけでなく、キャプションも作成できます。詳細は、Chapter 8『8-07 ライブキャプションを作成する』の項目を参照してください。[グリッドフォーマットの適用]は、オンの場合、フレームグリッドとして、オフの場合はプレーンテキストフレームとしてテキストが配置されます。なお、作成済みのテキストフレームにテキストを配置する時は、オンでもオフでも関係ありません。

085

Chapter 4 テキストの入力と配置

4-04 自動流し込み

長文テキストを配置する際に便利な機能として、自動流し込みがあります。InDesignには自動流し込み、半自動流し込み、固定流し込みの3つがあり、これらを使い分けることで、長文ドキュメントを効率良く作成できます。

自動流し込みを実行する

❶ ［組み方向］を確認する

ここでは、縦組みで4段組のドキュメントにテキストを配置することとします。まず、［書式］メニューから［組み方向］を選択して［縦組み］を選択します（❶）。既に［縦組み］になっている場合は、そのままでOKです。

❷ 配置するテキストを選択する

［ファイル］メニューから［配置］を選択して、［配置］ダイアログを表示させたら、配置するテキストを選択し（❷）、［開く］ボタンをクリックします。なお、ここではフレームグリッドとして配置したいので、［グリッドフォーマットの適用］はオンにしておきます（❸）。

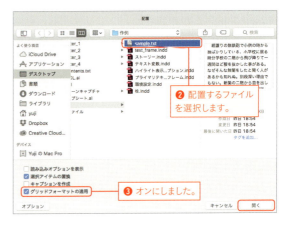

❸ テキストをスタートさせる位置で
クリックする

マウスポインタが［テキスト保持アイコン］に変化するので、テキストをスタートしたい位置にマウスを合わせクリックします（❹）。ここでは、レイアウトグリッドの右上角でクリックしました。

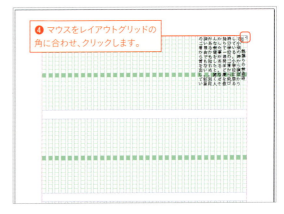

086

❹ テキストが一段目に配置される

テキストは一段目のみに配置され（❺）、[選択ツール]に戻ります。通常は、このように一気にテキストを流し込むといったことはできません。そこで、手順を1つ前に戻ります。

❺ 一段目のみにテキストが配置されます。

❺ 自動流し込みを実行する

マウスポインタがテキスト保持アイコンの状態の時に shift キーを押してみましょう。図のようにマウスポインタの表示が変わるので（❻）、そのままテキストをスタートさせる位置でクリックします。すると、テキストがすべて収まるまで自動的にページやフレームグリッドを追加しながらテキストが配置されます（❼）。これを自動流し込みと呼びます。

❻ shift キーを押すと表示が変わります。

❼ テキストがすべて収まるまで、自動でページやフレームグリッドが追加されます。

One Point　最初のフレームグリッドの位置がずれる

テキスト保持アイコンの状態からフレームグリッドを作成すると、きちんとレイアウトグリッドの角でクリックしていても、最初のフレームグリッドの位置が若干ずれるケースがあります。今のところ回避する方法はないので、手作業で位置やサイズを修正する必要があります。

❻ 半自動流し込みを実行する

では、自動流し込みではなく、半自動流し込みを実行してみましょう。マウスポインタがテキスト保持アイコンの状態の時に option キー（Windowsでは Alt キー）を押すと、図のようにアイコンの表示が変わるので（❽）、そのままテキストをスタートさせる位置でクリックします。1段目にテキストが配置されますが、マウスポインタはまだテキスト保持アイコンのままです（❾）。つまり、このまま続けてテキストを配置していけるわけです。これを半自動流し込みと呼びます。

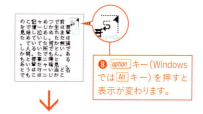

❽ option キー（Windowsでは Alt キー）を押すと表示が変わります。

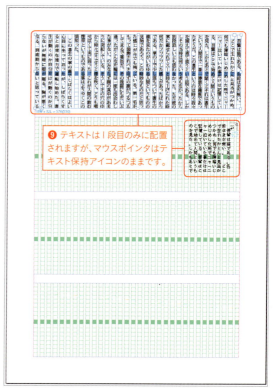

❾ テキストは1段目のみに配置されますが、マウスポインタはテキスト保持アイコンのままです。

One Point　スマートテキストのリフロー処理

環境設定の［テキスト］に、［スマートテキストのリフロー処理］という項目があります。デフォルトではオンになっており、プライマリテキストフレームにテキストを配置した際に、テキストが収まるまで自動的にページを追加してくれる機能となっています。自動流し込みと似たような機能ですが、デフォルト設定ではマスターページ上にプライマリテキストフレームを作成した場合に有効となります。なお、［ページの追加先］を設定したり、［空のページを削除］したりといった指定も可能です。

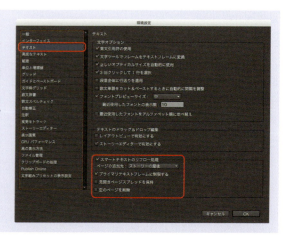

❼ 固定流し込みを実行する

では、今度は固定流し込みを実行してみましょう。マウスポインタがテキスト保持アイコンの状態の時に option ＋ shift キー（Windowsでは Alt ＋ Shift キー）を押すと、図のようにアイコンの表示が変わるので（❿）、そのままテキストをスタートさせる位置でクリックします。テキストは現在のドキュメントのページに収まるまで配置され、残りのテキストはあふれます（⓫）。つまり、ページを自動で増やすことはしませんが、今あるページに収まるところまではテキストを配置するわけです。これを固定流し込みと呼びます。

❿ option ＋ shift キー（Windowsでは Alt ＋ Shift キー）を押すと表示が変わります。

⓫ 今あるページに収まる分だけ、自動でフレームグリッドが作成されます。

One Point　プレーンテキストフレームの分割作成

［文字ツール］でプレーンテキストフレームを作成する際に、ドラッグしながら矢印キーを押すと、押すキーによって縦方向または横方向にテキストフレームが分割され、連結された状態で作成できます。例えば、→キーを1回押すと横方向に2分割され、2回押すと3分割されます。↑キーを1回押すと縦方向に2分割され、2回押すと3分割されるといった具合です。←キーや↓キーを押せば、逆に分割数は減ります。図は、ドラッグ中に→キーと↑キーを1回ずつ押して作成したプレーンテキストフレームです。複数の連結したテキストフレームを作成する場合に使用すると便利です。

なお、矢印キーを押した後に、option キー（Windowsは Alt キー）を押してからマウスポインタを離すと、連結されていない状態で分割されたテキストフレームを作成することもできます。

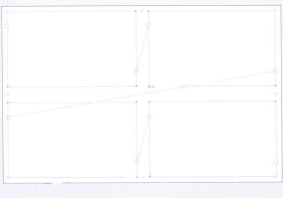

089

Chapter 4　テキストの入力と配置

4-05　字形を挿入する

InDesignでは、指定したフォントの持つ字形すべてを［字形］パネルに表示できます。そのため、普通に入力できない記号類や異体字等は、［字形］パネルを使用して入力します。また、よく使用する字形を登録することもできるので、オリジナルのセットを作成しておくと良いでしょう。

異体字の入力（CC 2015.0以前）

❶ ［字形］パネルを表示する

普通に入力できない記号類や異体字は、［字形］パネルを使用して入力します。まず、［書式］メニューから［字形］を選択して（❶）、［字形］パネルを表示します。［ウィンドウ］メニューの［書式と表］→［字形］からも表示可能です。

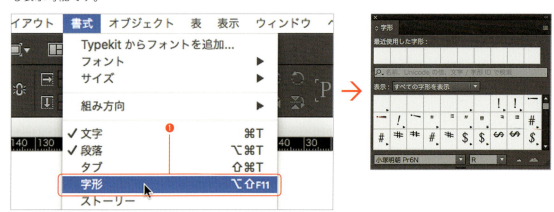

❷ 異体字を入力する

異体字を入力するには、まず［文字ツール］で親文字を選択します（❷）。選択した文字が［字形］パネル上でハイライトされるので、字形右下の▶マークをクリックして異体字を表示させ、目的の字形を選択します（❸）。すると、選択した字形に置き換わります（❹）。

090

異体字の入力 (CC 2015.2以降)

❶ 異体字を表示する

CC 2015.2より、選択された文字の異体字を表示する機能が追加されました。文字ツールでテキストを選択した際、そのテキストに異体字があると、図のようにテキストの下が青くハイライトされ、異体字が表示されます（❶）。なお、異体字はMAXで5個まで表示されます。

❷ 異体字に置換する

表示された異体字の中から目的の字形を選択すると（❷）、その異体字に置換されます（❸）。

❸ [字形]パネルを表示する

表示された異体字の中に目的の字形がない場合は、右端に表示される▶マークをクリックします（❹）。すると、[選択された文字の異体字を表示]の状態で[字形]パネルが表示されるので、目的の字形をダブルクリックして置換します。

> **One Point　文字の前後関係に依存するコントロール**
>
> デフォルトでは、選択された文字の異体字が表示される仕様となっていますが、この動作が煩わしい方は[環境設定]の[高度なテキスト]にある[文字の前後関係に依存するコントロール]の各項目をオフにすることで、選択した文字の異体字が表示されなくなります。
>
>

091

字形の挿入

❶ 字形を入力する

親文字のない字形の場合は、テキストフレーム内にカーソルをおき（❶）、目的の字形を［字形］パネルで探します。目的の字形をダブルクリックすれば（❷）、その字形が入力されます（❸）。

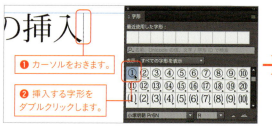

❷ 字形を探すには

なお、［表示］のポップアップメニューから目的のものを選択すると（❹）、目的の字形に素早くたどり着けます。また、［最近使用した字形］には、直近で使用した35種類の字形が表示されます（❺）。ちなみに、［字形］パネルの最下部から、入力する字形のフォントを切り替えることも可能です（❻）。

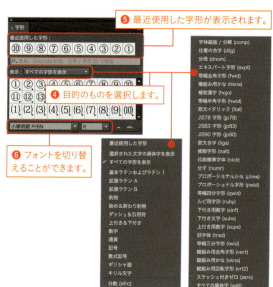

字形セットの登録

❶ ［新規字形セット］を作成する

よく使用する字形は、字形セットとして登録しておくと、素早く入力できます。まず、［字形］パネルのパネルメニューから［新規字形セット］を選択します（❶）。［新規字形セット］ダイアログが表示されたら、［名前］を入力して（❷）、［OK］ボタンをクリックします。

092

❷ 字形を[新規字形セット]に追加する

[字形]パネルで字形セットに登録したい字形を選択したら（❸）、パネルメニューから[字形セットに追加]→[自分が作成した字形セットの名前（図ではsample）]を選択します（❹）。同様の手順で登録したい字形をすべて追加していきます。追加が終わったら、パネルメニューから[字形セットを編集]→[自分が作成した字形セットの名前]を選択します（❺）。

❸ 字形セットを編集する

[字形セットを編集]ダイアログが表示されます。このダイアログには、登録した字形がすべて表示されていますが、字形の左下に「u」と書かれたものと、書かれていないものがあります。「u」と書かれたものは、左側のリストから字形を選択して、[字形のフォントを保持]のチェックをはずしたものです（❻）。この項目をオフにすると、入力時にフォントは指定されず、さまざまなフォントで使用可能になります。いろいろなフォントで使用したい字形は、この項目をオフにしておくと良いでしょう。

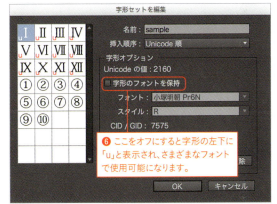

❹ [新規字形セット]を表示する

作成した字形セットは、[字形]パネルの[表示]のポップアップメニューにリストされるので、選択することで使用可能となります（❼）。

One Point　等幅半角字形

縦組みで2桁の半角数字を縦中横にしている場合、使用しているフォントによっては数字が横に広がって見栄えがよくないケースがあります。このような場合には、半角数字を選択して[字形]パネルのパネルメニューから[等幅半角字形]を実行すると良いでしょう。数字2文字分で全角幅の数字に変更できます。他にも、[等幅三分字形]や[等幅四分字形]が用意されています。

Chapter 4 テキストの入力と配置

4-06 特殊文字・スペース・分割文字を挿入する

著作権記号や登録商標記号、ハイフン、引用符をはじめとする特殊文字、さまざまな幅のスペース、テキストを途中で分割できる分割文字等の文字は、メニューから簡単に入力できます。どのような文字を入力できるか覚えておきましょう。

特殊文字／スペースの挿入

❶ 特殊文字を挿入する

InDesignでは、特殊文字やさまざまなスペースを［書式］メニューから素早く入力できます。まず、特殊文字を入力してみましょう。文字を入力したい位置にカーソルをおき（❶）、［書式］メニューの［特殊文字の挿入］から目的のものを選択します。ここでは、［記号］→［商標登録記号］を選択したので（❷）、商標登録記号が入力されます（❸）。他にも、著作権記号やハイフン、引用符、タブ等、さまざまな特殊文字が用意されています。

❶ カーソルをおきます。

❷ 挿入したい特殊文字を選択します。

❸ 特殊文字が入力されます。

> **One Point** コンテクストメニューによる表示
> ［特殊文字の挿入］や［スペースの挿入］［分割文字の挿入］は、［書式］メニューからだけでなく、コンテクストメニューからも表示可能です。右クリック、あるいは option キー（Mac）を押しながらクリックすればコンテクストメニューが表示されます。

❷ スペースを挿入する

スペースも実にさまざまなものが用意されています（❹）。［書式］メニューの［特殊文字の挿入］→［スペースの挿入］から、目的のスペースを選択すれば入力できます。

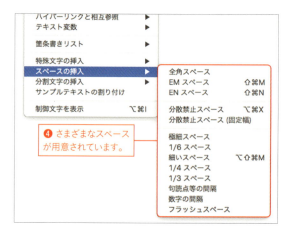

❹ さまざまなスペースが用意されています。

094

分割文字の挿入

❶ 分割文字を挿入する

［書式］メニューから［分割文字の挿入］を実行することで、テキストを分割できます。テキストが入るスペースがあっても、次の段やフレーム、ページにテキストを飛ばしたりできます。また、強制改行や任意の改行も用意されています。まず、分割文字を挿入したい位置にカーソルをおきます（❶）。［書式］メニューの［分割文字の挿入］から目的のコマンドを選択します。ここでは［改フレーム］を選択しました（❷）。

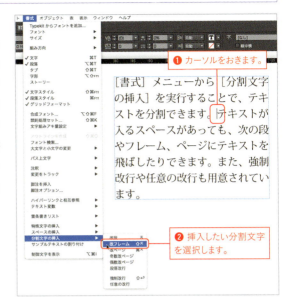

❶ カーソルをおきます。

❷ 挿入したい分割文字を選択します。

❷ テキストが分割される

カーソルのあった位置でテキストが分割されます（❸）。ここでは［改フレーム］を選択していたので、カーソル以降のテキストが次のフレームに分割されます。

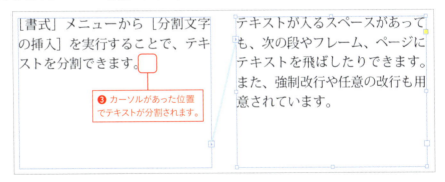

❸ カーソルがあった位置でテキストが分割されます。

> **One Point　制御文字を表示**
>
> 実際に印刷されないスペースや分割文字は、どこに入力されているかが分かりづらいため、選択等もうまくできません。そのような場合には、［書式］メニューから［制御文字を表示］を実行します。見えなかったスペースや分割文字が制御文字として表示されます。ただし、［表示モード］が［標準モード］になっている必要があります。

095

Chapter 4　テキストの入力と配置

4-07 テキストフレーム設定を変更する

テキストフレームには、マージンやテキストの配置位置を調整できる［テキストフレーム設定］が用意されています。テキストフレーム自体に線幅を指定したり、塗りにカラーを指定するようなケースでは、［テキストフレーム設定］を設定すると便利です。

テキストフレーム設定の変更

❶ テキストフレーム設定を表示する

テキストフレームでは、マージンやテキストをフレームのどこに揃えるか等の設定が可能です。［選択ツール］でプレーンテキストフレームを選択し（❶）、［オブジェクト］メニューから［テキストフレーム設定］を選択します（❷）。

❷ フレーム内マージンを設定する

［テキストフレーム設定］ダイアログが表示されるので、［一般］タブの［フレーム内マージン］を設定します（❸）。デフォルトでは、すべて「0mm」となっていますが、ここではすべて「2mm」に変更し、［OK］ボタンをクリックしました。

One Point　フレームグリッドでも有効

［テキストフレーム設定］を設定できるのは、プレーンテキストフレームだけではありません。フレームグリッドでも設定可能です。

096

❸ マージンが設定される

テキストフレーム内に設定したマージンが適用され、マージン部分にはテキストが流れなくなります（❹）。

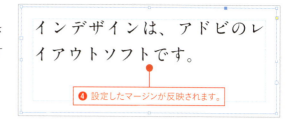

❹ 設定したマージンが反映されます。

❹ テキストの配置を設定する

では、[テキストの配置]を設定してみましょう。再度、[テキストフレーム設定]ダイアログを表示させ、[テキストの配置]の[配置]を変更し（❺）、[OK]ボタンをクリックします。

❺ [配置]を変更します。

One Point 段落スペース最大値

[段落スペース最大値]は、[テキストの配置]の[配置]に[均等配置]を選択した場合にのみ設定できます。このオプションは、段落が複数ある場合に有効で、段落と段落の間隔の最大値を設定できます。行と行の間隔が空きすぎる場合に使用するとよいでしょう。

❺ テキストの配置が変更される

指定した結果が反映され、テキストフレーム内でのテキストの位置が変わります。[中央]を選択した場合は、テキストがフレーム内のセンターに配置され（❻）、[下]を選択した場合には、フレーム内の下に揃います（❼）。また、[均等配置]を選択した場合には、テキストの行送りは無視され、各行がフレーム内に均等に配置されます（❽）。

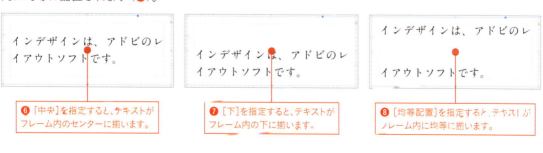

❻ [中央]を指定すると、テキストがフレーム内のセンターに揃います。

❼ [下]を指定すると、テキストがフレーム内の下に揃います。

❽ [均等配置]を指定すると、テキストがフレーム内に均等に揃います。

One Point ベースラインオプション

[テキストフレーム設定]ダイアログには、[ベースラインオプション]タブも用意されており、1行目のテキストの位置を変更する[先頭ベースライン位置]の[オフセット]や、テキストフレームに対して、カスタムでベースラインを設定できるオプション等が用意されています。

097

Chapter 4　テキストの入力と配置

4-08　テキストフレームの自動サイズ調整

InDesignには、テキストフレームを自動でサイズ調整する機能が用意されています。これにより、テキスト量に応じて、フレームサイズが可変するため、テキストのあふれ等も回避できます。また、オブジェクトスタイルとして運用すれば、ワンクリックでテキストフレームのサイズ調整が可能です。

自動サイズ調整の設定

❶ ［テキストフレーム設定］を表示する

InDesign CS6以降には、テキストフレームのサイズを自動で調整する機能が搭載されています。［選択ツール］でプレーンテキストフレームを選択するか（❶）、［文字ツール］でプレーンテキストフレーム内にカーソルがある状態で、［オブジェクト］メニューから［テキストフレーム設定］を選択します（❷）。

❷ ［自動サイズ調整］を設定する

［テキストフレーム設定］ダイアログが表示されるので、［自動サイズ調整］タブを選択し（❸）、［自動サイズ調整］のポップアップメニューを［オフ］から目的のものに変更します。ここでは［高さのみ］を選択しました（❹）。また、テキストフレームのサイズ変更時に基準となる位置も指定し（❺）、［OK］ボタンをクリックします。

> **One Point　基準となる位置**
>
> ［自動サイズ調整］を設定することで、テキストの量に応じて可変するテキストフレームを作成できます。その際、ポップアップメニューで選択した内容によって、基準として選択できる位置は変わってきます。テキストフレームのサイズが変更になった場合でも、選択した位置は、常に固定されます。

❸ テキストフレームのサイズが変わる

[自動サイズ調整]を[高さのみ]としたため、テキストフレームの高さがテキストのサイズに合うよう縮まります(❻)。

❹ テキスト量に応じてサイズが変わる

では、テキストを追加で入力してみましょう。テキストを追加していくと、幅はそのままで、高さのみがテキストの量に応じて変わっていきます(❼)。これは、[自動サイズ調整]を[高さのみ]としているからです。

❺ 他の[自動サイズ調整]を設定する

今度は、右図のようなテキストフレームに対して、[自動サイズ調整]を[幅のみ]とし(❽)、[OK]ボタンをクリックします。

> **One Point 制約**
>
> [自動サイズ調整]タブでは、[制約]の設定も可能です。例えば、[高さの最小値]や[幅の最小値]を設定すると、テキストが少ない場合でも、指定した最小値よりフレームサイズが小さくなることはありません。また[改行なし]をオンにすると、複数行あったテキストが1行に変更されます。

> **One Point オブジェクトスタイルを活用する**
>
> いちいち[自動サイズ調整]を設定していては手間がかかってしまいます。あらかじめ[自動サイズ調整]に[高さのみ]や[幅のみ]を設定したオブジェクトスタイルを登録しておけば、可変するテキストフレームをワンクリックで作成でき便利です。詳細は、Chapter 7『7-10 オブジェクトスタイルを設定する』を参照してください。

❻ フレームサイズが可変する

[自動サイズ調整]を[幅のみ]としたので、テキストフレームの横幅が、テキストにぴったり合うよう縮小します(❾)。高さはそのままです。では、テキストを追加で入力してみましょう。テキストの入力に合わせて横幅のみが可変していきます(❿)。なお、[自動サイズ調整]では、[高さのみ]や[幅のみ]以外にも、[高さと幅][高さと幅(縦横比を固定)]が用意されていますが、実務ではあまり使用することはないかもしれません。

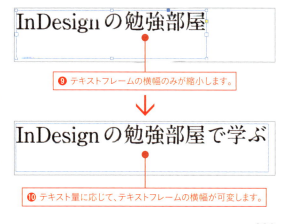

Chapter 4　テキストの入力と配置

4-09　テキストフレームに段組の設定をする

段組の設定じたいは、古いバージョンから可能でしたが、CS6以降ではフレームサイズに応じて段数が変わる段組の設定も可能になりました。ページサイズやレイアウトが変わる可能性がある場合には、あらかじめ設定しておくことで、後々の作業を軽減できます。

段組の設定変更

❶ 段組の指定をする

テキストフレームの段組を自動で調整することも可能です。[選択ツール]でプレーンテキストフレームを選択し（❶）、[オブジェクト]メニューから[テキストフレーム設定]を選択します。[テキストフレーム設定]ダイアログが表示されるので、[一般]タブの[段組]で[段数]と[間隔]を設定し、[OK]ボタンをクリックします。ここでは、[段数]を「2」、[間隔]を「6mm」に設定しました（❷）。

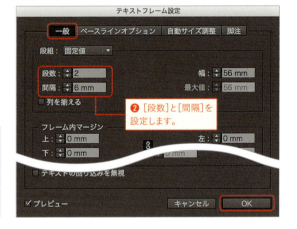

❶ テキストフレームを選択します。

❷ [段数]と[間隔]を設定します。

One Point　列を揃える

[テキストフレーム設定]ダイアログの[段組]にある[列を揃える]にチェックを入れると、段組した際に各段の行数のバラツキを自動的に調整し、できるだけ行数が合うよう揃えてくれます。

❷ 段組が反映される

テキストフレームのサイズはそのままで、指定した段組が反映されます（❸）。

❸ 段組が反映されます。

100

❸ **段組を固定幅に設定する**

今度は、段組を変更してみましょう。テキストフレームを選択し、再度、[テキストフレーム設定] ダイアログを表示させます。[段組] を [固定値] から [固定幅] へ変更し（❹）、[OK] ボタンをクリックします。

❹ [固定幅] に変更します。

❹ **テキストフレームの幅を変更すると段数が変化する**

では、テキストフレームの幅を変更してみましょう。マウスで右端のハンドルを掴んでドラッグすると、少し右にドラッグしただけで自動的に3段組になるはずです（❺）。この時、段の幅は [テキストフレーム設定] ダイアログの [幅] で指定された値で固定されています。[固定幅] を使用すると、フレームの幅より段の幅が優先されるようになります。

❺ 段の幅は固定され、段数が変化します。

❺ **段組を可変幅に設定する**

手順を1つ戻り、今度は、段組を別のものに変更してみましょう。テキストフレームを選択し、[テキストフレーム設定] ダイアログを表示させたら、[段組] を [可変幅] に変更し（❻）、[OK] ボタンをクリックします。なお、[可変幅] を選択すると [段数] が指定不可となり、[幅] と同じ値が入力された状態で [最大値] が設定可能となります。

❻ [可変幅] に変更します。

❻ **テキストフレームの幅を変更すると段数が変化する**

では、テキストフレームの幅を変更してみましょう。マウスで右端のハンドルを掴んでドラッグすると、自動的に3段組になるはずです（❼）。段の幅が、[テキストフレーム設定] ダイアログの [最大値] で指定されていた値より大きくなってしまうと、自動的に段数が増加します。

❼ 段の幅が指定した [最大値] を超えると、段数が自動的に増加します。

101

Chapter 4　テキストの入力と配置

4-10　フレームサイズをテキスト内容に合わせる

テキストフレームをガイドや他のオブジェクトに揃える際に、フレームのサイズをテキストがぴったり収まるサイズに合わせておくと便利です。テキストフレームを選択したら、［コントロール］パネルで［フレームを内容に合わせる］ボタンをクリックするだけと、操作も非常に簡単です。

テキストフレームのサイズを合わせる

❶ 複数行のテキストフレームのサイズを合わせる

テキストフレームは、テキストがぴったり収まるサイズに簡単に変更できます。［選択ツール］でテキストフレームを選択し（❶）、［コントロール］パネルの［フレームを内容に合わせる］アイコンをクリックします（❷）。すると、テキストフレームの高さがテキストがぴったり収まるサイズに変更されます（❸）。

❶ テキストフレームを選択します。
❷ ここをクリックします。
❸ フレームのサイズが変わります。

❷ 1行のテキストフレームのサイズを合わせる

なお、テキストが1行の場合には、行送り方向の高さだけでなく、字送り方向の幅もサイズが変更されます（❹）。

❹ 1行の場合、テキストフレームの幅と高さが変わります。

One Point　テキストがあふれている場合

［フレームを内容に合わせる］コマンドは、テキストがあふれている際にも有効です。このコマンドを実行することで、素早くテキストあふれを解消し、テキストフレームのサイズを大きくしてくれます。

ハンドルをダブルクリックしてテキストフレームのサイズを合わせる

❶ 上部中央のハンドルをダブルクリックする

テキストフレームを選択した際に表示される各ハンドルをダブルクリックすることでも、テキストフレームのサイズを合わせることができます。まず、［選択ツール］で、テキストフレームを選択し、上部中央のハンドルをダブルクリックします（❶）。すると、下辺が固定された状態で、テキストフレームの高さがテキストがぴったり収まるサイズに変更されます（❷）。

❷ 下部中央のハンドルをダブルクリックする

手順を戻り、今度は下部中央のハンドルをダブルクリックしてみましょう（❸）。すると、今度は上辺が固定された状態で、テキストフレームの高さがテキストがぴったり収まるサイズに変更されます（❹）。

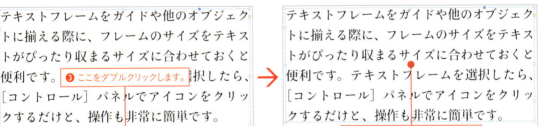

❸ 右部中央のハンドルをダブルクリックする

手順を戻り、今度は右部中央のハンドルをダブルクリックしてみましょう（❺）。すると、今度は左辺が固定された状態で、テキストフレームの幅のサイズが変わります（❻）。つまり、ダブルクリックしたハンドルと反対の位置にある辺が固定された状態で、テキストフレームのサイズが変わるというわけです。

103

複数、あるいは矩形以外のテキストフレームのサイズを合わせる

❶ 連結された複数のテキストフレームのサイズを合わせる

CS6以降では、連結された複数のテキストフレームのサイズ変更も可能になっています。連結された複数のテキストフレームを選択し（❶）、[フレームを内容に合わせる]コマンドを実行すると、選択しているすべてのテキストフレームの高さが、テキストがぴったり収まるサイズに変更されます（❷）。

> **One Point　フレームグリッドの場合**
>
> フレームグリッドの場合には、[フレームを内容に合わせる]アイコンが[コントロール]パネルに表示されないため、[オブジェクト]メニューから[オブジェクトサイズの調整]→[フレームを内容に合わせる]を実行することで、フレームグリッドの行数をテキストがぴったり収まるよう変更できます。

❷ 矩形以外のテキストフレームのサイズを合わせる

矩形以外のテキストフレームのサイズ変更も可能です。[選択ツール]でテキストフレームを選択し（❸）、[コントロール]パネルの[フレームを内容に合わせる]アイコンをクリックすると、テキストフレームの高さが、テキストがぴったり収まるサイズに変更されます（❹）。

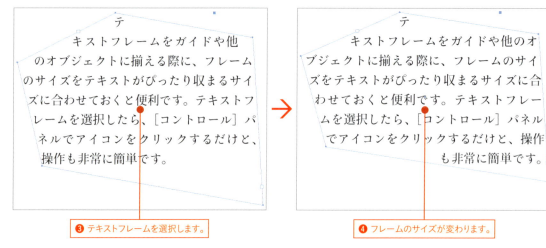

104

Chapter 5
テキストの編集

- 5-01　テキストに書式を設定する ……………………… p.106
- 5-02　文字を変形する ………………………………… p.108
- 5-03　ベースラインシフトを適用する ………………… p.110
- 5-04　字下げやドロップキャップを設定する ………… p.111
- 5-05　ルビ・圏点・下線・打ち消し線・割注を設定する ……… p.114
- 5-06　ぶら下がりを設定する …………………………… p.121
- 5-07　OpenType機能を設定する ……………………… p.122
- 5-08　タブを設定する …………………………………… p.125
- 5-09　段落境界線を作成する …………………………… p.128
- 5-10　縦中横を設定する ……………………………… p.131
- 5-11　字取り・行取り・段落行取りを設定する ………… p.134
- 5-12　段抜き見出しの作成と段の分割 ………………… p.137
- 5-13　箇条書き・脚注を設定する ……………………… p.139
- 5-14　合成フォントを作成する ………………………… p.146
- 5-15　コンポーザーを設定する ………………………… p.149
- 5-16　文字揃えとグリッド揃え ………………………… p.151
- 5-17　行送りの基準位置を設定する …………………… p.153
- 5-18　禁則処理と禁則調整方式を設定する …………… p.154
- 5-19　文字組みアキ量設定を設定する ………………… p.157
- 5-20　文字を詰める ……………………………………… p.162
- 5-21　テキストをアウトライン化する …………………… p.168
- 5-22　相互参照を設定する ……………………………… p.170
- 5-23　条件テキストを設定する ………………………… p.174
- 5-24　検索と置換を活用する …………………………… p.177
- 5-25　段落に囲み罫と背景色を設定する ……………… p.186
- 5-26　ダーシ、引用符の組み方 ………………………… p.189

Chapter 5　テキストの編集

5-01 テキストに書式を設定する

テキストへの書式の設定は、頻繁に行う作業です。[フォント]や[フォントサイズ][行送り][段落揃え]といった設定は必ず行いますが、フレームグリッドでは、グリッドの行に沿ってテキストを流すため、基本的に[行送り]は設定しません。

書式の設定

❶ テキストを選択する

配置および入力したテキストには、[文字]パネルや[段落]パネルを使用して、書式を設定していきます。[フォント]や[フォントサイズ][段落揃え]をはじめ、2行以上のテキストであれば[行送り]も設定します。まず、[文字ツール]で書式を設定したいテキストを選択します(❶)。

❷ 書式を設定する

[コントロール]パネルの[文字形式コントロール]、あるいは[文字]パネルで、[フォント]や[フォントサイズ][行送り](❷)、そして[コントロール]パネルの[段落形式コントロール]、あるいは[段落]パネルで[段落揃え]を設定します(❸)。ここでは、[均等配置(最終行左/上揃え)]を選択しました。

> **One Point　フレームグリッドの行送り**
> フレームグリッドでは、基本的に[行送り]は設定しません。行はグリッドに沿って流すため、設定は[フレームグリッド設定]ダイアログで行います。

❸ 書式が設定される

テキストに指定した書式が適用されます。

106

One Point フォント指定時の警告アラート

テキストにフォントを指定する際、選択しているテキスト内に指定したフォントに存在しない字形があると、図のようなアラートが表示され、フォントが反映されません。メッセージに従い、⌘ + option キー（Windowsでは Ctrl + Alt キー）を押しながら[OK]ボタンをクリックすれば、そのフォントに存在する字形に対してのみフォントが適用されます。なお、[環境設定]の[高度なテキスト]タブにある[フォント適用中の保護を有効にする]をオフにすればこのアラートは表示されませんが、字形がない場合、文字化けするので注意しましょう。

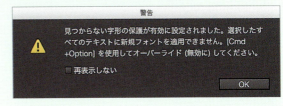

One Point 最近使用したフォント

フォントメニューの上部には、最近使用したフォントが表示されますが、最近使用したフォントはアルファベット順に並べ替えることが可能です。その場合、[環境設定]の[テキスト]カテゴリーで、[最近使用したフォントをアルファベット順に並べ替え]にチェックを入れます（❶）。

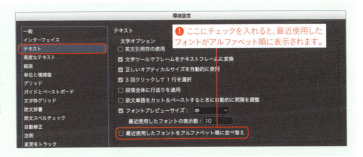

❶ ここにチェックを入れると、最近使用したフォントがアルファベット順に表示されます。

One Point フォントの絞り込み

フォントメニューでは、目的に応じた絞り込みが可能です。[フィルター]ではフォントのフィルタリングが可能で（❶）、[Typekitフォントを表示]をオンにすれば、Typekitフォントのみを表示できます（❷）。また、[お気に入りのフォントを表示]をオンにすれば、お気に入りとして設定したフォントのみを表示でき（❸）、[類似フォントを表示]をオンにすれば、現在、選択しているフォントに似たフォントをリストアップできます（❹）。ただし、[フィルター]と[類似フォントを表示]は、和文フォントに対しては非対応です。

One Point ノド揃え（ノド元に向かって整列）と小口揃え（ノド元から整列）

CS2の時に、[段落]パネルの段落揃えに[ノド元に向かって整列]（❶）と[ノド元から整列]（❷）アイコンが追加されました（CC 2015からは[ノド揃え]と[小口揃え]に名前が変更されています）。例えば、見開きの左ページに[ノド揃え（ノド元に向かって整列）]を適用したテキストがあったとします（❸）。このページが左ページから右ページに変更になると、テキストの揃えは図のように変化します（❹）。このように、ページの左右が変わった際にテキストの揃えも変化するのが[ノド揃え（ノド元に向かって整列）]と[小口揃え（ノド元から整列）]です。ノンブル等の設定に使用すると便利です。

❶ ノド揃え（ノド元に向かって整列）
❷ 小口揃え（ノド元から整列）

❸ 左ページのテキストに[ノド揃え（ノド元に向かって整列）]を適用します。

❹ 右ページに変更になると、テキストの揃えも変更されます。

Chapter 5 テキストの編集

5-02 文字を変形する

文字の変形は、さまざまな場面で行われます。長体や平体、斜体は、写植の時代にもよく使用されましたが、InDesignからも同様の効果を適用できます。

長体・平体を適用する

❶ テキストを選択する

文字を縦、および横方向に変形させる長体や平体は、[文字]パネルの[水平比率]、または[垂直比率]で設定します。まず、[文字ツール]で比率を変更したいテキストを選択します（❶）。

❶ テキストを選択します。

❷ 水平比率を適用する

[文字]パネル（あるいは[コントロール]パネルの[文字形式コントロール]）の[水平比率]を「100％」から「80％」に変更してみましょう（❷）。すると、選択していたテキストに水平比率が反映され、長体になりました（❸）。

❷ [水平比率]を設定します。
❸ 水平比率が反映されます。

❸ 垂直比率を適用する

今度は「平体」の文字を選択して、[文字]パネルの[水平比率]を「100％」から「80％」に変更してみましょう（❹）。選択しているテキストに垂直比率が反映され、平体になりました（❺）。

❹ [垂直比率]を設定します。
❺ 垂直比率が反映されます。

斜体の適用

❶ テキストを選択する

写植で、変形レンズを用いて左右いずれかに傾けた文字を斜体と呼びます。InDesignでは、写植時代に使用された斜体も再現できます。まず、[文字ツール]で斜体を適用したいテキストを選択し（❶）、[文字]パネルのパネルメニューから[斜体]を選択します（❷）。

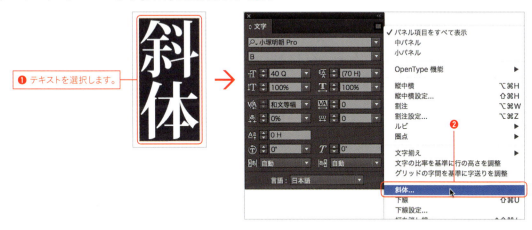

❶ テキストを選択します。

❷ 斜体を適用する

[斜体]ダイアログが表示されるので、各項目を設定して（❸）、[OK]ボタンをクリックします。テキストに斜体が適用されます（❹）（❺）（❻）。

❸ ここを設定します。

❹ 縮小率：30%
　 角度：45°
　 ライン揃え：オフ
　 ツメの調整：オフ

❺ 縮小率：30%
　 角度：45°
　 ライン揃え：オフ
　 ツメの調整：オン

❻ 縮小率：30%
　 角度：45°
　 ライン揃え：オン
　 ツメの調整：オン

One Point 歪み

[文字]パネルの[歪み]を設定することでも、文字を傾けることができます。しかし、歪みは単に文字を傾斜させているだけで、本来の斜体とは異なります。
設定方法は、歪みを適用したいテキストを選択し、[文字]パネルの[歪み]を設定すればOKです（❶）。

❶ ここを設定します。

109

Chapter 5　テキストの編集

5-03　ベースラインシフトを適用する

テキストの位置を部分的に調整したい場合には、ベースラインシフトを適用します。横組みでは文字の上下の位置、縦組みでは文字の左右の位置を調整できます。

ベースラインシフトの設定

❶ **テキストを選択する**

テキストの位置を調整する場合は、ベースラインシフトを設定します。まず、[文字ツール]で位置を調整したいテキストを選択します（❶）。

❶ テキストを選択します。

❷ **ベースラインシフトを設定する**

[文字]パネル（あるいは[コントロール]パネルの[文字形式コントロール]）の[ベースラインシフト]を「0 H」から目的の値に変更します（❷）。なお、マイナスの値も設定可能です。

❷ [ベースラインシフト]を設定します。

❸ **テキストの位置が移動する**

[ベースラインシフト]で指定した値だけ、テキストの位置が移動します（❸）。

❸ テキストが移動します。

One Point　インライングラフィックへのベースラインシフト適用

ベースラインシフトを適用できるのは、テキストだけではありません。インライングラフィックとして挿入した画像等のオブジェクトに対しても、ベースラインシフトは適用可能です。

110

Chapter 5　テキストの編集

5-04　字下げやドロップキャップを設定する

字下げやドロップキャップは、よく使用されるコマンドです。とくに字下げを適用するインデントは4種類あり、目的に応じて使い分けることが可能です。また、ドロップキャップも文字数を指定するだけと、非常に簡単に設定できます。

字下げの設定

❶ テキスト内にカーソルをおく

字下げはインデントの機能を使用して適用します。まず、[文字ツール]で字下げしたいテキスト内にカーソルをおきます（❶）。

❷ 左/上インデントを設定する

[段落]パネル（あるいは[コントロール]パネルの[段落形式コントロール]）の[左/上インデント]に字下げしたい値を入力します（❷）。カーソルのある段落に対して、入力した値だけ字下げが適用されます（❸）。

❸ 右/下インデントを設定する

では、行末にもインデントを設定してみましょう。[段落]パネルの[右/下インデント]にインデントしたい値を入力します（❹）。カーソルのある段落に対して、入力した値だけ行末にインデントが適用されます（❺）。

111

❹ 1行目左/上インデントを設定する

では、1行目のみ字下げを止めて突き出しインデントにしてみたいと思います。[段落]パネルの[1行目左/上インデント]にマイナスの値を入力して、突き出しインデントにします（❻）。1行目のみ、入力した値だけ字下げが戻ります（❼）。

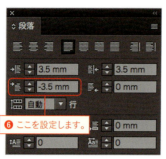

❻ ここを設定します。
❼ 字下げが戻ります。

ここまでインデントの設定

❶ テキスト内にカーソルをおく

突き出しインデントは、[ここまでインデント]の機能を使用しても適用できます。ここでは、2行目から1字下げしてみましょう。図では、[文字ツール]で①の後にカーソルをおきます（❶）。

❶ ここにカーソルをおきます。

❷「ここまでインデント文字」を実行する

[書式]メニューから[特殊文字の挿入]→[その他]→[「ここまでインデント」文字]を選択します（❷）。

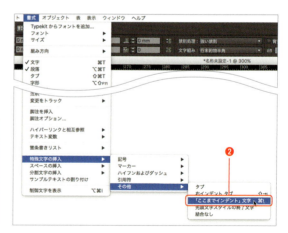

One Point　[結合なし]を挿入して対処する

「ここまでインデント」文字の前にスペース類が入力されていると、うまくインデントされません。その場合、「ここまでインデント」文字の前に[書式]メニューから[特殊文字の挿入]→[その他]→[結合なし]を挿入して対処します。

❸ 2行目以降が字下げされる

カーソルをおいた位置を基準に2行目以降が字下げされます（❸）。なお、[書式]メニューから[制御文字を表示]を実行することで、「ここまでインデント」文字の入力を目視で確認できます。

❸ カーソルの位置で、2行目以降が字下げされます。

ドロップキャップの設定

❶ テキスト内にカーソルをおく

ドロップキャップは、段落最初の文字を数行分にする処理のことです。ドロップキャップを適用したい段落内に、[文字ツール]でカーソルをおきます（❶）。

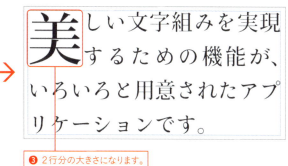

❶ カーソルをおきます。

❷ 行のドロップキャップ数を設定する

[段落]パネル（あるいは[コントロール]パネルの[段落形式コントロール]）の[行のドロップキャップ数]に何行分ドロップキャップするかを入力します（❷）。図では「2」としたので、段落最初の文字が2行分の大きさに拡大されます（❸）。

❷ ここを設定します。

❸ 2行分の大きさになります。

❸ ドロップキャップの文字数を設定する

ドロップキャップは、1文字だけでなく、適用する文字数の指定も可能です。[1またはそれ以上の文字のドロップキャップ]で指定できます。図では「2」としたので（❹）、行頭から2文字が2行分の大きさになります（❺）。

❹ ここを設定します。

❺ 2文字が2行分の大きさになります。

Chapter 5　テキストの編集

5-05　ルビ・圏点・下線・打ち消し線・割注を設定する

ルビや圏点、下線、打ち消し線等、文字単位で設定する項目は多岐にわたります。設定は［文字］パネルから行い、詳細な設定も可能です。どのようなことができて、どうやって設定するかを理解しましょう。

ルビの作成

❶ テキストを選択し、ルビのコマンドを実行する

ルビをふるには、まず［文字ツール］でルビをふりたいテキストを選択し（❶）、［文字］パネル（あるいは［コントロール］パネルの［文字形式コントロール］）のパネルメニューから［ルビ］→［ルビの位置と間隔］を選択します（❷）。

❶ テキストを選択します。

❷ モノルビを適用する

まず、モノルビを設定してみましょう。［ルビ］ダイアログが表示されるので、［種類］に［モノルビ］を選択し（❸）、［ルビ］にルビとして使用したい文字を入力します（❹）。［OK］ボタンをクリックすれば、ルビが適用されます（❺）。なお、複数の文字に対してモノルビをふる場合には、親文字単位で全角スペース、または半角スペースを入力する必要があります。

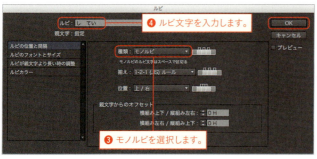

❸ モノルビを選択します。

❺ ルビが適用されます。

> **One Point　［ルビ］ダイアログ**
>
> ［ルビ］ダイアログでは、ルビの揃えや位置、オフセット、フォント、サイズ、カラー等、どのようなルビをふるかを詳細に設定可能です。

114

❸ **グループルビを適用する**

今度は、グループルビを設定してみましょう。グループルビをふりたいテキストを選択したら(❻)、[ルビ]ダイアログを表示させます。[種類]に[グループルビ]を選択し(❼)、[ルビ]にルビとして使用する文字を入力します(❽)。[OK]ボタンをクリックすれば、ルビが適用されます(❾)。

❻ テキストを選択します。

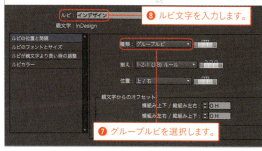

❽ ルビ文字を入力します。

❼ グループルビを選択します。

❾ ルビが適用されます。

One Point　ルビ字形と縦中横

ルビには、OpenTypeフォントのルビ字形の使用や、縦中横の設定も可能です。

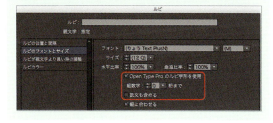

圏点の作成

❶ **テキストを選択し、圏点のコマンドを実行する**

圏点をふるには、まず[文字ツール]で目的のテキストを選択し(❶)、[文字]パネル(あるいは[コントロール]パネルの[文字形式コントロール])のパネルメニューにある[圏点]から使用したいものを選択します(❷)。ここでは[ゴマ]を選択しました。

❶ テキストを選択します。

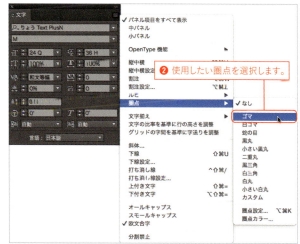

❷ 使用したい圏点を選択します。

115

❷ 圏点が適用される

テキストに指定した圏点が適用されます（❸）。

❸ 圏点が適用されます。

❸ 圏点設定を実行する

圏点には、あらかじめ用意されたもの以外にも、カスタムで任意の字形を圏点として使用することも可能です。圏点をふるテキストを選択したら、[文字]パネルのパネルメニューから[圏点]→[圏点設定]を選択します（❹）。

❹ カスタムの圏点を指定する

[圏点]ダイアログが表示されるので、[圏点種類]に「カスタム」を選択し（❺）、[文字]に圏点として使用したい文字を入力し（❻）、[OK]ボタンをクリックします。なお、[文字]に入力できるのは1文字のみで、[直接入力]と表示されているポップアップメニューを変更することで、文字コードによる入力も可能になります。

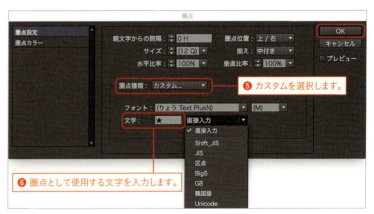

❺ カスタムを選択します。

❻ 圏点として使用する文字を入力します。

❺ カスタムの圏点が適用される

[文字]で指定した字形が、圏点として使用されます（❼）。

❼ 指定した文字が、圏点として使用されます。

下線の作成

❶ テキストを選択し、下線のコマンドを実行する

下線を適用するには、まず［文字ツール］でテキストを選択し（❶）、［文字］パネル（あるいは［コントロール］パネルの［文字形式コントロール］）のパネルメニューから［下線］を選択します（❷）。

❶ テキストを選択します。

❷ 下線が適用される

選択していたテキストに下線が適用されます（❸）。

❸ 下線が適用されます。

❸ 下線設定を表示させる

下線の太さや位置を調整するには、テキストを選択したまま、［文字］パネルから［下線設定］を選択します（❹）。なお、下線を設定する最初の段階で、このコマンドを実行してもかまいません。

117

❹ 下線の設定を編集する

［下線設定］ダイアログが表示されるので、［線幅］や［オフセット］を指定します（❺）。プレビューにチェックを入れておくと、どのように下線が適用されるのかを確定前に確認できます。［OK］ボタンをクリックすれば、下線に反映されます（❻）。なお、ここでは設定していませんが、下線の［種類］や［カラー］等も指定することができます。

❻ 下線に反映されます。

❺ 各項目を設定します。

打ち消し線の作成

❶ テキストを選択し、打ち消し線のコマンドを実行する

打ち消し線を適用するには、まず［文字ツール］でテキストを選択し（❶）、［文字］パネル（あるいは［コントロール］パネルの［文字形式コントロール］）のパネルメニューから［打ち消し線］を選択します（❷）。

❶ テキストを選択します。

❷ 打ち消し線が適用される

テキストに打ち消し線が適用されます（❸）。

❸ 打ち消し線が適用されます。

118

❸ 打ち消し線設定を表示させる

打ち消し線の太さを調整するには、テキストを選択したまま、[文字]パネルのパネルメニューから[打ち消し線設定]を選択します（❹）。なお、打ち消し線を設定する最初の段階で、このコマンドを実行してもかまいません。

❹ 打ち消し線の設定を編集する

[打ち消し線設定]ダイアログが表示されるので、[線幅]を指定します（❺）。プレビューにチェックを入れておくと、どのように打ち消し線が適用されるのかを確定前に確認できます。[OK]ボタンをクリックすれば、打ち消し線に反映されます（❻）。なお、ここでは設定していませんが、打ち消し線の[種類]や[オフセット][カラー]等も指定することができます。

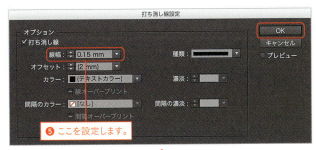

割注の適用

❶ テキストを選択する

割注を適用するには、まず[文字ツール]で割注を適用したいテキストを選択します（❶）。

119

❷ **割注を実行する**

［文字］パネルのパネルメニューから［割注］を選択すると（❷）、テキストに割注が適用されます（❸）。

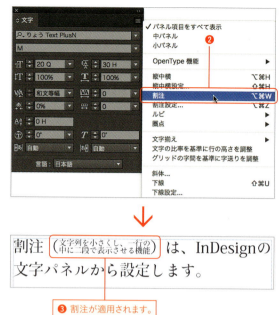

> **One Point** 割注設定
>
> ［文字］パネルのパネルメニューから［割注設定］を選択すると、割注の［行数］や［割注サイズ］［揃え］等、割注の詳細なコントロールが可能です。

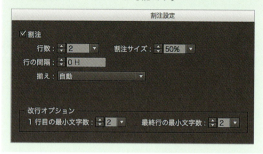

❸ 割注が適用されます。

> **One Point** 上付き文字・下付き文字
>
> 上付き文字や下付き文字を設定すると、「a3」を「a^3」に、「CO2」を「CO$_2$」といったように任意の文字のサイズを小さくして上付きや下付きにすることができます。設定も、上付きや下付きにしたい文字を選択して、コマンドを実行するだけと非常に簡単です。なお、［環境設定］の［高度なテキスト］カテゴリーの［文字設定］で、上付き文字や下付き文字にする際の文字のサイズや位置を指定できます。

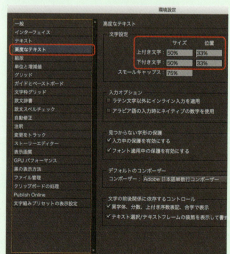

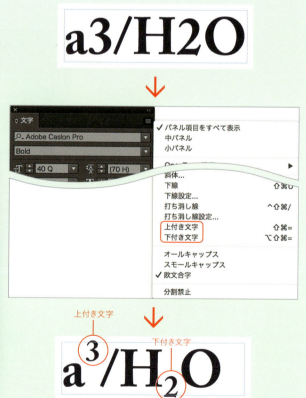

上付き文字

下付き文字

120

Chapter 5 テキストの編集

5-06 ぶら下がりを設定する

行末にきた句読点をフレームからはみ出させて組む方法を「ぶら下がり」と言います。InDesignでは、用途に応じた2種類のぶら下がり方法が用意されており、使い分けることが可能です。

ぶら下がりの設定

❶ ぶら下がりとは

行末にきた句読点をフレームの外にはみ出させる組み方を「ぶら下がり」と呼びます。InDesignでは2種類のぶら下がりが可能で、用途に応じて使い分けます。まず、[文字ツール]でぶら下がりを適用したい段落内にカーソルをおきます（❶）。

❶ 段落内にカーソルをおきます。

❷ ぶら下がりを適用する

[段落]パネルのパネルメニューから[ぶら下がり方法]を選択します（❷）。[標準]を選択すると、行末にきた句読点が入りきらない場合のみ、ぶら下げ処理をしますが（❸）、[強制]を選択した場合は、行末にきた句読点は、入る場合でも強制的にぶら下げ処理します（❹）。なお、ぶら下がりを解除する場合は「なし」を選択します。また、[禁則処理]の[ぶら下がり文字]に登録した文字が、ぶら下げ処理されます。

❷ 目的に応じて、いずれかを選択します。

[標準]を選択した場合

[強制]を選択した場合

❸ 入りきらない句読点のみが、ぶら下がります。

❹ 行末にきた句読点は、すべてぶら下がります。

Chapter 5 テキストの編集

5-07 OpenType機能を設定する

OpenTypeフォントを使用している場合のみ適用できるのが、[文字]パネルにある[OpenType機能]です。[任意の合字]をはじめ、[スラッシュを用いた分数]や[プロポーショナルメトリクス]等、さまざまな機能を使用できます。

OpenType機能の適用

❶ OpenType機能の種類

[文字]パネル（あるいは[コントロール]パネルの[文字形式コントロール]）のパネルメニューに用意されている[OpenType機能]は、OpenTypeフォントに対してのみ使用可能です（❶）。なお、ブラケット[ ]付きで表示されている項目は、現在選択しているフォントでは使用できないことをあらわしています。

❶ 目的のものを選択します。

❷ 任意の合字を適用する

いくつかの[OpenType機能]を試してみましょう。ここでは、まず[任意の合字]を適用しました。「株式会社」や「温泉」など、カタカナや漢字を使用した複合文字の字形を多数利用できます。

株式会社 温泉 → 株式会社

❸ スラッシュを用いた分数を適用する

今度は、[スラッシュを用いた分数]を適用してみましょう。「1/2」のようにスラッシュで区切られた数字が、1つの文字「½」として置換されます。

1/100 2/34 →

❹ オールドスタイル数字を適用する

［オールドスタイル数字］を適用します。字幅だけでなく高さにも変化のある数字字形に置換されます。このオプションは、オールキャップスを使用しない古典的で洗練された印象を与えたい場合に使用するのがお勧めです。

❺ プロポーショナルメトリクスを適用する

［プロポーショナルメトリクス］を適用します。フォント内部に持っている詰め情報（プロポーショナルメトリクス）を参照して文字組みするため、文字間が詰まります。

インデザイン → インデザイン

One Point　その他のOpenType機能

OpenType機能は、他にも色々と用意されています。以下にその概略を解説します。

上付き序数表記：「1st」、「2nd」のような序数が、「1ˢᵗ」、「2ⁿᵈ」のような上付き文字になります。スペイン語のsegunda（2ª）やsegundo（2º）のaやoなどの上付き文字も適切に表示されます。

スワッシュ字形：スワッシュ字形がフォントに含まれる場合、普通の字形と前後の文字に依存するスワッシュ字形（別種の字形の大文字、単語の末尾に用いる装飾字形などを含む）を使用することができます。

タイトル用字形：タイトル用字形がフォントに含まれる場合、タイトルに適した大文字の字形が有効になります。これを大文字と小文字両方を用いて組んだテキストに対して適用すると、望ましくない結果を生むフォントもあります。

前後関係に依存する字形：前後関係に依存する字形と、連結用の異体字がアクティブになります。いくつかの筆記体の書体に用意されている代替字形で、文字を美しく連結する場合に使用できます。例えば、「bloom」という単語の文字の組み合わせを、「*bloom*」と手書きのように連結することができます。このオプションは、デフォルトでオンになっています。

すべてスモールキャップス：すべての文字がスモールキャップスになります。

スラッシュ付きゼロ：このオプションを選択すると、数字のゼロ「0」に斜線（スラッシュ）「Ø」が付加されます。

デザインのセット：OpenTypeフォントには、装飾用に設計された代替字形が含まれているものがあります。デザインのセットは、代替字形のグループであり、1度に1文字ずつ適用したり、テキストの範囲を指定して適用したりすることができます。別のデザインのセットを選択すると、そのセットで定義されている字形が、フォントのデフォルト字形の代わりに使用されます。デザインのセットの字形文字と別のOpenType設定を一緒に使用すると、個々の設定の字形が文字セットの字形より優先されます。

位置依存形：いくつかの筆記体やアラビア語等の言語では、文字の外観は単語内の位置により異なります。文字が単語の始め（最初の位置）、中央（中間位置）、終わり（最後の位置）に表示される場合は形状を変更できます。また、単独（孤立位置）で表示される場合にも同様に形状を変更できます。「一般形」オプションでは通常の文字を挿入し、「自動形」オプションでは文字が単語内に配置される場所と文字が孤立して表示されるかどうかに応じて文字の形状を決定します。

上付き文字、下付き文字：周囲の文字の大きさから正確に大きさを設定した上付き・下付き文字を有するフォントもあります。OpenTypeフォントがこれらの字形を含まない場合には、「分子」か「分母」を用いることを検討します。

分子、分母：いくつかのOpenTypeフォントでは、½や¼のような基本的な分数だけを分数字形に変換し、4/13や99/100などの分数は変換されません。このような場合は、「分子」か「分母」を分数に適用してください。

等幅ライニング数字：文字幅が同じで高さも揃った数字になります。表組み等、数字の桁を揃えたい場合に効果的です。

ライニング数字：高さが揃って、字幅は変化のある数字になります。大文字だけで組んだテキストに対して効果的です。

等幅オールドスタイル数字：固定字幅でありながら、高さは変化のある数字になります。古典的な印象を与えるオールドスタイル数字を、列内に整列させて使用する場合に適しています。

デフォルトの数字：フォントのデフォルトの数字字形に切り替えます。

横または縦組み用かなの使用：横組みまたは縦組みに最適化したデザインのかな字形になります。

欧文イタリック：プロポーショナルの欧文の字形をイタリック体に切り替えます。

CC 2017以降のOpenType機能の適用

❶ テキストフレームに OpenType機能を適用する

CC 2017では、［選択ツール］で［OpenType機能］の適用が可能となりました。［選択ツール］でテキストフレームを選択すると、テキストフレーム右下にOpenType機能をあらわすアイコンが表示されます。このアイコンをクリックすると（❶）、選択しているテキストフレームで実行可能な［OpenType機能］の一覧が表示されるので、目的の［OpenType機能］をオンにして（❷）、その機能を反映させます（❸）。図では「スラッシュ付きゼロ」を適用しています。なお、この機能は、あふれているテキストに対しても有効です。

❷ 文字ツールでOpenType機能を適用する

［文字ツール］でテキストを選択している場合にも、この機能は有効です。［文字ツール］でテキストを選択すると、OpenType機能をあらわすアイコンが表示されます（❹）。このアイコンをクリックして適用可能なOpenType機能を表示させます。ここでは［すべてスモールキャップス］を実行したので（❺）、選択していたテキストに対してスモールキャップスが適用されます（❻）。

One Point テキスト選択/テキストフレームの装飾を表示して書式をさらに制御

［選択ツール］でOpenType機能を適用するこの機能は、［環境設定］の［高度なテキスト］カテゴリーにある［テキスト選択/テキストフレームの装飾を表示して書式をさらに制御］がオンになっている場合のみ有効です（デフォルトではオン）。しかし、動作をきちんと理解して使用しないと思わぬ結果になる場合もあるので、慣れない方は設定をオフにしておく方が安全かもしれません。

Chapter 5　テキストの編集

5-08　タブを設定する

テキスト中にタブを挿入することで、そのタブを基準に文字を揃えることが可能になります。タブは複数使用できるため、用途に応じたさまざまな場面で活用できます。

タブの設定

❶ テキストを選択する

タブで区切ったテキストは、タブを基準に指定した位置に揃えることができます。まず、揃えたいタブ区切りのテキストすべてを[文字ツール]で選択し（❶）、[書式]メニューから[タブ]を選択します（❷）。なお、どこにタブが入力されているかが分かりやすいように、[書式]メニューから[制御文字を表示]を選択しておくと良いでしょう。

❷ タブの揃えと位置を指定する

[タブ]パネルが表示されるので、左上のタブ揃えボタンから目的のものを選択し（❸）、[位置]ボックスにテキストを揃えたい位置の値を入力します（❹）。図では、[左/上揃えタブ]を選択し、[位置]を「14mm」に設定しました。すると、タブ定規上にタブストップが挿入され（❺）、最初にタブが入力されたテキストが指定した位置で揃います（❻）。

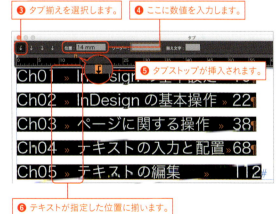

> **One Point　テキストフレームの上にパネルを配置**
>
> [タブ]パネルはテキストフレームと位置を揃えておくと作業がしやすくなります。[タブ]パネルとテキストフレームの位置が合っていない場合には、[タブ]パネルの一番右にある[テキストフレームの上にパネルを配置]ボタンをクリックすることで、位置を揃えることができます。

125

❸ 行末をタブで揃える

次に、2つ目のタブを利用して、テキストの行末を揃えてみましょう。今度は、タブ定規の上を直接クリックします。図では「70 mm」のあたりをクリックしています（❼）。定規上にタブストップが挿入され、［位置］にもクリックした位置の（おおまかな）値が入力されているはずです。このタブストップが選択された状態で、タブ揃えに［右／下揃えタブ］を選択し（❽）、［位置］を「70 mm」に指定し直します（❾）。指定した位置で2つ目のタブが揃います（❿）。このように、定規の上を直接クリックすることでもタブの位置を指定できますが、正確に位置を指定する場合には、数値で［位置］を指定します。

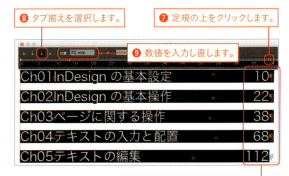

❹ タブリーダーを指定する

では、タブで区切られたテキスト間にタブリーダーを設定してみましょう。2つ目のタブが選択された状態で（⓫）、［リーダー］に区切り文字を入力します。ここではドット「.」を入力しました（⓬）。タブで区切られたテキスト間に収まる数のドットが挿入されます（⓭）。

> **One Point　揃え文字**
>
> タブ揃えに［小数点（または指定文字）揃えタブ］を選択すると、［揃え文字］が入力可能になります。［揃え文字］を入力することで、任意の文字を基準にテキストを揃えることができます。

> **One Point　タブリーダーに指定した**
> **　　　　　　ドットの位置を調整する**
>
> タブの［リーダー］にドットを指定した場合、タブ文字をベースラインシフトで移動させておくと見栄えがよくなります。タブ文字を［文字ツール］で選択したら（❶）、［文字］パネルの［ベースラインシフト］に値を入力して（❷）、テキストの真ん中にくるよう調整します（❸）。なお、1つずつ手作業で調整していては手間がかかってしまうので、ベースラインシフトさせる設定を文字スタイルとして登録し、さらに段落スタイル内に正規表現スタイルとして設定すれば、テキストへの適用を一発で完了できます。なお、スタイルに関する機能については、次章を参照してください。

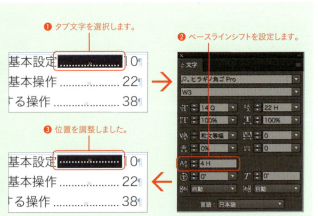

126

均等にタブを設定する

❶ 最初のタブ位置を設定する

均等な間隔でタブを設定する場合には、ひとつずつタブを設定する必要はありません。まず、[タブ]パネルを使用して1つ目のタブの設定をします（❶）。図では、1つ目のタブを[中央揃えタブ]で「10mm」の位置に設定しました。

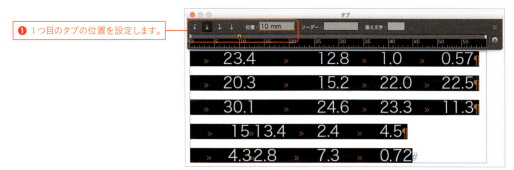

❶ 1つ目のタブの位置を設定します。

❷ 繰り返しを実行する

1つ目のタブストップが選択された状態で、[タブ]パネルのパネルメニューから[繰り返し]を実行します（❷）。

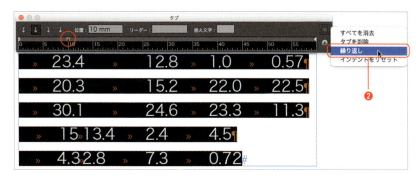

❸ 一気にタブが適用される

等間隔でタブが設定されます（❸）。なお、タブストップをパネル外にドラッグすれば、タブは削除できます。また、[タブ]パネルのパネルメニューから[すべてを消去]を実行すれば、すべてのタブを削除することも可能です。

❸ 等間隔でタブが設定されます。

Chapter 5　テキストの編集

5-09　段落境界線を作成する

段落境界線は、段落に対して境界線を引く機能です。テキスト幅とフレーム幅のいずれかを選択でき、テキスト幅を選択した場合には、テキストの内容に応じて境界線の長さも可変します。また、前境界線と後境界線の両方を組み合わせて使用することで、高度な境界線の運用も可能です。

段落境界線の作成

❶ 段落境界線とは

段落境界線とは、段落に対して境界線を引く機能です。下線と同様な効果を得られますが、1つの段落に対して2つの境界線を作成できる点や、フレーム幅で境界線を引くこともできる点が大きく異なります。まず、境界線を引きたい段落内にカーソルをおきます（❶）。

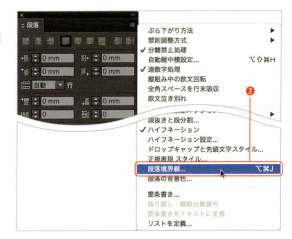

❷ 段落境界線を選択する

［段落］パネルのパネルメニューから［段落境界線］を選択します（❷）。

❸ 段落境界線を設定する

［段落境界線］ダイアログが表示されるので、目的に応じて各項目を設定します。ここでは、［前境界線］の［境界線を挿入］にチェックを入れ（❸）、［線幅］を「0.1mm」にしました（❹）。また、そのままでは境界線はテキストの仮想ボディの下に揃う位置に引かれるので、［オフセット］を「−1mm」に設定して（❺）、［OK］ボタンをクリックしました。なお、［幅］には［列］を選択しておきます（❻）。

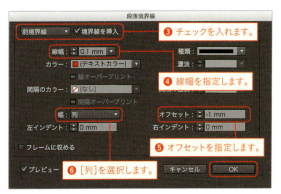

128

❹ 段落境界線が作成される

テキストフレームの幅で、段落境界線が作成されます（❼）。

段落境界線で見出し
段落境界線の機能を利用して、見出しに枠囲みの効果を適用できます。

❼ 段落境界線が作成されます。

❺ 段落境界線の設定を変更する

再度、［段落境界線］パネルを表示させ、設定を変更してみましょう。［幅］を［列］から［テキスト］に変更し（❽）、［OK］ボタンをクリックします。フレーム幅で引かれていた段落境界線が、テキスト幅に変更されます（❾）。このように段落境界線は、テキスト幅で作成するのか、フレーム幅で作成するのかを設定できます。また、線幅や位置の調整をはじめ、カラーや線の種類も設定できます。

→ **段落境界線で見出し**
段落境界線の機能を利用して、見出しに枠囲みの効果を適用できます。

❾ 段落境界線がテキスト幅に変更されます。

❽ ［テキスト］に変更します。

段落境界線の応用

❶ 段落境界線で色網を作成する

段落境界線の機能を利用して、テキストの背景に色網を作成することができます。ここでは、いくつかの作例とその設定内容を確認していきましょう。図では、あらかじめインデントを設定した見出しに対して、段落境界線を設定しています。［線幅］を太く設定し（❶）、テキストと線幅の中心の位置が同じになるようオフセットを調整しています（❷）。

段落境界線で見出し
段落境界線の機能を利用して、見出しに枠囲みの効果を適用できます。

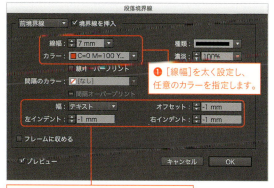

❶ ［線幅］を太く設定し、任意のカラーを指定します。

❷ ［幅］や［オフセット］［インデント］を設定して、テキストの位置に合わせます。

129

❷ 段落境界線を選択する

テキストを編集すると分かりますが、テキストの増減に合わせて、段落境界線のサイズも変更されます（❸）。段落境界線を使用しなくても色網の作成は可能ですが、修正時の手間を大幅に減らせるため、段落境界線を使用して作成しておくのがお勧めです。

❸ 段落境界線も修正されます。

❸ 段落境界線で枠囲みを作成する

前境界線と後境界線の両方を使用することで、枠囲みのような効果を得ることもできます。ポイントは、[後境界線]と[前境界線]を同じ位置に重なるように設定し、[後境界線]の[線幅]を[前境界線]の[線幅]よりも少し細く設定することです。また、[後境界線]の[カラー]は「紙色」に設定します。これにより、差分の半分だけが枠囲みの線幅のように表示されるわけです。

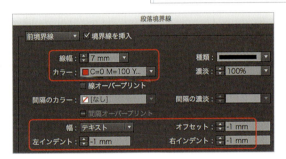
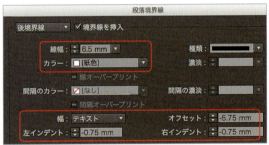

❹ 段落境界線で丸い枠囲みを作成する

丸い枠囲みのような効果を得ることもできます。前項の設定と似ていますが、[種類]に[点]を使用するのがポイントです。[種類]に[点]等を指定すると[間隔のカラー]も設定可能になりますが、[カラー]と[間隔のカラー]を同じ色にしておくことで、左右両サイドのみ丸くなったように見えるというわけです。図の設定内容を参考にしてください。

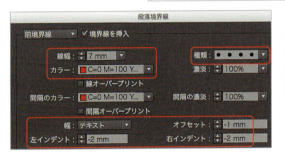

Chapter 5　テキストの編集

5-10　縦中横を設定する

縦中横は、縦組み時には必須の作業です。目的別にいくつかの方法がありますが、テキストすべてに対して一気に適用できる[自動縦中横設定]は最もよく使用する機能です。他の縦中横の機能と併用することもでき、組版ルールに従って最適の方法で組むようにしましょう。

縦中横の設定

❶ テキストを選択する

テキストを縦中横にするには色々な方法がありますが、まずは文字単位で設定する縦中横を適用してみましょう。まず、[文字ツール]で縦中横を適用したいテキストを選択します（❶）。

❶ テキストを選択します。

❷ 縦中横を実行する

[文字]パネルのパネルメニューから[縦中横]を選択すると（❷）、縦中横が適用されます（❸）。

One Point　縦中横設定

[文字]パネルのパネルメニューから[縦中横設定]を選択すると、[縦中横設定]ダイアログが表示され、縦中横を適用した字形の上下左右の位置を調整できます。

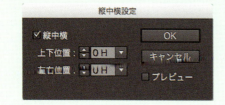

❸ 縦中横が適用されます。

131

自動縦中横設定の設定

❶［自動縦中横設定］を選択する

縦中横は、文字単位で設定していては手間がかかってしまうため、実際の作業では［文字］パネルの［縦中横］はあまり使用しません。［段落］パネルの［自動縦中横設定］を使用することで、段落単位で縦中横を適用できます。まず、［文字ツール］で縦中横を適用したい段落内にカーソルをおき（❶）、［段落］パネルのパネルメニューから［自動縦中横設定］を選択します（❷）。

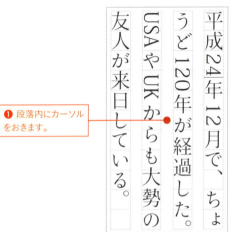

❷ 縦中横の桁数を指定する

［自動縦中横設定］ダイアログが表示されるので、［組数字］を指定して［OK］ボタンをクリックすると、指定した文字数の数字に対して縦中横が適用されます。［組数字］を「2」とすれば2桁までの数字が（❸）、「3」とすれば3桁までの数字に縦中横が適用されます（❹）。なお、［欧文も含める］にチェックを入れると、指定した文字数の欧文に対しても縦中横が適用されます。

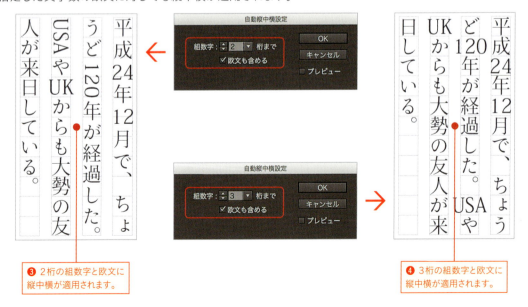

縦組み中の欧文回転の設定

❶ ［縦組み中の欧文回転］を適用する

欧文や半角数字を1文字単位で縦中横にすることもできます。［文字ツール］で縦中横を適用したい段落内にカーソルをおき（❶）、［段落］パネルのパネルメニューから［縦組み中の欧文回転］を選択します（❷）。

❶ 段落内にカーソルをおきます。

❷ ［自動縦中横設定］も適用する

［縦組み中の欧文回転］を実行すると、欧文や半角数字に1文字単位で縦中横が適用されます（❸）（ただし、文字組みアキ量設定のアキ量は適用されたままです）。これで良ければ手順はここで終了となりますが、2桁の数字は組数字として縦中横を適用したいのであれば、さらに［自動縦中横設定］も設定します（❹）。ここでは、［欧文も含める］にはチェックは入れず、［OK］ボタンをクリックしました。指定した桁数の数字のみ組数字として縦中横が適用され、それ以外の桁数の数字や欧文は1文字単位で縦中横が適用されたままとなります（❺）。このように、［縦組み中の欧文回転］と［自動縦中横設定］は併用することが可能です。

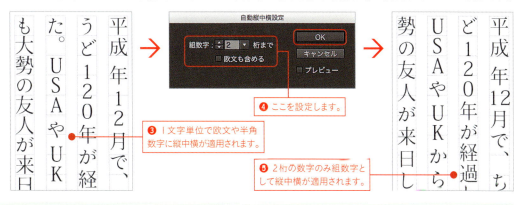

❸ 1文字単位で欧文や半角数字に縦中横が適用されます。

❹ ここを設定します。

❺ 2桁の数字のみ組数字として縦中横が適用されます。

One Point　結合なし

例えば、図の「24」と「ha」に対して個別に縦中横を適用しても、「24ha」と組文字として縦中横が適用されてしまいます。このような場合には、「24」と「ha」の間にカーソルをおき、［書式］メニューから［特殊文字の挿入］→［その他］→［結合なし］を実行します。これにより、「24」と「ha」に個別に縦中横が適用されます。

［結合なし］を挿入します。

133

Chapter 5　テキストの編集

5-11　字取り・行取り・段落行取りを設定する

フレームグリッド使用時には、テキストを指定した字幅や行数に設定することができる［字取り］や［行取り］といった機能が利用できます。また、複数行のテキストに対して行数を指定できる［段落行取り］という機能も用意されています。

字取りの設定

❶ テキストを選択する

選択したテキストを、指定した文字数の幅に設定するのが［字取り］という機能です。まず、［文字ツール］で字取りを設定したいテキストを選択します（❶）。

❶ テキストを選択します。

❷ ［字取り］を指定する

［文字］パネル（あるいは［コントロール］パネルの［文字形式コントロール］）の［字取り］を設定します（❷）。ここでは、テキストを6字取りにしたいので「6」としました。なお、元に戻したい場合には［0］を選択します。

❷ ここを指定します。

❸ ［字取り］が適用される

選択していたテキストに対して［字取り］が適用され、6字取りになります（❸）。なお、この機能は基本的にフレームグリッドでのみ使用する機能です。プレーンテキストフレームでも使用できなくはないですが、思ったようにコントロールできないので注意してください。

❸ 字取りが適用されます。

134

行取りの設定

❶ テキストを選択する

選択した段落を、指定した行数に設定するのが［行取り］という機能です。まず、［文字ツール］で行取りを設定したいテキストを選択、あるいは段落内にカーソルをおきます（❶）。

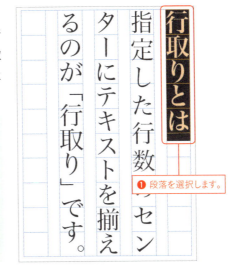
❶ 段落を選択します。

> **One Point** ［行取り］を指定するのがベスト
>
> 行取りは、見出し等の処理でよく使用します。しかし、［行取り］の機能を適用しなくても、ある程度の文字サイズを超えると自動的に2行取りになるため、設定しない方も多いかもしれません。自動的に2行取りになる動作は、フレームグリッド内でのテキストの位置や［行送りの基準位置］［自動行送り］等、さまざまな要素がからんでいます。見出しを修正した際に2行取りが解除されないよう、［行取り］で行数を指定しておくのがベターです。

❷ ［行取り］を指定する

［段落］パネル（あるいは［コントロール］パネルの［段落形式コントロール］）の［行取り］を設定します（❷）。ここでは、テキストを2行取りにしたいので「2」としました。なお、元に戻したい場合には［自動］を選択します。

❷ ここを指定します。

❸ ［行取り］が適用される

選択していた段落に対して［行取り］が適用され、2行取りになります（❸）。なお、この機能は［字取り］同様、基本的にフレームグリッドでのみ使用する機能です。

❸ 行取りが適用されます。

> **One Point** ［行取り］を1にする
>
> 文字サイズを大きくしたために、自動的に2行取りになるような場合でも、［行取り］を「1」に設定すると、強制的に1行幅に設定することが可能です。

段落行取りの設定

❶ ［行取り］を設定する

今度は複数行の見出しに対して、［行取り］を適用してみましょう。ここでは、見出しを 3 行取り 2 行見出しにしたいので、［行取り］を「3」と設定しました（❶）。すると、見出しの各行がそれぞれ 3 行取りになってしまいます（❷）。

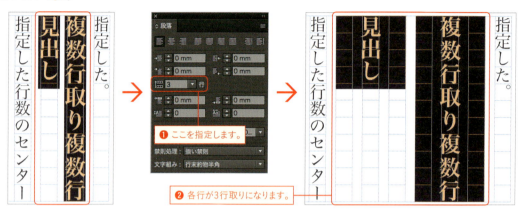

❷ ［段落行取り］を適用する

テキストを選択したまま、［段落］パネルのパネルメニューから［段落行取り］を選択します（❸）。

❸ ［段落行取り］が適用される

［段落行取り］が適用され、3 行取り 2 行見出しとなります（❹）。あとは、テキストの見栄えを整えればできあがりです（❺）。図では、［行送り］を指定し、［段落揃え］を［左揃え］にして、さらに任意の場所で強制改行 shift + return （Windowsでは Shift + Enter ）を実行しています。

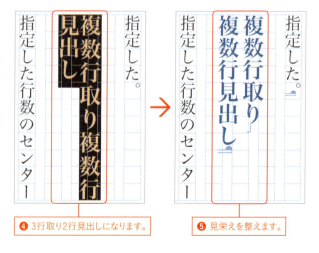

136

Chapter 5　テキストの編集

5-12 段抜き見出しの作成と段の分割

InDesignには、段をまたいでの見出しの処理を行う［段抜き］や、部分的に段をいくつかに分割してテキストを流す［段分割］の機能が用意されています。なお、段抜き見出しを作成する際には、テキストフレーム設定であらかじめ段数を指定しておく必要があります。

段抜き見出しの作成

［段抜き見出し］を適用する

［文字ツール］で段抜き見出しを適用したい段落内にカーソルをおき（❶）、［コントロール］パネルの［段落形式コントロール］（あるいは［段落］パネルのパネルメニュー）の［段抜きと段分割］を設定します（❷）。ここでは「段抜き2」としたので、テキストが2段抜きに設定されます（❸）。なお、段抜き見出しは、ひとつのプレーンテキストフレーム、またはひとつのフレームグリッドにおいて、［テキストフレーム設定］の段数を指定したものでないと、設定できないので注意してください。

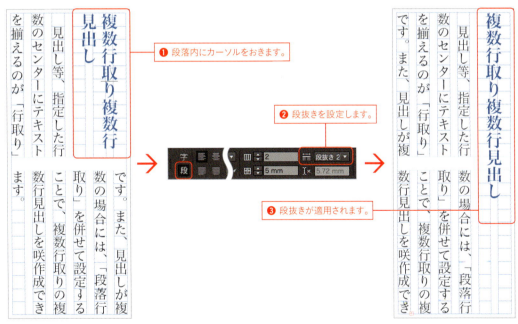

❶ 段落内にカーソルをおきます。
❷ 段抜きを設定します。
❸ 段抜きが適用されます。

> **One Point　段抜きの［すべて］**
> ［段抜きと段分割］で［すべて］を選択すると、その段落以降のすべての段をまたぐ段抜きテキストとなります。

段分割の適用

❶ テキストを選択する

段をまたぐのではなく、段を分割してテキストを流すこともできます。[文字ツール]で段分割を適用したい段落を選択します（❶）。

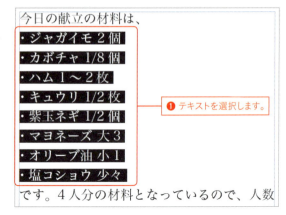

❷ 段分割を設定する

[コントロール]パネルの[段落形式コントロール]（あるいは[段落]パネルのパネルメニュー）の[段抜きと段分割]を設定します（❷）。ここでは「段分割2」としたので、テキストが2段に分割されます（❸）。

❸ [段抜きと段分割]ダイアログで設定する

段分割した際の段間等、詳細に設定内容をコントロールしたい場合には、[段落]パネルのパネルメニューから[段抜きと段分割]を選択し（❹）、[段抜きと段分割]ダイアログを表示させます。[段落前のアキ]や[段落後のアキ][段落間の間隔]等、詳細な設定が可能です（❺）。

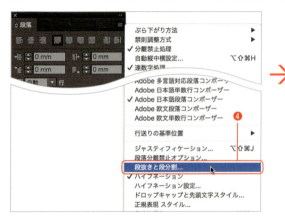
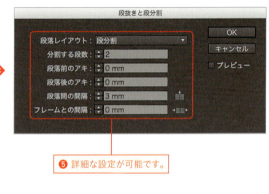

Chapter 5　テキストの編集

5-13　箇条書き・脚注を設定する

箇条書きや脚注の機能も用意されています。箇条書きでは、リストタイプに記号と自動番号のいずれかを指定でき、リストの定義やレベルの指定も可能です。また、脚注ではレイアウトの細かな設定が可能なだけでなく、WordやRTFの脚注の読み込みにも対応しています。

箇条書きの作成

❶ 箇条書き（記号）を適用する

箇条書きには、［記号］と［自動番号］の2種類のリストを選択できます。まず、［記号］を設定してみましょう。［文字ツール］で箇条書きを適用したいテキストを選択し、［段落］パネルのパネルメニューから［箇条書き］を選択します（❶）。

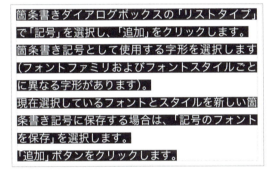
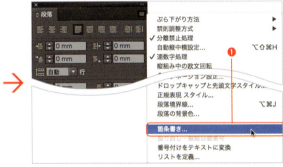

❷ 箇条書きを設定する

［箇条書き］ダイアログが表示されるので、［リストタイプ］に［記号］を選択し（❷）、目的の記号スタイルを指定したら（❸）、各項目を設定し（❹）、［OK］ボタンをクリックします。

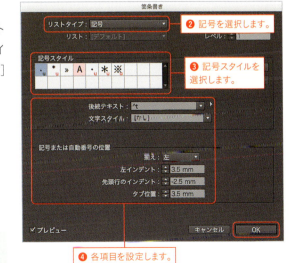

> **One Point　［追加］ボタン**
>
> ［箇条書き］ダイアログの［記号スタイル］で［追加］ボタンをクリックすると、任意の字形を記号として使用することができます。

❸ **箇条書きが反映される**

指定した内容が箇条書きとして反映されます（❺）。

> ・箇条書きダイアログボックスの「リストタイプ」
> で「記号」を選択し、「追加」をクリックします。
> ・箇条書き記号として使用する字形を選択します
> （フォントファミリおよびフォントスタイルご
> とに異なる字形があります）。
> ・現在選択しているフォントとスタイルを新しい
> 箇条書き記号に保存する場合は、「記号のフォ
> ントを保存」を選択します。
> ・「追加」ボタンをクリックします。

❺ 箇条書きが反映されます。

> **One Point　箇条書きの実行**
>
> 箇条書きは［コントロール］パネルの［箇条書き記号］ボタン、および［段落番号］ボタンからも設定できますが、詳細な設定を行うには、［箇条書き］ダイアログを表示させる必要があります。

❹ **箇条書き（自動番号）を適用する**

今度は［自動番号］の箇条書きを設定します。再度、［箇条書き］ダイアログを表示させ、［リストタイプ］に［自動番号］を選択します（❻）。［自動番号スタイル］で［形式］や［記号または自動番号の位置］等を設定し（❼）、［OK］ボタンをクリックします。

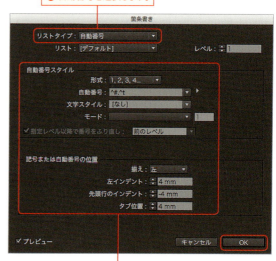

❻ 自動番号を選択します。

❼ 各項目を設定します。

❺ **箇条書きが反映される**

指定した内容が箇条書きとして反映されます（❽）。

1. 箇条書きダイアログボックスの「リストタイプ」で「記号」を選択し、「追加」をクリックします。
2. 箇条書き記号として使用する字形を選択します（フォントファミリおよびフォントスタイルごとに異なる字形があります）。
3. 現在選択しているフォントとスタイルを新しい箇条書き記号に保存する場合は、「記号のフォントを保存」を選択します。
4. 「追加」ボタンをクリックします。

❽ 箇条書きが反映されます。

> **One Point　定義されたリストの使用**
>
> ［自動番号］の箇条書きでは、リストを定義しておくことで、同一ストーリー内に複数の自動番号を混在させたり、同一ドキュメントのテキストフレーム間で、連続した自動番号を適用することが可能です。また、各自動番号にレベルを設定して階層構造を持たせ、マルチレベルリストを作成することもできます。

脚注の作成

❶ ［脚注を挿入］を実行する

［文字ツール］で脚注を挿入したい位置にカーソルをおき（❶）、［書式］メニューから［脚注を挿入］を選択します（❷）。

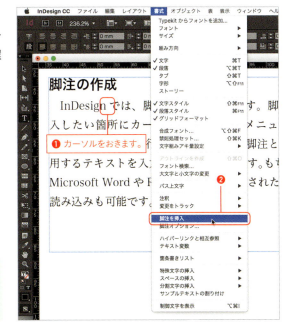

> **One Point** 脚注の読み込み
>
> Microsoft WordやRTFファイルで作成された脚注を読み込むことも可能です。

❷ 脚注が挿入される

カーソルの位置に脚注番号が挿入され（❸）、テキストフレームの最後に脚注が挿入されます（❹）。

❸ 脚注テキストを入力する

脚注テキストを入力します（❺）。

141

❹ [脚注オプション]を表示する

脚注のフォーマットやレイアウトを変更したい場合には、[書式]メニューから[脚注オプション]を選択します（❻）。

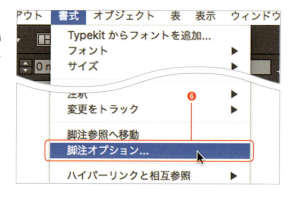

❺ [脚注オプション]を設定する

[脚注オプション]ダイアログが表示されるので、目的に応じて[番号付けフォーマット]と[レイアウト]タブの各項目を設定し、[OK]ボタンをクリックします。

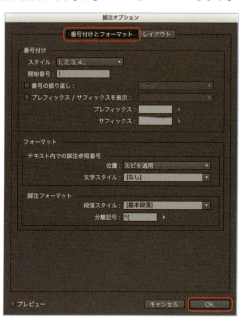
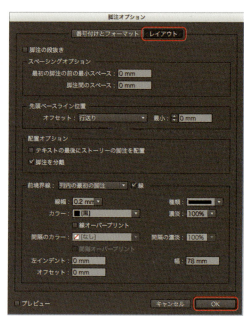

❻ 脚注に反映される

設定した内容が脚注に反映されます（❼）。ここでは、境界線の太さと幅を変更しました。

❼ 設定内容が反映されます。

142

複数の段をまたぐ脚注の作成

❶ 段をまたぐことができなかったこれまでの脚注

CC 2015までは段をまたぐ脚注は作成できませんでしたが、CC 2017からは段をまたぐ脚注も作成可能です。図はCC 2015で作成した2段組みのテキストフレームですが、脚注は段をまたぐことができません（❶）。

❶ 脚注は段をまたぐことはできません。

❷ ［脚注の段抜き］オプションをオンにする

テキストフレームを選択した状態で［オブジェクト］メニューから［テキストフレーム設定］を選択し、［テキストフレーム設定］ダイアログを表示させたら、［脚注］タブを選択します（❷）。［上書きを有効化］をオンにすると、［脚注の段抜き］がアクティブになるのでチェックを入れて、［スペーシングオプション］を設定したら（❸）、［OK］ボタンをクリックします。

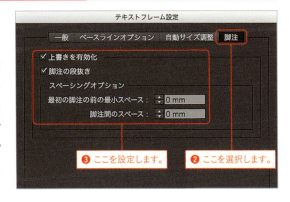

❸ ここを設定します。　❷ ここを選択します。

One Point　すべての脚注を段抜きにする

ドキュメント内のすべての脚注を段抜きに設定したい場合には、［書式］メニューから［脚注オプション］を選択して［脚注オプション］ダイアログを表示させ、［レイアウト］タブの［脚注の段抜き］をオンにします。
なお、［脚注の段抜き］はデフォルトでオンになっていますが、CC 2015以前のバージョンで作成したドキュメントをCC 2017以降で開いた際には、オフで変換されます。

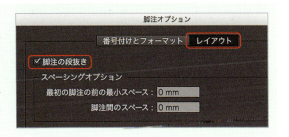

❸ 段をまたぐ脚注が作成される

段をまたぐ脚注が作成されます（❹）。

❹ 段をまたぐ脚注を作成できます。

143

文末脚注の作成

❶ 目的のテキストにカーソルを置き、文末脚注を挿入する

CC 2018では、文末脚注の機能が追加されました（印刷業界では「後注」を言われている機能です）。文末脚注を付けたいテキストにカーソルを置き（❶）、右クリック、あるいは［書式］メニューから［文末脚注を挿入］を選択します（❷）。

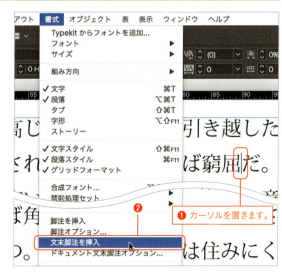

❷ 脚注テキストを入力する

ドキュメントの最後に自動的にページが追加され、番号付きでテキストフレームが作成されるので（❸）、脚注として使用するテキストを入力します（❹）。

❸ テキストフレームが作成されます。　　❹ テキストを入力します。

❸ 文末脚注参照に移動する

文末脚注テキストを選択して、コンテキストメニューから［文末脚注参照へ移動］を実行すると（❺）、元のテキストに脚注番号が追加されているのが分かります（❻）。

One Point　文末脚注テキストへの移動

文末脚注参照から文末脚注テキストへ移動したい場合には、文末脚注参照を選択してコンテキストメニューから［文末脚注テキストへ移動］を実行します。

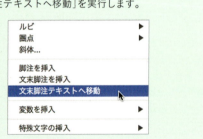

144

❹ 文末脚注を設定していく

同様の手順で必要な箇所に脚注の設定をしていきます。

❺ 文末脚注に書式を設定する

［書式］メニューから［ドキュメント文末脚注オプション］を選択すると（❼）、［文末脚注オプション］ダイアログが表示されるので、目的応じて各項目を設定します。ここでは［文末脚注タイトル］を「参考文献」に変更し（❽）、［番号付け］の［スタイル］を二桁のものに（❾）、さらに［文献脚注ヘッダー］と［文末脚注のフォーマット］の［段落スタイル］をあらかじめ作成しておいた段落スタイルに変更しました（❿）。もちろん、その他にもさまざまな項目が設定できます。

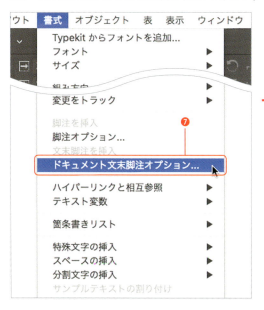
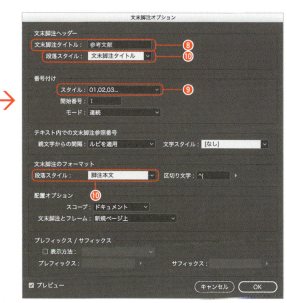

❻ 文末脚注に書式が反映される

［OK］ボタンをクリックすると、設定した内容が脚注に反映されます（⓫）。なお、PDF、EPUB、HTMLの書き出しにも対応しており、読者は注釈から参考文献に直接ジャンプすることができます。もちろん、ハイパーリンクも設定可能です。

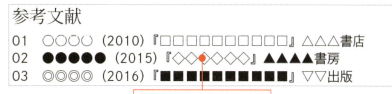

⓫ 設定した書式が反映されます。

145

Chapter 5 テキストの編集

5-14 合成フォントを作成する

漢字やかな、欧文等に対して、それぞれ異なるフォントを使用したい場合には、合成フォントを作成して使用します。合成フォントでは、カテゴリー別にフォントやサイズ、位置等を詳細に設定できます。もちろん、異なるドキュメント間でのやり取りも可能です。

合成フォントの作成

❶ ［合成フォント］を選択する

漢字やかな、欧文等に、それぞれ異なるフォントを組み合わせて使用することができます。まず、［書式］メニューから［合成フォント］を選択します（❶）。

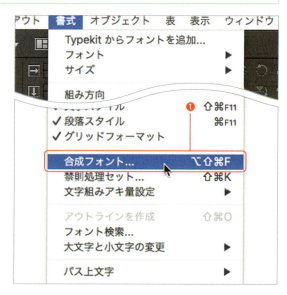

❷ 新規で合成フォントを作成する

［合成フォント］ダイアログが表示されるので、［新規］ボタンをクリックします（❷）。

❷ ここをクリックします。

> **One Point　合成フォントの読み込み**
> ［合成フォント］ダイアログの［読み込み］ボタンをクリックすることで、他のドキュメントで使用した合成フォントを読み込むことができます。

❸ 合成フォントの名前を付ける

［新規合成フォント］ダイアログが表示されるので、［名前］を付けて（❸）、［OK］ボタンをクリックします。なお、作成する合成フォントに近いセットが既にある場合には、［元とするセット］にそのセットを指定しておきます。

❸ 名前を付けます。

146

❹ カテゴリーごとにフォントを指定する

[合成フォント]ダイアログに戻るので、文字のカテゴリーごとにフォントやサイズを指定していきます。図では[漢字][かな][全角約物][全角記号]に対し「A-OTF 中ゴシックBBB Pro」を指定し（❹）、[半角欧文]と[半角数字]に「Univers 45 Light」を[サイズ：110％]、[ライン：−2％]で指定しています（❺）。なお、[サンプル]のウィンドウで合成フォントの表示を確認する際に、[ズーム]やウィンドウ右下にある各種アイコンをクリックして、表示を切り替えながら作業すると、位置やサイズを合わせやすくなっています（❻）。

❹ ここを設定しました。

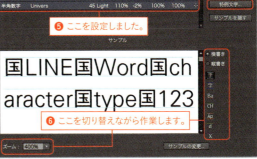

❺ ここを設定しました。

❻ ここを切り替えながら作業します。

> **One Point** サンプル表示
>
> [合成フォント]ダイアログの[サンプル表示]ボタン（サンプルが表示されている時は[サンプルを隠す]ボタン）をクリックすると、ウィンドウ下部にサンプルテキストを表示できます。

❺ 特例文字セットを作成する

今度は、任意の文字のみフォントを変更したいと思います。このような場合、特例文字の機能を使います。[合成フォント]ダイアログの[特例文字]ボタンをクリックすると、[特例文字セット編集]ダイアログが表示されるので、[新規]ボタンをクリックします（❼）。

❼ ここをクリックします。

❻ 名前を付ける

[新規特例文字セット]ダイアログが表示されるので、[名前]を付けて（❽）、[OK]ボタンをクリックします。

❽ 名前を付けます。

> **One Point** 複数項目の選択
>
> [合成フォント]ダイアログの各項目は、shiftキー（Windowsは Shift キー）を押すことで連続する複数の項目、⌘キー（Windowsは Ctrl キー）を押すことで連続していない複数の項目を選択することができます。同じ設定を適用したい場合には、まとめて選択すると便利です。ただし、一番左側の[設定：]の部分をクリックする必要があります。

147

❼ **特例文字を追加する**

[特例文字セット編集]ダイアログが表示されるので、[文字]に登録したい字形を入力したら、[追加]ボタンをクリックして特例文字を登録していきます（❾）。特例文字として使用したい字形をすべて登録したら、[保存]ボタンをクリックして保存し、続けて[OK]ボタンをクリックします。なお、特例文字はコード番号での入力も可能です。

❽ **合成フォントを保存する**

[合成フォント]ダイアログに戻ると、カテゴリーに特例文字が追加されているので、フォントやサイズ等を設定します（❿）。設定が終わったら[保存]ボタンをクリックし、続けて[OK]ボタンをクリックします。なお、図では鍵括弧のみ小塚明朝 Pro Lを指定しています。

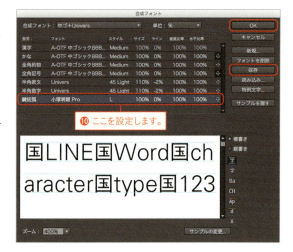

❾ **フォントメニューに表示される**

フォントメニューを表示させると、[最近使用したフォント]の下に合成フォントが表示されます（⓫）。

> **One Point　フォントの表示**
>
> [フォント]メニューには、一番上部に「最近使用したフォント」、その次に「合成フォント」、そしてその下に「使用可能なフォント」が表示されます。

Chapter 5 テキストの編集

5-15 コンポーザーを設定する

どの設定が選択されているかで組版結果が異なるのがコンポーザーです。デフォルトでは［Adobe 日本語段落コンポーザー］が選択されていますが、［Adobe 日本語単数行コンポーザー］に切り替えて使用している会社も多いようです。コンポーザーが、どのような動作をするかを理解しておきましょう。

コンポーザーの選択と動作の違い

❶ コンポーザーとは

コンポーザーは、箱組みテキスト内のどこで改行すべきかを決定している設定で、日本語、欧文、多言語対応のコンポーザーがあり、それぞれ単数行コンポーザーと段落コンポーザーがあります（❶）。［段落］パネルのパネルメニューから切り替えができますが、デフォルトでは［Adobe 日本語段落コンポーザー］が選択されています。

❷ 日本語用の2つのコンポーザー

欧文組版では欧文用のコンポーザーを選択しますが、和欧混植等、日本語が入る場合には、必ず日本語用のコンポーザーを使用します（なお、CS6から追加された多言語対応のコンポーザーでは、インド言語がサポートされています）。まず、和欧混植のテキストに［Adobe 日本語単数行コンポーザー］（❷）と［Adobe 日本語段落コンポーザー］（❸）を適用したテキストを用意して比べてみましょう。すでに組版結果が異なっているのが分かりますが、どこで改行するかを［Adobe 日本語単数行コンポーザー］では1行単位で決定しているのに対し、［Adobe 日本語段落コンポーザー］では段落全体で各行のアキができるだけ均等になるよう改行位置を決定しています。

❷ Adobe日本語単数行コンポーザーを使用した文字組み。

❸ Adobe日本語段落コンポーザーを使用した文字組み。

❸ 日本語段落コンポーザーの動作

［Adobe日本語段落コンポーザー］を適用したテキストを部分的に修正してみましょう。図では赤字の部分を修正しましたが、修正した箇所よりも前の行の改行位置が変わっているのが分かります（❹）。このように、［Adobe日本語段落コンポーザー］を使用した場合には、修正個所よりも前の行の組版が変わることがあります。そのため、印刷会社等では、［Adobe日本語段落コンポーザー］の使用を禁止している会社もあります。

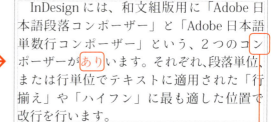

❹ 改行位置が変わります。

❹ 日本語用と欧文用のコンポーザーの違い

では、欧文テキストに［Adobe日本語段落コンポーザー］を適用したもの（❺）と、［Adobe欧文段落コンポーザー］を使用したもの（❻）を比べてみましょう。［Adobe日本語段落コンポーザー］を適用したものは、各行のアキを文字間（文字組みアキ量設定）で調整しようとしているのに対し、［Adobe欧文段落コンポーザー］を使用したものは単語間（欧文スペース）で調整しています。見て分かるとおり、欧文テキストでは欧文用のコンポーザーを使用した方が美しい組版ができます。

Adobe Creative Suite 6 software delivers a whole new experience for digital media creation, enabling you to work lightning fast and reach audiences wherever they may be. Now, for the first time, CS applications are also available through Adobe Creative Cloud, giving you

❺ Adobe日本語段落コンポーザーを使用した文字組み。

Adobe Creative Suite 6 software delivers a whole new experience for digital media creation, enabling you to work lightning fast and reach audiences wherever they may be. Now, for the first time, CS applications are also available through Adobe Creative Cloud, giving you

❻ Adobe欧文段落コンポーザーを使用した文字組み。

❺ 日本語テキストに欧文用のコンポーザーを適用すると

では、［Adobe日本語段落コンポーザー］を適用したした和欧混植のテキストに、［Adobe欧文段落コンポーザー］を適用してみましょう。すると、縦組みやルビといった日本語専用の機能は、すべてスキップされてしまいます（❼）。和欧混植のテキストに［Adobe欧文段落コンポーザー］を使用すると、おかしな組版結果になってしまうので注意しましょう。

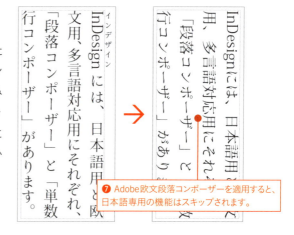

❼ Adobe欧文段落コンポーザーを適用すると、日本語専用の機能はスキップされます。

Chapter 5　テキストの編集

5-16　文字揃えとグリッド揃え

同一行に異なるサイズのテキストが混在する場合に、どこを基準にテキストを揃えるかを設定する［文字揃え］と、フレームグリッドとテキストのサイズが異なる場合に、グリッドのどこにテキストを揃えるかを設定する［グリッド揃え］があります。

文字揃えの設定

❶ 文字揃えとは

同一行内に異なるサイズのテキストがある場合、テキストのどこを基準に文字を揃えるかを設定するのが［文字揃え］です。図は、［文字揃え］のデフォルト設定である［仮想ボディの中央］が適用されているので、テキストは中央で揃っていますが（❶）、［文字］パネルから設定を変更することができます（❷）。

❷ 文字揃えを変更する

テキストをすべて選択して、［文字揃え］を変更してみます。［仮想ボディの上/右］を適用すると、テキストは仮想ボディの上を基準に揃います（❸）。［仮想ボディの下/左］を適用すると、テキストは仮想ボディの下を基準に揃います（❹）。このように、どこを基準にテキストを揃えるかを設定することができます。

グリッド揃えの設定

❶ グリッド揃えとは

フレームグリッドとテキストのサイズが異なる場合に、テキストをグリッドのどこに揃えるかを設定するのが［グリッド揃え］です。図は、［グリッド揃え］のデフォルト設定である［仮想ボディの中央］が適用されているので、テキストはグリッドの天地中央で揃っていますが（❶）、［段落］パネルから設定の変更ができます（❷）。

❶ 仮想ボディの中央
❷ グリッド揃えを変更できます。

❷ グリッド揃えを変更する

テキストをすべて選択して、［グリッド揃え］を変更してみます。［仮想ボディの上/右］を適用すると、テキストはグリッドの上に仮想ボディの上が揃います（❸）。［仮想ボディの下/左］を適用すると、テキストはグリッドの下に仮想ボディの下が揃います（❹）。このように、グリッドのどこにテキストを揃えるかを設定することができます。

❸ 仮想ボディの上/右
❹ 仮想ボディの下/右

One Point　平均字面とは

［文字揃え］や［グリッド揃え］には、［平均字面の上］や［平均字面の下］といった項目がありますが、平均字面とは、そのフォントの平均的な文字の大きさをあらわす仮想ボディよりも小さな文字枠です（❶）。［環境設定］の［文字枠グリッド］カテゴリーにある［文字枠］を［仮想ボディ］から［平均字面］に変更すると表示させることができます（❷）。なお、平均字面は［フレームグリッド設定］ダイアログの［フォント］で選択しているフォントの種類によって、大きさが変わります。

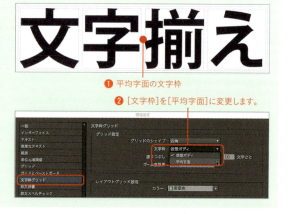

❶ 平均字面の文字枠
❷ ［文字枠］を［平均字面］に変更します。

152

Chapter 5　テキストの編集

5-17　行送りの基準位置を設定する

InDesignでは、どこを基準に行を送るかの設定が可能です。同じ文字サイズの行の場合には、どこを基準にしてもテキストの位置は同じですが、異なる文字サイズの行を送る場合には、基準位置をどこにするかで、テキストの位置が変わります。

行送りの基準位置の設定

❶ 行送りの基準位置とは

行ごとに文字サイズが異なる場合、同じ行送りを設定していたとしても、テキストが揃う位置は異なります。テキストのどこを基準に行を送るのかを設定するのが［行送りの基準位置］です。デフォルトでは［仮想ボディの上 / 右］が選択されており、仮想ボディの上を基準に行が送られます（❶）。別名、ワードプロセッシングとも呼ばれる設定です。設定の変更は、［段落］パネルの［行送りの基準位置］から行います（❷）。

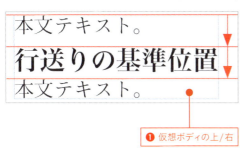

❶ 仮想ボディの上 / 右

❷ 行送りの基準位置を変更できます。

❷ 行送りの基準位置を変更する

［行送りの基準位置］を変更してみます。［仮想ボディの中央］を選択すると、仮想ボディの中央を基準に行が送られます（❸）。別名、センター行送りとも呼ばれます。［欧文ベースライン］を選択すると、ベースラインを基準に行が送られます（❹）。［仮想ボディの下 / 左］を選択すると、仮想ボディの下を基準に行が送られます（❺）。別名、タイプセッティングとも呼ばれます。このように、どこを基準に行が送られるのかを設定することができます。

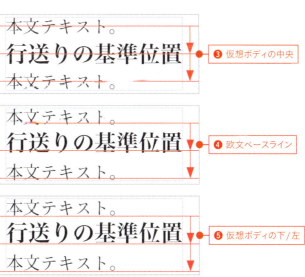

❸ 仮想ボディの中央

❹ 欧文ベースライン

❺ 仮想ボディの下/左

Chapter 5　テキストの編集

5-18　禁則処理と禁則調整方式を設定する

和文組版に欠かせないのが禁則処理ですが、InDesignには［強い禁則］と［弱い禁則］が用意されており、カスタムの禁則処理セットも作成できます。また、禁則処理は、禁則調整方式に何を選択したかで処理方法が異なるため、動作を理解して最適な設定を選択しましょう。

禁則処理の設定

❶ 禁則処理とは

和文組版では、行頭や行末にきてはいけない文字等を定めた組版ルールがあります。行頭にきてはいけない文字を［行頭禁則文字］、行末にきてはいけない文字を［行末禁則文字］と言い、ぶら下げ文字を定めた［ぶら下がり文字］や連続使用の際に分離させない文字を定めた［分離禁止文字］と併せて、［禁則処理］セットとして用意されています。設定は［段落］パネル（あるいは［コントロール］パネル）から変更できますが（❶）、デフォルトでは和文組版用に［強い禁則］（❷）と［弱い禁則］（❸）が用意されています。［強い禁則］は［弱い禁則］に比べ、拗促音等も［行頭禁則文字］として含まれており、より厳しい設定となっています。

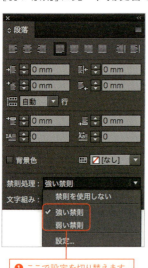
❶ ここで設定を切り替えます。

❷ 強い禁則の設定内容。

❸ 弱い禁則の設定内容。

❷ カスタムの禁則処理セットを作成する

オリジナルのハウスルールがある場合には、新規で［禁則処理］セットを作成して適用します。［段落］パネルの［禁則処理］から［設定］を選択すると（❹）、［禁則処理セット］ダイアログが表示されるので、［新規］ボタンをクリックします（❺）。

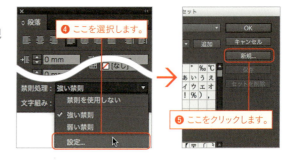
❹ ここを選択します。
❺ ここをクリックします。

154

❸ カスタムの禁則処理セットを作成する

［新規禁則処理セット］ダイアログが表示されるので、［元とするセット］を選択し（❻）、［名前］を付けて（❼）、［OK］ボタンをクリックします。ここでは、［元とするセット］に［強い禁則］を指定しました。

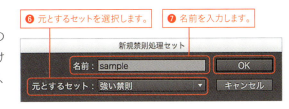

❻ 元とするセットを選択します。　❼ 名前を入力します。

❹ 禁則処理セットに文字を追加する

指定した名前で［禁則処理セット］ダイアログが表示されるので、どの項目に文字を追加するかを選択したら（❽）、［追加文字］にその文字を入力して、［追加］ボタンをクリックすると（❾）、文字が追加されます（❿）。同様の手順で目的の文字をすべて追加したら、［保存］ボタンをクリック後、［OK］ボタンをクリックします。なお、［追加文字］は［文字入力］のポップアップメニューを切り替えることで、指定した文字コードでの入力も可能です。

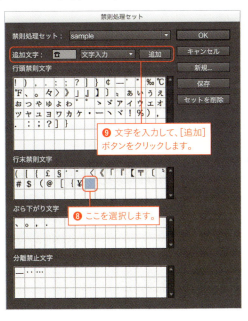

❽ ここを選択します。
❾ 文字を入力して、［追加］ボタンをクリックします。
❿ 文字が追加されます。

❺ 禁則処理セットを選択する

［禁則処理］にカスタムで設定した禁則処理セットが選択可能になります（⓫）。

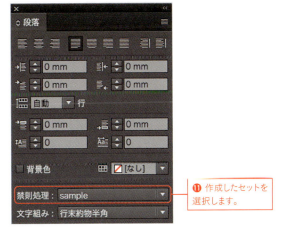

⓫ 作成したセットを選択します。

禁則調整方式の設定

❶ 禁則調整方式の選択

テキストに適用した禁則処理は、［段落］パネルの［禁則調整方式］で選択された設定内容に応じて処理されます。［追い込み優先］［追い出し優先］［追い出しのみ］［調整量を優先］の4種類が用意されており、デフォルトでは、［追い込み優先］が選択されています（❶）。

❷ 4種類の禁則調整方式の違い

［追い込み優先］では、禁則文字を追い込み、できるだけ同一行で調整することを優先します（❷）。［追い出し優先］は、禁則文字を次の行に追い出すことを優先します（❸）。［追い出しのみ］は、禁則文字を必ず次の行に追い出します（❹）。［調整量を優先］は、禁則文字を追い出した時の文字間隔が追い込んだ時の文字間隔より極端に広くなる場合は、文字を追い込みます（❺）。なお、［調整量を優先］以外の設定では行頭または行末に禁則対象文字がある場合のみ、行中で生じたアキを処理できるのに対し、［調整量を優先］では行末・行頭に位置する文字が禁則対象文字でなくても、行中で発生したアキを主に「追い込む」方向で処理が可能です。そのため、個人的には［調整量を優先］の使用をお勧めします。

❷ 追い込み優先
禁則調整方式には「追い込み優先」「追い出し優先」「追い出しのみ」「調整量を優先」の4種類あり、それぞれ設定した［禁則処理セット］の内容に応じて、追い込み・追い出しをどのように調整するかを決定します。デフォルトは「追い込み優先」が選択されています。

❸ 追い出し優先
禁則調整方式には「追い込み優先」「追い出し優先」「追い出しのみ」「調整量を優先」の4種類あり、それぞれ設定した［禁則処理セット］の内容に応じて、追い込み・追い出しをどのように調整するかを決定します。デフォルトは「追い込み優先」が選択されています。

❹ 追い出しのみ
禁則調整方式には「追い込み優先」「追い出し優先」「追い出しのみ」「調整量を優先」の4種類あり、それぞれ設定した［禁則処理セット］の内容に応じて、追い込み・追い出しをどのように調整するかを決定します。デフォルトは「追い込み優先」が選択されています。

❺ 調整量を優先
禁則調整方式には「追い込み優先」「追い出し優先」「追い出しのみ」「調整量を優先」の4種類あり、それぞれ設定した［禁則処理セット］の内容に応じて、追い込み・追い出しをどのように調整するかを決定します。デフォルトは「追い込み優先」が選択されています。

> **One Point** 全角スペースを行末吸収と欧文泣き別れ
>
> ［段落］パネルのパネルメニューには、［全角スペースを行末吸収］と［欧文泣き別れ］という項目があります。［全角スペースを行末吸収］をオンにすると、行末にきた全角スペースを吸収し、全角スペースが行頭から始まらないようにできます。［欧文泣き別れ］をオンにすると、欧文単語は欧文ハイフネーションルールを使用しなくても分割可能となり、行末にハイフンが表示されなくなります。

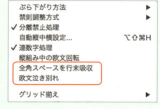

156

Chapter 5　テキストの編集

5-19　文字組みアキ量設定を設定する

美しい文字組みを実現するために欠かせないのが［文字組みアキ量設定］です。［文字組みアキ量設定］とは、文字と文字が並んだ際のアキ量を定めたもので、この設定内容に基づいて文字組みがなされます。用途に応じていくつかの文字組みセットを作成して、運用すると良いでしょう。

文字組アキ量設定の基本的な考え

❶ 文字組みアキ量設定とは

［段落］パネルの［文字組み］では、文字組みアキ量設定を選択しますが、文字組みアキ量設定とは、文字と文字が並んだ時のアキ量を指定したものです。例えば、図のように『あ』と『始め鍵括弧』が並んだ時に、始め鍵括弧を全角扱いで組みたい場合には、アキ量を0.5文字分に設定するといった考え方になります。

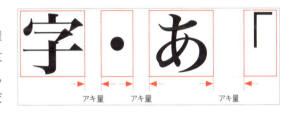

❷ 文字クラスに分けて考える

文字と文字が並んだ時のアキ量を指定したものが文字組みアキ量設定ですが、その組み合わせは膨大な数になってしまいます。そこで、文字をいくつかのグループに分けて考えます。そのグループを「文字クラス」と呼び、「文字クラス」と「文字クラス」が並んだ際のアキ量を設定したものが文字組みアキ量設定となります。InDesignでは、図のような文字クラスに分けられており（❶）、それぞれ表のような文字が含まれています（すべてではありません）。

始め括弧類	「『（［｛'"〈《【	区切り約物	！？
始めかぎ括弧	「『	分離禁止文字	——‥…
始め丸括弧	（	前置省略記号	￥＄£
その他の始め括弧	［｛'"〈《【	後置省略記号	％¢‰.'"℃
終わり括弧類	」』）］｝'"〉》】	和字間隔	全角スペース
終わりかぎ括弧	」』	行頭禁則和字	あいうえおつやゆよわゝゞアイウエオツヤユヨワカケ／ー（音引き）
終わり丸括弧	）		
その他の終わり括弧	］｝'"〉》】		
読点類	、,	平仮名	ひらがな（拗促音除く）
読点	、	カタカナ	カタカナ（拗促音除く）
コンマ類	,	上記以外の和字	漢字
句点類	。．	全角数字	０１２３４５６７８９
句点	。	半角数字	0123456789
ピリオド類	．	欧文	欧文
中点類	・：；		
中黒	・		
コロン類	：；		

❶ InDesignの文字クラス

❸ ベースとなるサイズ

各文字クラスは、すべてが全角幅ではなく、ベースとなるサイズが存在します。[文字組みアキ量設定]の各文字クラスのアイコンを見ると分かりますが、例えば括弧類や句読点等の約物は半角幅がベースとなっており（❷）、半角数字や欧文ではプロポーショナル（字形によって文字幅が異なる）となっています（❸）。

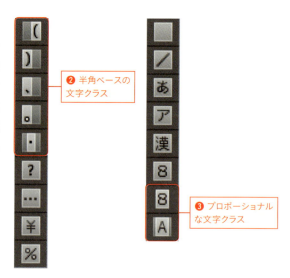

❷ 半角ベースの文字クラス

❸ プロポーショナルな文字クラス

文字組アキ量設定の基本的考え

❶ デフォルトで用意された文字組みアキ量設定

[文字組み]には、あらかじめ14種類の文字組みアキ量設定が用意されています。何を選択するかで組版の結果は異なりますが、それぞれどういった設定なのかを理解しておきましょう。なお、デフォルトでは14種類ありますが（❶）、段落字下げのバリエーションを除くと4つのグループに分けることができます（Ⓐ～Ⓓ）。中黒を＋に読み変えると分かりやすいでしょう。

❶ デフォルトで用意された14種類のプリセット

Ⓐ
行末約物半角
行末受け約物半角＋段落1字下げ(起こし食い込み)
行末約物半角＋段落1字下げ
行末受け約物半角＋段落1字下げ(起こし全角)

Ⓑ
約物全角
約物全角＋段落1字下げ
約物全角＋段落1字下げ(起こし全角)

Ⓒ
行末受け約物全角／半角
行末受け約物全角／半角＋段落1字下げ(起こし食い込み)
行末約物全角／半角＋段落1字下げ
行末受け約物全角／半角＋段落1字下げ(起こし全角)

Ⓓ
行末句点全角
行末句点全角＋段落1字下げ
行末句点全角＋段落1字下げ(起こし全角)

One Point　環境設定の文字組みプリセット

デフォルトで用意された文字組みアキ量設定は、[環境設定]の[文字組みプリセットの表示設定]から表示をオフにすることが可能です。使用しないプリセットはオフにしておくと良いでしょう。

158

❷ 文字組みプリセットの組版結果

それでは、各グループの文字組みアキ量設定をテキストに適用してみましょう。[行末約物半角]は、行頭、行末にきた約物をすべて半角として組みます（❷）。[約物全角]は、すべての約物を全角として組みます（❸）。[行末受け約物全角/半角]は、行末にきた約物を全角、あるいは半角として組みます（❹）。[行末句点全角]は、行末にきた句点のみを全角として組みます（❺）。

Ⓐ ❷ 行末約物半角

Ⓑ ❸ 約物全角

Ⓒ ❹ 行末受け約物全角/半角

Ⓓ ❺ 行末句点全角

❸ 段落1字下げの違い

14種類の文字組みアキ量設定は、4つのベースとなるプリセットに字下げのバリエーションを加えたものです。字下げには3つのバリエーションがあり、行頭に約物がきた時に組版結果が異なります。[段落字下げ（起こし食い込み）]では、段落行頭に0.5文字分のアキ（❻）、[段落字下げ]では1文字分のアキ（❼）、[段落字下げ（起こし全角）]では1.5文字分のアキ（❽）となります。

❻ 段落字下げ（起こし食い込み）
❼ 段落字下げ
❽ 段落字下げ（起こし全角）

文字組アキ量設定のカスタマイズ

❶ [基本設定]を選択する

あらかじめ用意された14種類の文字組みプリセットでは、意図する組版にならない場合、ハウスルールに応じた文字組みアキ量設定を作成して適用します。まず、[段落]パネルの[文字組み]から[基本設定]を選択します（❶）。

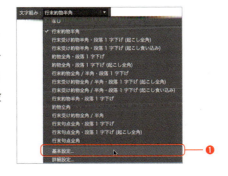

❶

159

❷ 文字組みアキ量設定の新規作成

［文字組みアキ量設定］ダイアログが表示されるので、［新規］ボタンをクリックします（❷）。

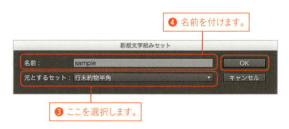

❷ ここをクリックします。

❸ 名前を設定する

［新規文字組みセット］ダイアログが表示されるので、［元とするセット］を指定したら（❸）、［名前］を入力して（❹）、［OK］ボタンをクリックします。なお、［元とするセット］には、自分が作成したい文字組みアキ量設定の内容に一番近い既存の設定を選択しておきます。

❹ 名前を付けます。

❸ ここを選択します。

❹ 基本設定をカスタマイズする

指定した名前で文字組みセットが作成され、［文字組みアキ量設定］ダイアログに戻るので、目的に応じて各項目を設定していきます。［基本設定］では、行中、行頭、行末の約物のアキ量と、約物が連続する場合のアキ量、段落字下げをどうするのか、そして和欧間のアキ量を設定します。それぞれポップアップメニューから選択しますが、例えば「50％（0％〜50％）」となっている場合には、「基本的に50％（二分）のアキ量で組むが、場合によっては0％から50％の間でアキ量を調整する」といった意味になります。図では、和欧間のアキ量を変更していますが、変更箇所は保存するまで赤字で表示されます（❺）。今度は［詳細設定］ボタンをクリックしてみましょう。

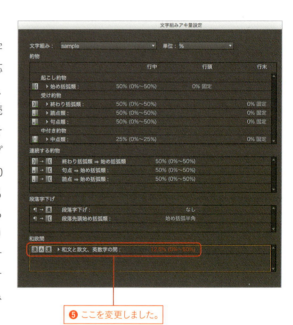

❺ ここを変更しました。

One Point 文字組みアキ量設定の単位

［文字組みアキ量設定］ダイアログでは、アキ量の単位指定が可能です。［％］［分］［文字幅］のいずれかを選択できますが、［文字幅／分］は［基本設定］でしか使用できません。また、マイナスの値や細かい値を指定したい場合には［％］を指定する必要があります。

One Point 文字組みアキ量設定作成の実際

［文字組みアキ量設定］は、なかなか一発で満足のいくものができあがるわけではありません。実際に使ってみると、「もう少し、ここを変更したい」といった箇所が出てくることも多いため、満足いく設定になるよう、何度も調整して仕上げていくと良いでしょう。また、自分で作成するのに自信がない方は、ネット上で無償で配布されている設定を使用するのも良いでしょう。そして、慣れてきたらぜひ作成にチャレンジしてみてください。よりInDesignへの理解が深まるはずです。なお、設定は他のドキュメントから読み込みが可能です。

160

❺ 詳細設定に切り替える

[詳細設定]の画面に切り替わるので、上部のポップアップメニューから[前の文字クラス]と[半角数字]を選択してみましょう（❻）。すると、[平仮名][カタカナ][上記以外の和字]の[最小]と[最適]が赤字になっているのが分かります（❼）。これは、先ほど[基本設定]で行った変更内容が反映されているからです。

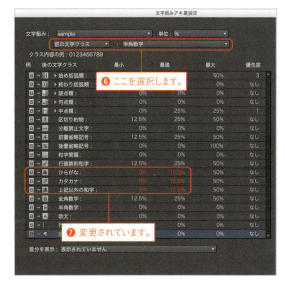

> **One Point　差分を表示**
>
> [文字組みアキ量設定]ダイアログの[差分を表示]に、他の文字組みアキ量設定を選択すると、その設定内容と異なる箇所が青いカラーで表示されます。異なる設定部分を確認する際に便利な機能です。

❻ 詳細設定の設定方法

[文字組みアキ量設定]ダイアログでは、[前の文字クラス]と[後の文字クラス]が並んだ際のアキ量を設定していきますが、それぞれ[最小][最適][最大]を設定できます（❽）。基本的に[最適]で指定したアキ量で文字組みがなされますが、均等配置、いわゆる箱組みの時には、行内に生じたアキをどこかで吸収する必要が出てきます。そこで、[最適]で組めない場合は、[最小]から[最大]の間で調整を行います。この調整は[優先度]の高いものから処理されます。「1～9、なし」のいずれかを指定できますが、「1」が最初に処理され、「なし」が最後に処理されます（❾）。なお、図のようにアキ量には、マイナスの値も指定可能です。

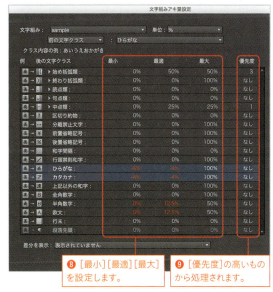

❼ 文字組みセットを指定する

[文字組みアキ量設定]の設定が終わったら、[保存]ボタンと[OK]ボタンをクリックすると、作成した文字組みアキ量設定が[段落]パネルの[文字組み]から選択可能になります（❿）。

Chapter 5　テキストの編集

5-20　文字を詰める

InDesignでは、さまざまな方法で文字詰めが可能です。ここでは、「均等な文字詰め」「プロポーショナルな文字詰め」「その他の文字詰め」に分けて解説していきます。目的に応じて使い分けると、効率良く作業できます。

均等に文字を詰める

❶ トラッキングを適用する

均等に文字を詰める方法はいろいろありますが、まずは［字送り］（トラッキング）を設定してみましょう。テキストを選択して（❶）、［字送り］にマイナスの値を設定すると（❷）、文字間が詰まります（❸）。ただし、選択しているテキストに英数字が混在する場合、英数字も詰まってしまうので注意してください。

❷ ジャスティフィケーションの文字間隔を変更する

［ジャスティフィケーション］ダイアログの［文字間隔］をマイナスに設定することでも、［字送り］をマイナスに設定したのと同等の効果が得られます。テキストフレームを選択したら（❹）、［段落］パネルのパネルメニューから［ジャスティフィケーション］を選択します。［ジャスティフィケーション］ダイアログが表示されるので、［文字間隔］をマイナスに設定します（❺）。ここでは、［最小］と［最適］を「−20％」にしました。［OK］ボタンをクリックすると、字間が詰まります（❻）。

❸ フレームグリッド設定の字間をマイナスに設定する

［フレームグリッド設定］の［字間］をマイナスにすることでも均等詰めが可能です。フレームグリッドを選択し（❼）、［オブジェクト］メニューから［フレームグリッド設定］を選択します。［フレームグリッド設定］ダイアログが表示されるので、［字間］をマイナスに設定し（❽）、［OK］ボタンをクリックします。図では「-1H」としたので、1歯詰めとなります（❾）。この方法では、英数字に対しては、詰めが適用されないのがポイントです。均等詰めを行うのに、もっともお勧めな方法ですが、フレームグリッドでしか使用できません。

❹ 文字組みアキ量設定を利用して均等に詰める

文字組みアキ量設定を利用することでも、特定の文字クラスと文字クラスが並んだ際の字間を、均等に詰めることが可能です。例として、平仮名とカタカナが並んだ場合のみ、字間を詰めるケースを見てみましょう。新規で文字組みアキ量設定を作成する必要がありますが、ここでは［行頭禁則和字］［平仮名］［カタカナ］の各文字クラスのいずれかが並んだ際のアキ量を、すべてマイナス値に設定しています（❿）。同様の手順ですべての組み合わせについて設定していきます。テキストにこの文字組みアキ量設定を適用すれば、平仮名やカタカナが並んだ際に字間が詰まります（⓫）。ただし、均等配置の場合には、各行でアキ量が調整されるので、必ずしも同じ割合で字間が詰まるわけではないことに注意してください。

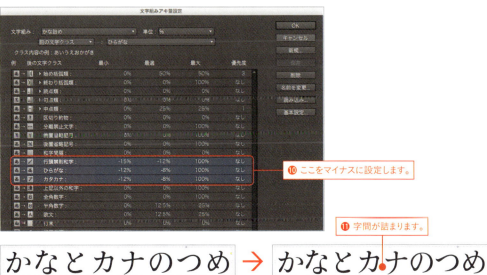

163

プロポーショナルな文字詰め機能

❶ プロポーショナルメトリクスを適用する

文字の形に応じて詰め幅が変わるのが、プロポーショナルな文字詰めです。いろいろな方法がありますが、まずは［プロポーショナルメトリクス］を適用してみましょう。テキストを選択したら（❶）、［文字］パネルのパネルメニューから［OpenType機能］→［プロポーショナルメトリクス］を選択します（❷）。フォントの持つ詰め情報を基に、文字が詰まります（❸）。なお、文字単位での適用も可能ですが、詰め幅の調整はできません。

❷ 文字ツメを適用する

カーニングやトラッキングは、次の文字とのアキを調整する機能ですが、文字の前後のアキを詰めることができるのが、［文字］パネルの［文字ツメ］です。仮想ボディに対する字形の前後のアキ（サイドベアリング）を詰めることができるため、行頭や行末にきた文字でも文字の前後のアキが詰まります。また、0％〜100％の間で詰め幅の調整も可能です。テキストを選択したら（❹）、［文字］パネルの［文字ツメ］に任意の値を設定します（❺）。設定した値に応じて文字間が詰まります（❻）。文字単位での適用も可能です。

❸ カーニングを切り替える

［文字］パネルの［カーニング］では、値を指定する方法以外にも、［オプティカル］［和文等幅］［メトリクス］のいずれかを選択可能です（❼）。デフォルトでは［和文等幅］が選択されていますが、それぞれどのような違いがあるのかをしっかりと理解しておきましょう。

④ カーニング（オプティカル）を適用する

テキストを選択し（❽）、［文字］パネルの［カーニング］に［オプティカル］を選択すると（❾）、テキストの字間が変わります（❿）。［オプティカル］を適用すると、InDesignが文字の形に基づいて文字間を調整します。カーソルを文字間におくと、実際に適用された値が（　）付きで表示されます。図の赤字は、実際に適用されたカーニング値ですが、必ずしも字間が詰まるわけではなく、逆に開くケースもあります。

⑤ カーニング（メトリクス）を適用する

テキストを選択し（⓫）、［文字］パネルの［カーニング］に［メトリクス］を選択すると（⓬）、テキストの字間が変わります（⓭）。［メトリクス］を適用すると、フォントの持つペアカーニング情報に基づいて字間が調整されます。ペアカーニングとは、LA、To、Ty、Wa、Yo等、特定の文字の組み合わせのカーニング情報で、一般的に欧文に対して設定されています（和文フォントの平仮名やカタカナにペアカーニング情報を持つフォントもあります）。オプティカル同様、適用された値が（　）付きでフィールドに表示されます。

⑥ 和文にカーニング（メトリクス）を適用する

［メトリクス］を適用すると、平仮名やカタカナ部分にペアカーニング情報を持つフォントでは、和文でも字間が詰まります（⓮）。しかし、実際にカーニングされた値を見ると、「0」になっているにもかかわらず字間が詰まっている箇所があります。実は［メトリクス］を適用すると、ペアカーニング情報で字間が詰まるだけでなく、同時にプロポーショナルメトリクスも適用されるのです（プロポーショナルメトリクス＋ペアカーニングで字間が詰まります）。

165

❼ カーニング（和文等幅）を適用する

カーニングが「0」のテキストを選択し（⓯）、[文字]パネルの[カーニング]に[和文等幅]を選択します（⓰）。すると、欧文のテキストの字間のみが変わります（⓱）。[和文等幅]を適用すると、欧文に対してはメトリクスが適用され、和文はベタで送られます。なお、[和文等幅]はデフォルト設定です。

One Point　メトリクス適用後の手詰めに注意

[カーニング]に[メトリクス]を指定すると、プロポーショナルメトリクスが適用され、さらにペアカーニング情報を基に字間が詰まります。しかし、[カーニング]に[メトリクス]を指定したテキストに、あとから手詰めをする際には注意が必要です。例として、図のような[メトリクス]を適用したテキスト用意しました（❶）。分かりやすいように[プロポーショナルメトリクス]を適用したテキストも一緒に並べてあります（❷）。このテキストの「イ」と「ニ」の間をもう少し詰めたいので、[カーニング]を「-47」から「-60」に変更しました（❸）。すると、「イ」と「ニ」のアキだけでなく、「ダ」と「イ」のアキまで変わってしまいます（❹）。このように[メトリクス]適用時に、手動でカーニングを設定すると、他の文字間まで変わってしまう場合があります。[メトリクス]を適用したテキストには、[OpenType機能]の[プロポーショナルメトリクス]も併せて適用しておくことで、この問題を回避できます。

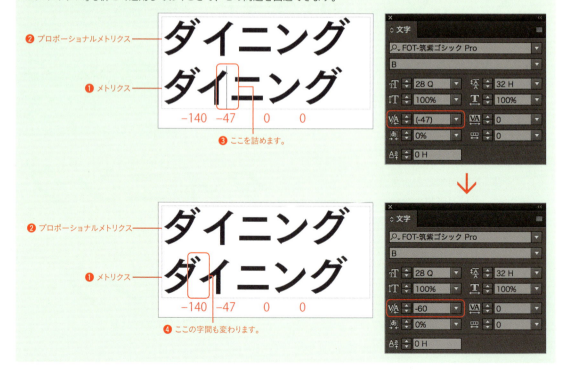

166

手作業で行う文字詰め

❶ カーニングを数値で適用する

InDesignでは、均等詰めやプロポーショナル詰め等、さまざまな方法で文字を詰めることができます。とはいえ、その結果に満足できない場合には、最終的には手詰めを行います。まず、字間を調整したい箇所にカーソルをおき（❶）、[文字]パネルの[カーニング]に数値を入力します（❷）。設定内容がテキストに反映され、字間が詰まります（❸）。

❷ 文字前(後)のアキ量を適用する

[文字]パネルの[文字前のアキ量]、または[文字後のアキ量]を使用して、字間を調整することもできます。字間を調整したいテキストを選択し（❹）、[文字前のアキ量]または[文字後のアキ量]を[自動]から別のものに変更します（❺）。図では[文字前のアキ量]に[アキなし]を選択したので、選択している文字の前のアキ量がベタとなり、字間が詰まります（❻）。部分的に字間を調整したい場合に使用すると便利ですが、細かな調整はできず、ポップアップメニューから目的のものを選択して使用します。

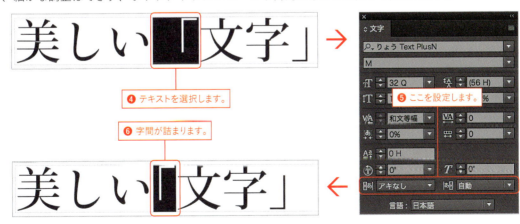

> **One Point**　「アキなし」と「ベタ」
>
> [文字前(後)のアキ量]には、長らく[ベタ]という項目があり、文字間のアキを「なし」にする設定となっていました。しかし、「ベタ」という名称だと全角幅で組む設定と勘違いしやすいということで、CC 2014からは表記が[アキなし]に変更されました。

Chapter 5 テキストの編集

5-21 テキストをアウトライン化する

テキストのアウトライン化には、選択ツールでテキストフレームを選択してのアウトライン化と、文字ツールで任意のテキストを選択してのアウトライン化があります。適用後の結果が異なるため、それぞれの違いを理解しておきましょう。

テキストフレームを選択してアウトライン化する

❶ アウトライン化を実行する

InDesignのアウトライン化は2種類あります。テキストフレームを選択してアウトライン化する方法と、文字単位でアウトライン化する方法です。まずは、テキストフレームを選択してアウトライン化してみましょう。［選択ツール］でテキストフレームを選択し（❶）、［書式］メニューから［アウトラインを作成］を実行します（❷）。

❶ テキストを選択します。

❷ アウトライン化される

テキストが、そのままの位置、形状でアウトライン化されます（❸）。

❸ テキストがアウトライン化されます。

One Point　アウトライン化しての入稿

データを印刷会社に入稿する際に、「テキストをすべてアウトライン化してから入稿してほしい」と言われたといった話を時々、耳にします。以前から、Illustratorではよく行われていた入稿方法ですが、InDesignではアウトライン化しての入稿はしてはいけません。なぜダメなのかの詳細は次頁のOne Pointで解説しますが、アウトライン化することでテキストの形状が変わってしまい、印刷事故につながるケースがあります。タイトル周りをデザイン処理したいのでアウトライン化する、といったような用途でなければ、アウトライン化はしないようにしましょう。

168

テキストを選択してアウトライン化する

❶ アウトライン化を実行する

テキストフレームを選択してアウトライン化を実行した場合、フレーム内のテキストすべてがアウトライン化されますが、文字単位でのアウトライン化も可能です。[文字ツール]で任意のテキストを選択し（❶）、[書式]メニューから[アウトラインを作成]を実行します（❷）。

❷ アウトライン化される

選択していたテキストがアウトライン化され、アンカー付きオブジェクトになります。ただし、アウトライン化されたことで文字情報を持たなくなったため、仮想ボディの概念もなくなり、文字間が詰まります（❸）。なお、アンカー付きオブジェクトに関する詳細は、Chapter 7『7-11 インライングラフィックとアンカー付きオブジェクト』を参照してください。

❸ テキストがアウトライン化され、字間が詰まります。

One Point　アウトライン化後の線幅

線幅を適用したテキストを用意します（❶）。このテキストをアウトライン化すると、元の形状と変わっているのが分かります（❷）。InDesignでは、テキストに線幅を適用しても、塗りの背面に描画されるため、Illustratorのように塗りの部分が少なくなってしまうことはありません。しかし、テキストをアウトライン化すると、Illustrator同様、線は塗りの前面に描画されるようになり、線幅の形状が変わってしまうのです。
また、表組みをアウトライン化した場合は、アウトライン化されたパスが前面にペーストされる形となり、元のテキストはそのまま残ってしまいます。このように、元の状態と変わってしまうケースがあるため、入稿時にアウトライン化してはいけません。

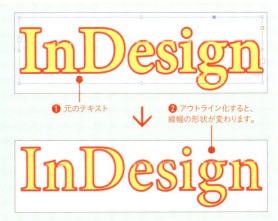

❶ 元のテキスト　　❷ アウトライン化すると、線幅の形状が変わります。

Chapter 5　テキストの編集

5-22 相互参照を設定する

InDesignでは、相互参照の設定が可能です。段落スタイルを適用したテキスト、あるいは任意のテキストをテキストアンカーとして設定すれば、相互参照を設定できます。ページに増減があれば、修正内容が自動的に反映されます。

段落に相互参照させる

❶ ［相互参照］パネルを表示させる

テキスト内に、同一ドキュメント、あるいは他のドキュメントの任意の場所を参照させる「相互参照」を作成できます。まず、［ウィンドウ］メニューから［書式と表］→［相互参照］を選択し（❶）、［相互参照］パネル（CS6までは［ハイパーリンク］パネル）を表示させます。

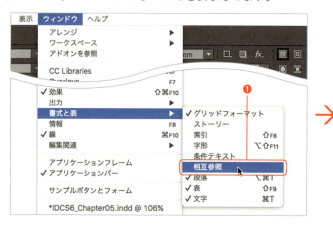

❷ 新規で相互参照を作成する

［文字ツール］で相互参照させたい箇所にカーソルをおき（❷）、［相互参照］パネルの［新規相互参照を作成］ボタンをクリックします（❸）。

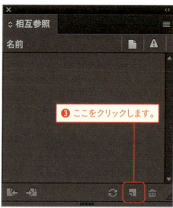

❸ リンク先に段落を指定する

[新規相互参照]ダイアログが表示されるので、まずは[リンク先]に[段落]を選択し(❹)、どの段落に相互参照させるかを設定します。ここでは「見出し」という名前の段落スタイルが適用された任意の段落を指定しました(❺)。すると、テキストに対して相互参照が適用されているのが確認できます(❻)。

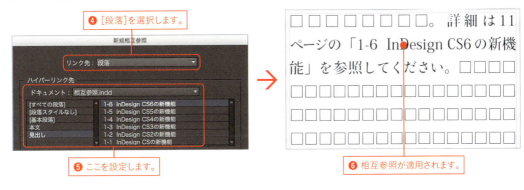

❹ 形式をページ番号に変更する

今度は[形式]を変更してみましょう。[形式]を[段落全体とページ番号]から[ページ番号]に変更します(❼)。すると、テキストに適用される相互参照の表示が、ページ番号のみに変わったのが確認できます(❽)。

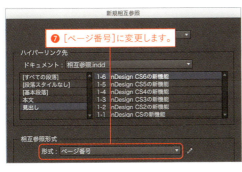

❺ 形式を編集する

表示されるテキストの内容を編集してみましょう。[相互参照形式を作成または編集]ボタンをクリックします(❾)。このボタンをクリックすることで、新たに相互参照の形式を作成したり、編集したりすることが可能です。

> **One Point** デフォルトで用意されている相互参照形式
>
> [相互参照形式]の[形式]には、デフォルトで図のような形式が用意されています。
>
>

171

❻ 相互参照形式の定義を編集する

［相互参照形式］ダイアログが表示されるので、［定義］フィールドの内容を変更し（❿）、［OK］ボタンをクリックします。ここでは、「<pageNum />ページ」から「p.<pageNum />」に変更しました。なお、ダイアログ右にある［＋］ボタンや［＠］ボタンをクリックすることで、特殊文字の挿入が可能です。

 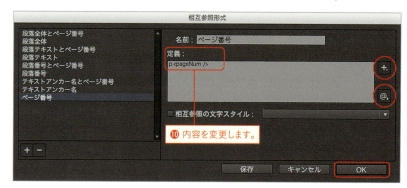

❿ 内容を変更します。

❼ テキストに反映される

［相互参照形式］ダイアログで編集した内容が、相互参照のテキストに反映されます（⓫）。もちろん、ドキュメントのページ数に増減があれば、それに併せてページ番号も自動的に更新されます。

⓫ テキストに反映されます。

> **One Point　相互参照のPDFの外観**
>
> ［新規相互参照］ダイアログの［PDFの外観（CS6までは画像優先）］には、相互参照の外観に関するさまざまな設定項目があります。［プレビュー］モードに変更すると分かりますが、ここでの設定は実際に印刷されるわけではありません。ハイパーリンクを有効にしたPDFやSWF等に書き出す際に設定を反映させることができるので、目的に応じて設定しておくとよいでしょう。

テキストアンカーに相互参照させる

❶ 新規ハイパーリンク先を設定する

今度は、任意の文字列に対してテキストアンカーの設定をし、そのテキストアンカーを相互参照として設定してみましょう。［文字ツール］でテキストアンカーを設定したいテキストを選択し（❶）、［相互参照］パネルのパネルメニューから［新規ハイパーリンク先］を選択します（❷）。

❶ テキストを選択します。

❷ ここを選択します。

❷ テキストアンカーとして登録する

［新規ハイパーリンク先］ダイアログが表示されるので、［種類］に［テキストアンカー］が選択されているのを確認し（❸）、任意の［名前］を付けたら（❹）、［OK］ボタンをクリックします。なお、［名前］はそのままでもかまいません。

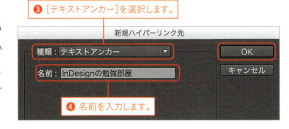

❸ 新規で相互参照を作成する

［文字ツール］で相互参照させたい箇所にカーソルをおき（❺）、［相互参照］パネルの［新規相互参照を作成］ボタンをクリックします（❻）。

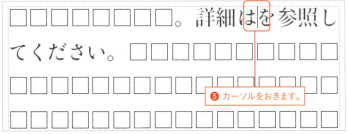

❹ テキストアンカーを指定する

［新規相互参照］ダイアログが表示されるので、［リンク先］に［テキストアンカー］を選択し（❼）、［テキストアンカー］には先ほど登録した項目を選びます（❽）。また［形式］には目的のものを選択して（❾）、［OK］ボタンをクリックします。ここでは、［形式］に［テキストアンカー名］を選択しました。

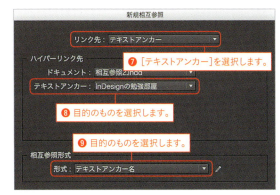

❺ テキストに相互参照が反映される

テキストに相互参照が適用され（❿）、［相互参照］パネルに設定内容が登録されます（⓫）。この項目をダブルクリックすれば、いつでも内容の修正が可能です。

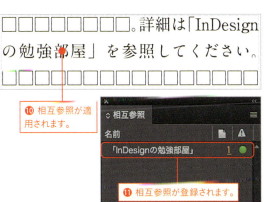

173

Chapter 5　テキストの編集

5-23　条件テキストを設定する

条件テキストを設定すると、設定した条件に応じてテキストの表示／非表示を切り替えることができます。ただ単にテキストを非表示にするだけでなく、非表示にしたテキストが存在しないものとして、以降のテキストが詰まります。

条件テキストの設定

❶ [条件テキスト]パネルを表示させる

条件テキストを使用することで、任意の条件に合わせて、テキストの表示／非表示の切り替えが可能です。まず、[ウィンドウ]メニューから[書式と表]→[条件テキスト]を選択し（❶）、[条件テキスト]パネルを表示させます。

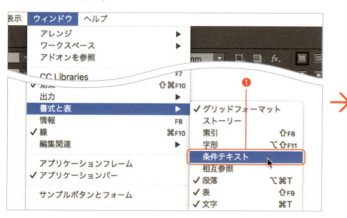

❷ 新規条件を作成する

ここでは、欧文用と和文用でテキストの表記を切り替えられるようにしてみたいと思います。まず、[条件テキスト]パネルの[新規条件]ボタンをクリックします（❷）。[新規条件]ダイアログが表示されるので、[名前]を付けて（❸）、[OK]ボタンをクリックします。

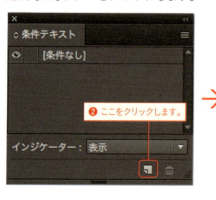

174

❸ 条件を追加する

入力した名前で［新規条件］が登録されます（❹）。同様の手順で、もう１つ［新規条件］を作成します（❺）。図では、「欧文表記」と「和文表記」の２つを登録しました。

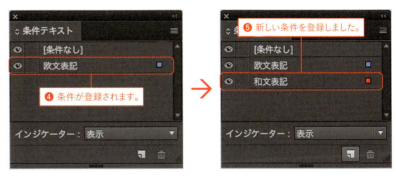

❹ テキストに条件を設定する

テキストに条件を設定していきます。［文字ツール］でテキストを選択し（❻）、［条件テキスト］パネルで目的の［条件］をクリックします（❼）。すると、テキストにその［条件］のカラーで波線が表示されます（❽）。

❺ テキストに別の条件を設定する

今度は、別の条件を設定します。テキストを選択し（❾）、［条件テキスト］パネルで目的の［条件］をクリックします（❿）。すると、テキストにその［条件］のカラーで波線が表示されます（⓫）。

175

❻ 目的のテキストすべてに条件を設定する

同様の手順で、目的のテキストすべてに対して［条件］を設定します。

> **One Point　インジケーター**
>
> ［条件テキスト］パネルの［インジケーター］を［表示］から［隠す］に変更すると、条件を設定したことをあらわす波線は非表示になります。

❼ 表示を切り替える

［条件テキスト］パネルの目玉アイコンをクリックして、［条件］の表示／非表示を切り替えます。ここでは、まず「欧文表記」を非表示にしました（⓬）。すると、「欧文表記」を設定したテキストが非表示になります（⓭）。

⓬ ここをオフにします。

⓭ オフにした条件が非表示になります。

❽ 別の条件に表示を切り替える

今度は、［条件テキスト］パネルで、「欧文表記」を表示させ「和文表記」を非表示にしました（⓮）。「和文表記」を設定したテキストが非表示になり、テキストがなかったものとして詰まります（⓯）。このように、「条件」を切り替えることで、テキストの表示を切り替えられるだけでなく、テキストをないものとして組むことができます。

⓮ オン／オフを切り替えます。

⓯ オフにした条件が非表示になります。

Chapter 5　テキストの編集

5-24　検索と置換を活用する

InDesignには、強力な検索と置換の機能が用意されています。単なる文字列の置換だけでなく、コード番号や正規表現を用いた置換、さらにはオブジェクトの属性の置換も可能です。また、任意の字形を基にしてスタイルを適用とするいったこともできます。

テキストの検索と置換

❶ 検索と置換ダイアログを表示させる

検索・置換を実行するためには、まず［編集］メニューから［検索と置換］を選択します（❶）。

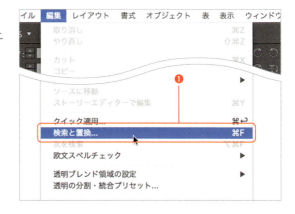

❷ 検索と置換の文字列を指定する

［検索と置換］ダイアログが表示されたら、まず、テキストの検索・置換を実行してみましょう。［テキスト］タブを選択したら（❷）、［検索文字列］と［置換文字列］を入力し（❸）、［次を検索］ボタンをクリックします。なお、［方向］に［順方向］を選択していると、現在カーソルがある位置から後方向に、［逆方向］を選択していると前方向に向かって検索できます。

One Point　検索対象

［検索と置換］ダイアログの［検索］では、検索する対象を指定できますが、何も選択していない時と、テキスト内にカーソルがある時、テキストを選択している時では、それぞれ表示される内容が異なるので注意しましょう。

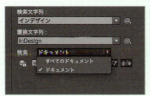

177

❸ **マッチするテキストが選択される**

［検索文字列］に入力したテキストにマッチする文字列にジャンプし、選択されます（❹）。

❹ テキストがヒットします。

❹ **置換を実行する**

［検索と置換］ダイアログの［置換］ボタンをクリックすれば、［置換文字列］に入力したテキストに置換されます。［すべてを置換］ボタンをクリックすれば、マッチしたテキストすべてが置換され、［置換して検索］ボタンをクリックすると、現在ヒットしているテキストを置換後、次にマッチするテキストが選択されます。なお、［次を検索］ボタンをクリックすれば、現在ヒットしているテキストは置換されず、次にマッチするテキストが選択されます（❺）。ここでは、［置換］ボタンをクリックして置換しました（❻）。

❺ 目的に応じてクリックします。

❻ テキストが置換されます。

One Point　検索対象

よく使用する［検索と置換］の設定は、［クエリを保存］アイコンをクリックすることで（❶）、保存していつでも呼び出して使用することができます。InDesignには、あらかじめいくつかのクエリが登録されており（❷）、［クエリ］のポップアップメニューから選択して、使用することができます。

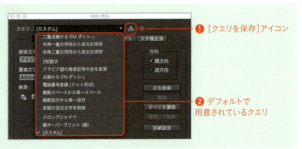

❶ ［クエリを保存］アイコン

❷ デフォルトで用意されているクエリ

One Point　［検索と置換］ダイアログのオプション

マスターページの内容も検索・置換します。
非表示のレイヤーやフレームの内容も検索・置換します。
ロックされたレイヤーの内容も検索します。
InCopyを使った作業でチェックアウトされたストーリーの内容も検索します。
脚注の内容も検索・置換します。
欧文テキストの大文字と小文字を区別して検索します。
欧文テキストで検索文字列を単語として検索します。
平仮名とカタカナを区別して検索します。
半角文字と全角文字を区別して検索します。

178

正規表現を使用した検索と置換

❶ 正規表現タブを選択する

正規表現を使用した検索・置換も可能です。正規表現とは、文字列のパターンを表現する表記法で、使いこなせば高度な検索・置換を実現できます。ここでは、数字の末尾に円が付いた文字列に対して、任意の文字スタイルを適用してみます。まず、[検索と置換]ダイアログで[正規表現]タブを選択します(❶)。

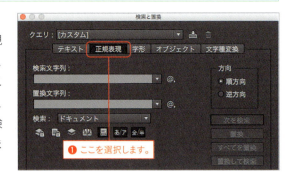

❷ 検索文字列を指定する

[検索文字列]に正規表現を入力します。正規表現が分かる人は、直接入力してもかまいませんが、分からなければ[検索のための特殊文字]をクリックして任意の特殊文字を選択することもできます。ここでは末尾に円が付いた数字を検索したいので、まず、[検索文字列]にカーソルを置いた状態で[ワイルドカード]→[数字]を選択します(❷)。すると、[検索文字列]に「\d」と入力されます(❸)。

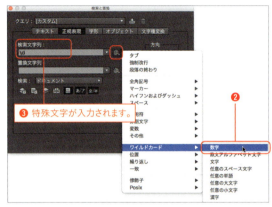

❸ 続けて検索文字列を指定する

数字は1文字とは限らないので、次に[繰り返し]→[1回以上(最小一致)]を選択します(❹)。末尾に「+?」と入力されます(❺)。

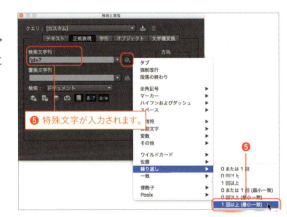

❹ 直接、文字を入力する

「\d+?」の後に、「円」を直接入力します(❻)。

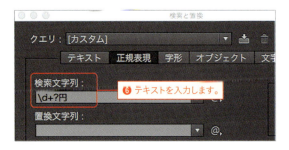

179

❺ 置換形式を設定する

［詳細設定］ボタンをクリックし、［置換形式］の［変更する属性を指定］ボタンをクリックします（❼）。

❻ スタイルを指定する

［置換形式の設定］ダイアログが表示されるので、［文字スタイル］のポップアップメニューから任意の文字スタイルを選択して（❽）、［OK］ボタンをクリックします。なお、検索するテキストの段落に対して書式を適用したい場合には、［段落スタイル］を指定します。

❼ 置換形式に反映される

指定した文字スタイルが［置換形式］に反映されるので（❾）、［すべてを置換］ボタンをクリックします。

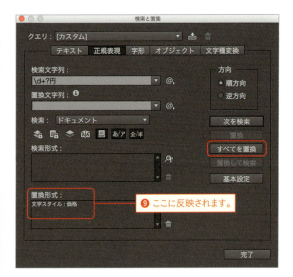

> **One Point 検索形式と置換形式**
>
> ［検索と置換］ダイアログでは、［検索形式］や［置換形式］を指定することで、任意の属性を持つテキストを検索したり、任意の属性を適用したりすることができます。

180

❽ 置換を実行する

［検索文字列］で指定した正規表現にマッチする文字列に対して、指定した文字スタイルが適用されます（❿）。これは、ほんの一例ですが、正規表現を用いることで、高度な検索・置換が実現できます。

　2016年9月に待望のニューアルバム『CC』が発売になりました。店頭価格は、3000円〜3200円となっているが、年内に購入すると2800円、さらにWebサイトからであれば2500円となっています。

→

　2016年9月に待望のニューアルバム『CC』が発売になりました。店頭価格は、3000円〜3200円となっているが、年内に購入すると2800円、さらにWebサイトからであれば2500円となっています。

❿ 文字スタイルが適用されます。

字形を指定した検索と置換

❶ 字形を指定する

字形を置換することもできます。ここでは、「辺」という字形を「邊」に置換してみたいと思います。まず、［検索と置換］ダイアログで［字形］タブを選択します（❶）。［字形の検索］に検索したい字形のフォントを指定し、［ID］に［Unicode］か［GID/CID］を選択して、そのコード番号を入力します（❷）。同様に［字形の置換］にも、置換したい字形のフォントやコード番号を指定します（❸）。

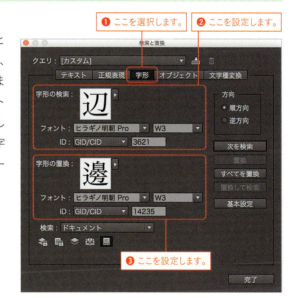

❶ ここを選択します。　❷ ここを設定します。
❸ ここを設定します。

One Point　UnicodeとGID/CID

Unicodeでは、1つのコード番号に複数の字形が存在するものがあります。そのため、Unicodeを使用して検索・置換を実行しても思い通りの字形に置換できないケースがあります。そういったケースでは、GID/CIDを使用して置換します。CIDやGIDでは、1つの字形には必ず1つのコード番号のみが割り当てられており、同じコード番号を持つ他の字形は存在しません。また、CIDとは「Character IDentifier」の略、GIDとは「Glypf IDentifier」の略で、PostScriptベースのOpenTypeフォントの場合には、CID＝GIDと考えて問題ありません。なお、Unicode番号やCID番号は、［字形］パネルで目的の字形にマウスを重ねると確認できます。

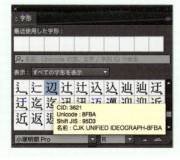

181

❷ **字形を置換する**

設定できたら、置換を実行します。「辺」という字形が、「邊」に置換されます（❹）。

オブジェクトの検索と置換

❶ **検索する属性を指定する**

テキストだけではなく、オブジェクトの検索・置換も可能です。ここでは、ドロップシャドウを適用したオブジェクトを検索し、ドロップシャドウを削除したいと思います。まず、［検索と置換］ダイアログで［オブジェクト］タブを選択します（❶）。次に［検索オブジェクト形式］の［検索する属性を指定］ボタンをクリックします（❷）。

❷ **［検索オブジェクト形式オプション］を指定する**

［検索オブジェクト形式オプション］ダイアログが表示されるので、［効果］の［ドロップシャドウ］を選択します（❸）。ドロップシャドウの［オン］にチェックを入れ（❹）、［OK］ボタンをクリックします。各項目を詳細に設定すれば、設定した値のドロップシャドウのみを検索することも可能ですが、ここでは他に何も設定しないでおきます。

182

❸ 置換する属性を指定する

設定した内容が［検索オブジェクト形式］のウィンドウに表示されます（❺）。次に［置換オブジェクト形式］のボタンをクリックします（❻）。

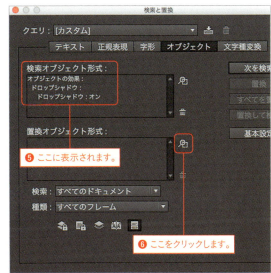

One Point　［オブジェクト］タブの［種類］

［オブジェクト］タブの［種類］には、以下のものを選択することが可能です。

❹ ［置換オブジェクト形式オプション］を指定する

［置換オブジェクト形式オプション］ダイアログが表示されるので、［効果］の［ドロップシャドウ］を選択します（❼）。ドロップシャドウの［オフ］にチェックを入れ（❽）、［OK］ボタンをクリックします。

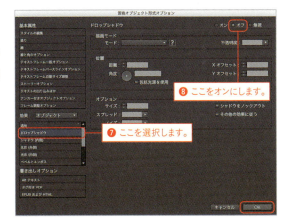

❺ 置換オブジェクト形式に反映される

設定した内容が［置換オブジェクト形式］のウィンドウに表示されます（❾）。

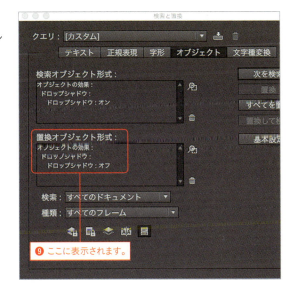

183

❻ 置換を実行する

置換を実行すると、ドロップシャドウが適用されたオブジェクトのドロップシャドウが削除されます（❿）。

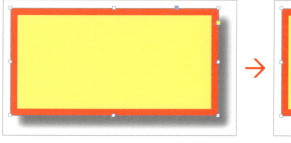
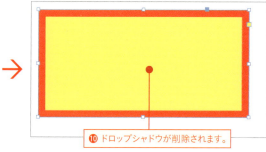

❿ ドロップシャドウが削除されます。

文字種変換を指定した検索と置換

❶ 検索文字列と置換文字列を指定する

文字種を指定して変換したい場合には、まず［検索と置換］ダイアログで［文字種変換］タブを選択します（❶）。ここでは、全角英数字を半角英数字に置換してみましょう。［検索文字］と［置換文字列］のそれぞれに、ポップアップメニューから目的のものを選択します（❷）。図では、［検索文字］に［全角英数字］、［置換文字列］に［半角英数字］を指定しました。

❶ ここを選択します。

❷ ここを設定します。

❷ 置換を実行する

置換を実行すると、全角英数字が半角英数字に置換されます（❸）。

> **One Point** 検索文字列と置換文字列
>
> ［文字種変換］タブの［検索文字列］と［置換文字列］のポップアップメニューでは、それぞれ図のような項目を選択できます。ただし、［検索文字列］に何を指定したかによっては、［置換文字列］ではグレーアウトして選択できない項目があります。

❸ 置換されます。

184

コピーしたオブジェクトに置き換える検索と置換

❶ 置き換える図形をコピーする

［検索と置換］ダイアログでは、クリップボードにコピーしたオブジェクトへの置換も可能です。ここでは、図のテキストの→をパスオブジェクトの❷に置換してみましょう（❶）。まず、❷をコピーしておきます。

❶ →をパスオブジェクトに置き換えてみます。

❷ ［検索と置換］ダイアログを指定する

［検索と置換］ダイアログを表示させ、［テキスト］タブを選択したら（❷）、［検索文字列］に「→」を入力します（❸）。次に、［置換文字列］のポップアップメニュー@から［その他］→［クリップボードの内容］を選択します（❹）。

なお、ここでは図形に置換するため、［クリップボードの内容（書式設定あり）］を選択しても、［クリップボードの内容（書式設定なし）］を選択しても、どちらでもかまいません。［クリップボードの内容（書式設定あり）］を選択すると「^c」が、［クリップボードの内容（書式設定なし）］を選択すると「^C」が［置換文字列］に入力されます。

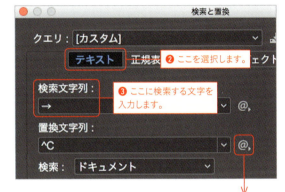

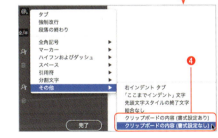

❸ 置換を実行する

［すべてを置換］ボタンをクリックすると、いくつ置換したかをあらわすアラートが表示され、［OK］ボタンをクリックすると置換が完了します（❺）。

❺ パスオブジェクトに置き換わります。

185

Chapter 5 テキストの編集

5-25 段落に囲み罫と背景色を設定する

CC 2015では段落に対して背景色が、さらにCC 2018では段落に対して囲み罫と背景色の適用が可能となりました。これまで、[段落境界線]の機能を応用することでも対応できなかった複数行の囲み罫や背景色も、この機能により実現可能になっています。

囲み罫を作成する

❶ [段落の囲み罫と背景色]を実行する

まず、1行の段落に対して囲み罫を作成してみます。目的の段落内にカーソルを置いた状態で[段落]パネルのパネルメニューから[段落の囲み罫と背景色]を選択します(❶)。

> **One Point** [背景色]と[囲み罫]
>
> 囲み罫や背景色は、[段落]パネルや[コントロール]パネルの[背景色]と[囲み罫]の各チェックボックスをオンにすることでも適用可能ですが、位置やサイズをコントロールするためには、[段落]パネルのパネルメニューから[段落の囲み罫と背景色]を実行します。

❷ 囲み罫を適用する

[段落の囲み罫と背景色]ダイアログが表示されるので、[囲み罫]タブを選択して(❷)、[囲み罫]にチェックを入れます(❸)。このダイアログでは、線の太さやカラー、角のサイズとシェイプ、オフセットが設定可能です。

図では、上下左右の[線]の太さを「0.2mm」で[カラー]を[黒](❹)、[角のサイズとシェイプ]をすべて「丸み(外)」で「2mm」(❺)、上下左右の[オフセット]を「1mm」としました(❻)。

❸ 囲み罫が適用される

[プレビュー]をオンにすると、テキストに指定した内容で囲み罫が適用されるのが確認できます。

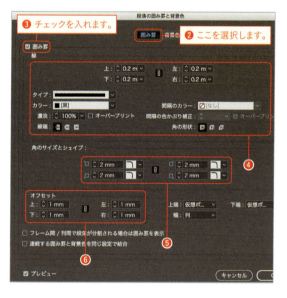

❹ ［幅］を［テキスト］に変更する

今度は、［段落の囲み罫と背景色］ダイアログの［オフセット］の［幅］を［列］から［テキスト］に変更します（❼）。すると、文字数に応じて可変する囲み罫が作成できます。

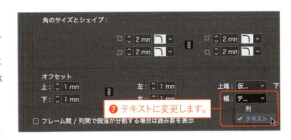

> **One Point**　フレーム間/列間で段落が分割する場合は囲み罫を表示
>
> ［段落の囲み罫と背景色］ダイアログの［フレーム間/列間で段落が分割する場合は囲み罫を表示］をオンにすると、囲み罫を適用した段落が異なるフレーム間に分割された際に、それぞれのフレームの段落に対して、独立した囲み罫が適用されます。

背景色を作成する

❶ ［段落の囲み罫と背景色］を実行する

囲み罫と同様の手順で背景色を適用します。［段落の囲み罫と背景色］ダイアログで［背景色］タブを選択して（❶）、［背景色］にチェックを入れます（❷）。図では、［カラー］を「Y＝100 濃淡50％」に（❸）、［角のサイズとシェイプ］をすべて「丸み（外）」で「2mm」に（❹）、上下左右の［オフセット］を「1mm」としました（❺）。［OK］ボタンをクリックすると、テキストに背景色が適用されます。

> **One Point**　フレームの形に合わせる
>
> ［段落の囲み罫と背景色］ダイアログの［フレームの形に合わせる］オプションをオンにすると、フレーム外に飛び出す部分の背景色は非表示になります。

❷ 複数行の段落に囲み罫と背景色を適用する

もちろん、複数行の段落に対しても、囲み罫と背景色は適用可能です。

❸ 複数の段落に
　１つの囲み罫と背景色を適用する

複数の段落に対して、囲み罫や背景色を適用する場合、それぞれの段落に対して囲み罫や背景色を適用するのか、１つの囲み罫や背景色として適用するのかを指定することが可能です。

［段落の囲み罫と背景色］ダイアログで、［連続する囲み罫と背景色を同じ設定で結合］オプションがオフの場合は、それぞれの段落に対して囲み罫や背景色が適用され（❻）、オンの場合には１つの囲み罫や背景色として適用されます（❼）。なお、このオプションはCC 2018（13.1）で追加された機能です。

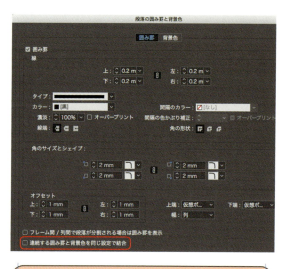

❻［連続する囲み罫と背景色を同じ設定で結合］がオフの場合

❼［連続する囲み罫と背景色を同じ設定で結合］がオンの場合

One Point　CC 2018（13.0）での問題

CC 2018（13.0）では、縦組み時に段落の最初の文字に縦中横が適用されていると、［段落の囲み罫と背景色］にも縦中横がかかってしまうという問題がありました（❶）。また、背景色に角丸を適用している場合に、段落が途中で異なるテキストフレームに分かれてしまうようなケースでは、改段される部分にも角丸が適用されてしまうという問題もありました（❷）。これらの問題は、2018年3月13日より配布されたCC 2018（13.1）で解消されています。

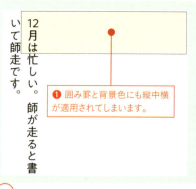

❶ 囲み罫と背景色にも縦中横が適用されてしまいます。

❷ 改段された箇所にも角丸が適用されてしまいます。

188

Chapter 5　テキストの編集

5-26　ダーシ、引用符の組み方

ダーシ（ダッシュ）や引用符は、誤った組み方をされているケースをよく見かけます。素早く美しく組むためにどうすればよいかは、元のテキストの状態や使用するフォントによっても異なりますが、ここではその特徴といくつかの例を示してみたいと思います。

ダーシ（ダッシュ）の特徴

❶ ダーシ（ダッシュ）として使用される文字

一般的にダーシ（ダッシュ）として使用されている文字には、Unicode: 2014（EM DASH）、Unicode: 2015（HORIZONTAL BAR）、Unicode: 2500（BOX DRAWINGS LIGHT HORIZONTAL）の3種類があります（❶）。これらは、フォントによって長さや位置、太さが異なります（図では、5つのフォントでダーシを表示しています）。

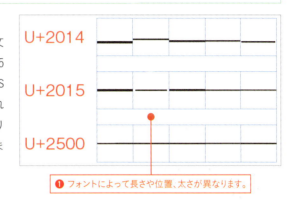

❶ フォントによって長さや位置、太さが異なります。

❷ 異なる文字クラス

これら3種類のダーシは、それぞれ文字組みアキ量設定の文字クラスが異なります。「Unicode: 2014」と「Unicode: 2015」は［分離禁止文字］、「Unicode: 2500」は［その他の和字］となるため、ダーシの前後の文字によってはアキが発生します。例えば、英数字の間に「Unicode: 2500」を使用すると、デフォルトの文字組みアキ量設定である［行末約物半角］を使用している場合には、ダーシの前後が四分アキとなります（❷）。

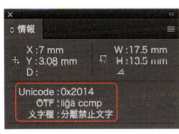  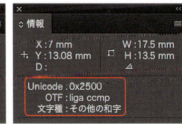

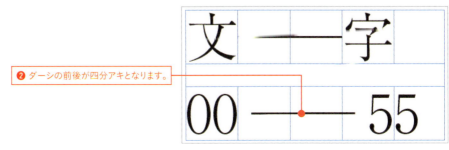

❷ ダーシの前後が四分アキとなります。

189

❸ 分離禁止文字

また、禁則処理設定の［分離禁止文字］には、デフォルトで「Unicode: 2014」しか登録されていないため、「Unicode: 2015」や「Unicode: 2500」を2つ並べて使用する場合には、行末で泣き別れになるケースが出てきます。これを避けるためには、新規で禁則処理セットを作成し、［分離禁止文字］に「Unicode: 2015」や「Unicode: 2500」を追加する必要があります（❸）。

❸ U+2015やU+2500を追加します。

❹ 縦組みでの使用

また、縦組みで使用する際にも注意が必要です。それぞれ、縦組み用のダーシに置換されるのですが、「Unicode: 2015」と「Unicode: 2500」は、文字のほぼ中心に表示されるのに対し、「Unicode: 2014」は中心からずれて表示されます（❹）。そのため、縦組みで「Unicode: 2014」を使用したい場合には、ベースラインシフト等の機能で位置を調整する必要が出てきます。

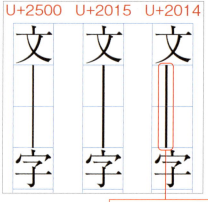

❹ 縦組みの場合、U+2014はずれます。

2倍ダーシ（ダッシュ）の作例

❶ ダーシのフォントを変更する

「Unicode: 2014」では縦組みの際にずれが生じ、「Unicode: 2500」では文字クラスが［その他の和字］となるため、ここではダーシに「Unicode: 2015」を使用することとします。

図は、フォントに「リュウミンL-KL」を使用していますが、リュウミンはダーシが仮想ボディいっぱいにデザインされているので、ここではちょっと長さの短い「ヒラギノ明朝W3」に変更します（❶）。

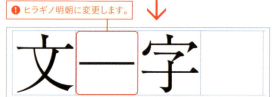

❶ ヒラギノ明朝に変更します。

> **One Point** ダーシの置換は［検索と置換］機能で
>
> ダーシを異なるユニコード番号のものに置き換えたい場合には、［検索と置換］ダイアログを使用して、一気に置き換えると便利です。なお、［検索文字列］と［置換文字列］には、図のようにユニコード番号を＜＞で囲んでの検索・置換が可能です。

❷ **水平比率を200%にする**

［文字ツール］でダーシを選択し、［水平比率］を200%に設定します（❷）。すると、ダーシの前後の文字とも適度なアキがある2倍ダーシが実現できます。この方法では、ダーシを1つだけ使用しているため、ダーシを2つ続けた場合に起きる可能性のある、ダーシ間のアキや泣き別れを避けることができます。

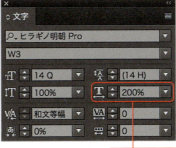

| One Point | **源ノ角ゴシック** |

Typekitから同期可能な「源ノ角ゴシック」というフォントを使用すると、2つダーシを並べた場合に、自動的に2倍ダーシの字形に置き換わります。

❸ **水平比率と字取りを設定する**

なお、リュウミンのように仮想ボディいっぱいにデザインされたダーシを使用する場合には、［水平比率］を150〜190%（❸）、［字取り］を「2」に設定することで（❹）、2倍ダーシが実現できます。なお、［字取り］を設定する方法はフレームグリッドでしか使用できません。また、［水平比率］は前後の文字とのアキを考慮して適切な値を設定してください。

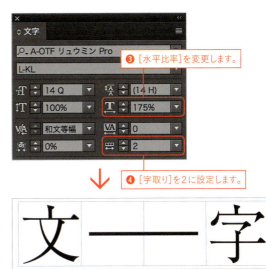

| One Point | **正規表現スタイルとして運用する** |

ダーシを1つ1つ設定していては手間がかかってしまいます。そこで、設定を文字スタイルとして登録し、さらに正規表現スタイルとして運用すると便利です。正規表現スタイルの詳細はChapter 6『6-08 正規表現スタイルを設定する』を参照してください。

| One Point | **ダーシを2つ使用する場合** |

ダーシを2つ使う必要がある場合には、ヒラギノ明朝等の仮想ボディよりも短いダーシを持つフォントの使用がお勧めです。それぞれのダーシの［水平比率］を200%にし（❶）、［字取り］を「2」に設定すればOKです（❷）。なお、プレーンテキストフレームを使用している場合には、［水平比率］や［トラッキング］［文字前（後）のアキ量］等、目的に応じて2つのダーシに異なるいくつかの設定を行う必要があります。

横組みの引用符の作成

❶ フォントにより異なる組版結果

横組みで二重引用符（ダブルクォーテーションマーク）を使用する場合、図のようにフォントによって組版結果が異なります。これは、Adobe-Japan 1-5以降のフォントで、引用符のUnicodeマッピングが変更されたためです。Proフォントでは全角字形（U+201C CID+672・U+201D CID+673）となり、Pr5・Pr6・Pr6Nではプロポーショナル字形（U+201C CID+108・U+201D CID+122）となります。なお、プロポーショナル字形では、前後の文字が和文の場合、和欧間のアキ量が適用され字間が開きます。

❷ ［等幅全角字形］を適用する

欧文組版であれば、プロポーショナル字形の引用符を使用すればOKですが、和文では全角字形の引用符として組みたいケースが出てきます。この場合、［文字ツール］で引用符を選択し（❶）、［字形］パネルのパネルメニューから［等幅全角字形］を選択します（❷）。すると、全角字形の引用符に置換することができます（❸）。

> **One Point　正規表現スタイルとして運用する**
>
> 引用符の設定は、文字スタイルとして登録し、さらに正規表現スタイルとして運用すると便利です。正規表現スタイルの詳細はChapter 6『6-08 正規表現スタイルを設定する』を参照してください。

> **One Point　半角引用符に注意**
>
> 引用符に半角引用符（" "）（別名：まぬけ引用符）を使用しているケースをよく見かけます。半角引用符は、プログラム等で使用するものなので、通常の印刷物制作では使用しません。InDesignでは［環境設定］の［テキスト］カテゴリーで［英文引用符の使用］をオン（デフォルトではオン）に、さらに［欧文辞書］カテゴリーで［二重引用符］と［引用符］の設定を一番上のものに変更しておくとよいでしょう（❶）。

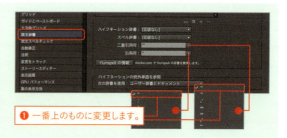

192

縦組みの引用符の作成

❶ 縦組み引用符の組版結果

縦組みで引用符を使用すると、図のような組版結果になります。欧文であれば、図のようなプロポーショナルな引用符の字形でかまいませんが、和文の場合にはダブルミニュート（ノノカギ）やシングルミニュートを使用したいところです。

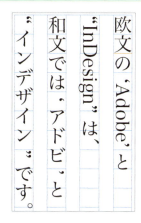

❷ ［等幅全角字形］を実行する

縦組みの引用符を全角字形のダブルミニュートやシングルミニュートに置換するには、［文字ツール］で引用符を選択し（❶）、［字形］パネルのパネルメニューから［等幅全角字形］を選択します（❷）。すると、全角字形のミニュートに置換することができます（❸）。

❸ 縦組み引用符の組版結果

目的の引用符をすべて置換すればできあがりです。

> **One Point　正規表現スタイルとして運用する**
>
> ミニュートの設定は、文字スタイルとして登録し、さらに正規表現スタイルとして運用すると便利です。正規表現スタイルの詳細はChapter 6『6-08 正規表現スタイルを設定する』を参照してください。

One Point 縦組み用の引用符を使用

［環境設定］の［組版］カテゴリーには、［縦組み用の引用符を使用］という項目があり、デフォルトではオンになっています（❶）。この設定をオフにすると、縦組みにおける引用符は、図のような組版結果になります（❷）。この組版は、CS5.5までの組版結果と同じになります。

なお、この項目はCS6で新たに追加された項目ですが、CS6では［縦組み中で引用符を回転］という名称になっており（❸）、CC以降と同じ組版結果を得られますが、［字形］パネルの［等幅全角字形］を実行しても、全角字形のダブルミニュートやシングルミニュートには置換されないので注意が必要です（❹）。

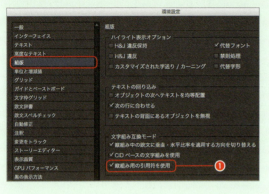

❷［縦組み用の引用符を使用］をオフの場合の組版結果。

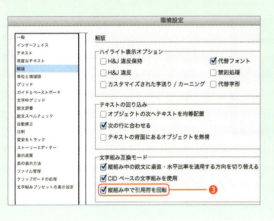

❹ 引用符に［等幅全角字形］を適用してもミニュートにはならない。

Chapter 6
スタイル機能

6-01	段落スタイルを作成する	p.196
6-02	文字スタイルを作成する	p.198
6-03	スタイルを再定義する	p.200
6-04	オーバーライドを消去とリンクを切断	p.202
6-05	親子関係を持つ段落スタイルを作成する	p.207
6-06	次のスタイルを設定する	p.209
6-07	先頭文字スタイルを設定する	p.211
6-08	正規表現スタイルを設定する	p.214
6-09	正規表現スタイルで合成フォントの表現を目指す	p.217
6-10	検索と置換を利用したスタイル適用	p.220
6-11	タグを利用したスタイル適用	p.223
6-12	Wordのスタイルをマッピングして読み込む	p.225
6-13	グリッドフォーマットを作成する	p.227

Chapter 6　スタイル機能

6-01　段落スタイルを作成する

InDesignを使いこなす上で、もっとも重要だと言っても過言ではない機能が段落スタイルです。テキストへの繰り返しの書式適用を、スタイルとして登録しておくことで効率的に運用できます。作業時間を大きく短縮するためには欠かせない機能です。

段落スタイルの作成

❶ **テキストに書式を設定する**

段落に対しての書式設定をスタイルとして登録しておくことで、他のテキストにも同じ書式を素早く適用できる機能が段落スタイルです。まず、テキストにスタイルとして登録したい書式を設定します（❶）。

❶ 書式を設定します。

❷ **新規スタイルを作成する**

テキストを選択したまま、[段落スタイル]パネルの[新規スタイルを作成]ボタンをクリックします（❷）。

❸ **新しく段落スタイルが作成される**

新しく段落スタイル（図では「段落スタイル1」）が作成されますが、まだテキストと段落スタイルは関連付け（リンク）されていません。スタイル名をクリックすれば関連付けできますが、ここでは作業しやすくするために段落スタイルに名前を付けておきたいので、スタイル名をダブルクリックします（❸）。

❸ ダブルクリックします。

❹ スタイル名を設定する

[段落スタイルの編集]ダイアログが表示されるので、[スタイル設定]欄の内容を確認して(❹)、[スタイル名]を入力します(❺)。[OK]ボタンをクリックすると、スタイル名が変更されます(❻)。
あとは目的のテキストを選択、あるいは段落内にカーソルをおいた状態でスタイル名をクリックすれば、その段落スタイルに登録された書式がテキストに適用されます。

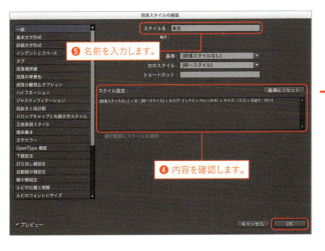

One Point　オーバーライドとは

スタイル名の後に「＋」の記号がつくケースがあります。この状態をオーバーライドと呼び、選択しているテキスト内のどこかに、適用している段落スタイルの書式設定の内容と異なる書式が設定されている場合に表示されます。

One Point　[基本段落]と[なし]

[段落スタイル]パネルには[基本段落]、[文字スタイル]パネルには[なし]というスタイルがあらかじめ用意されています。文字スタイルの[なし]は、文字どおり、文字スタイルが適用されていないことをあらわしますが、段落スタイルの[基本段落]は、ちょっと意味合いが異なります。[基本段落]は書式属性を持っており、その内容がテキストに適用されるのです。そのため、普段よく使用する書式を設定しておくことも可能です(ダブルクリックすることで書式内容を変更できます)。ちなみに、プレーンテキストフレームを作成して、テキストを入力してみてください。デフォルトの設定では、自動的に[基本段落]が適用されているはずです。なお、フレームグリッドの場合には、[基本段落]は適用されず、[段落スタイルなし]となります。

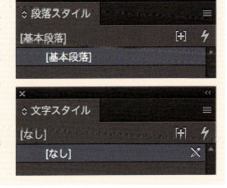

197

Chapter 6 スタイル機能

6-02 文字スタイルを作成する

段落スタイルは段落全体に適用されますが、文字スタイルは文字単位での適用が可能です。一般的に、段落スタイルを適用したテキストに対し、部分的に書式を変更したい場合に文字スタイルを作成して適用します。

文字スタイルの作成

❶ テキストの書式を変更する

段落スタイルが適用されたテキストに対し、部分的に書式を変更したい場合は、文字スタイルを作成して適用します。まず、[文字ツール]でテキストの書式を部分的に変更します（❶）。この時、段落スタイルはオーバーライド状態になっていることに注目してください（❷）。

❷ 新規スタイルを作成する

テキストを選択したまま、[文字スタイル]パネルの[新規スタイルを作成]ボタンをクリックします（❸）。

❸ 新しく文字スタイルが作成される

新しく文字スタイル（図では「文字スタイル1」）が作成されますが、まだテキストと文字スタイルは関連付け（リンク）されていません。スタイル名をクリックすれば関連付けできますが、ここでは作業しやすくするために、文字スタイルに名前を付けておきたいので、スタイル名をダブルクリックします（❹）。

198

❹ スタイル名を設定する

［文字スタイルの編集］ダイアログが表示されるので、［スタイル設定］欄の内容を確認して（❺）、［スタイル名］を入力します（❻）。［OK］ボタンをクリックすると、スタイル名が変更されます（❼）。

あとは目的のテキストを選択した状態でスタイル名をクリックすれば、テキストにその文字スタイルの書式が適用されます。

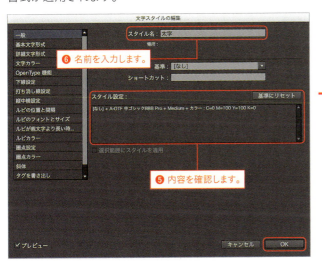

> **One Point** 文字スタイルのみでの運用
>
> 文字スタイルは、段落スタイルが適用されたテキストの書式を部分的に変更したい場合に使うのが基本的な使用方法です。段落スタイルを適用せずに、文字スタイルのみを適用しているケースをたまに見かけますが、あまりお勧めできません。

> **One Point** スタイルの読み込み
>
> ［段落スタイル］パネル、あるいは［文字スタイル］パネルのパネルメニューから［すべてのテキストスタイルの読み込み］を実行すると、他のドキュメントで使用した段落スタイルや文字スタイルを読み込むことができます。なお、読み込む際には［スタイルを読み込み］ダイアログで、どのスタイルを読み込むかの指定も可能です。

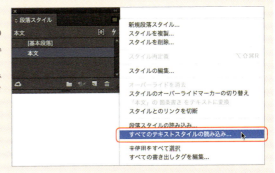

> **One Point** 選択範囲にスタイルを適用
>
> 段落スタイルや文字スタイル作成時に、[option]キー（Windowsでは[Alt]キー）を押しながら［新規スタイルを作成］ボタンをクリックすると、［段落（文字）スタイルの編集］ダイアログが表示された状態で新規スタイルが作成され、すぐにスタイル名を入力することができます。ただし、そのままダイアログを閉じてしまうと、選択しているテキストにはスタイルが適用されないので、［選択範囲にスタイルを適用］にチェックを入れてダイアログを閉じます。

Chapter 6 スタイル機能

6-03 スタイルを再定義する

既に作成してしまったスタイルでも、[スタイル再定義]を実行すれば、その書式の内容を簡単に変更できます。そのため、同じ書式が適用されたテキストへの修正を一気に終わらせることが可能です。つまり、テキストにスタイルを適用しておけば、修正も非常に楽になるというわけです。

スタイルの再定義

❶ テキストの書式を変更する

一度作成した段落スタイルの内容を変更したい場合や、書式を追加したい場合には、スタイルの再定義を実行します。これにより、その段落スタイルが適用されたすべてのテキストの書式を一気に変更できるため、修正に素早く対応できます。まず、段落スタイルが適用されたテキストの書式を変更します。ここでは、縦組みのテキストに[自動縦中横設定]の機能を追加しました(❶)。

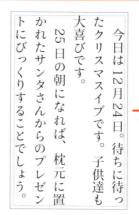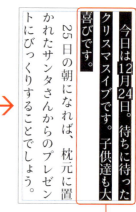

❶ 書式を修正または追加します。

❷ スタイル再定義を実行する

[段落スタイル]パネルを見ると、オーバーライドのマークが表示されているはずなので(❷)、テキストを選択したまま、[段落スタイル]パネルのパネルメニューから[スタイル再定義]を選択します(❸)。

❷ オーバーライドになります。

> **One Point** **CCライブラリに追加**
>
> 作成した段落スタイルや文字スタイルは[段落スタイル]パネルや[文字スタイル]パネルの左下にある雲のアイコンをクリックすることで、CCライブラリに追加することが可能です。

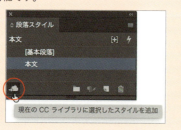

❸ スタイルの書式が変更される

段落スタイルのオーバーライド状態が解消され（❹）、同じ段落スタイルを適用したテキストすべてに対して、修正した段落スタイルの書式が適用されます（❺）。

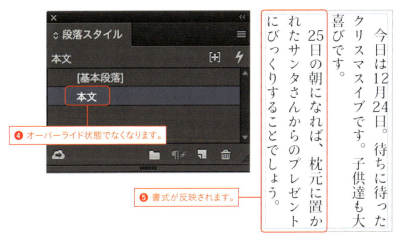

❹ 書式が追加されている

［段落スタイルの編集］ダイアログを開いてみると、［自動縦中横設定］の設定が追加されているのが分かります（❻）。なお、文字スタイルも同様の手順で再定義が可能です。

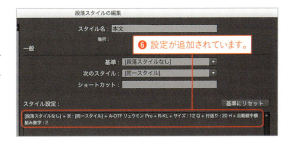

One Point　スタイルグループ

段落スタイルや文字スタイルは、グループとして管理することができます。［新規スタイルグループを作成］ボタンをクリックすれば、グループを作成できます（❶）。スタイル数が多い場合には、目的に応じてグループ分けしておくと便利です。

One Point　ショートカット

よく使用する段落スタイルや文字スタイルには、ショートカットを設定しておきましょう。スタイル名をクリックするよりも、素早く目的のスタイルを適用できます。［段落（文字）スタイルの編集］ダイアログの［ショートカット］フィールドに、直接ショートカットを入力することで指定できます（❶）。

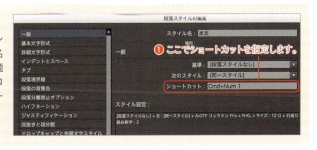

Chapter 6　スタイル機能

6-04　オーバーライドを消去とリンクを切断

スタイルを運用していくと、さまざまなケースに応じた処理が必要になります。オーバーライドしてしまったテキストを元に戻したり、スタイルとのリンクを切断したり、さらには不必要なスタイルを削除することもあります。目的に応じた処理ができるようにしておく必要があります。

オーバーライドを消去する

❶ テキストの書式を変更する

意図してオーバーライドさせた場合はよいのですが、意図せずオーバーライドになっていたり、オーバーライドさせてしまった箇所を元に戻したいといった場合には、オーバーライドを消去します。いくつかの方法があるので、目的に応じて使い分けます。例として、「見出し」という名前の段落スタイルを適用したテキストの（❶）、段落揃えを「右揃え」に変更し、「InDesign」の文字のみ、文字スタイル「太字」を適用したテキストを用意しました（❷）。

❶ 元のテキスト

❷ 段落揃えを変更し、部分的に文字スタイルを適用しました。

❷ オーバーライド消去を実行する

テキストを選択し、[段落スタイル]パネルで option キー（Windowsでは Alt キー）を押しながら、目的のスタイル名をクリックします（❸）。すると、文字スタイルはそのままで、段落スタイルと異なる内容の書式属性は削除されます（❹）。[段落スタイル]パネルのオーバーライドをあらわす＋マークも消えています（❺）。

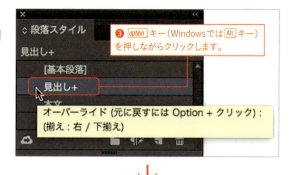

❸ option キー（Windowsでは Alt キー）を押しながらクリックします。

> **One Point　スタイルオーバーライドマーカー**
>
> CC 2015から、[段落スタイル]パネルや[文字スタイル]パネルに[スタイルオーバーライドハイライター]ボタンが追加されました。オンにすることで、ドキュメント内の段落スタイルや文字スタイルのオーバーライド部分がハイライトされ、目視で確認できます。

❹ 文字スタイルはそのままで、オーバーライドが消去されます。

❺「＋」マークは消えます。

❸ オーバーライドを消去し、文字スタイルも削除する

手順❶の状態に戻り、今度は段落スタイル名を option + shift キー（Windowsでは Alt + Shift キー）を押しながらクリックします（❻）。すると、オーバーライドは削除され、さらに文字スタイルも削除されます（❼）。文字スタイルを削除し、段落スタイルのみが適用された状態に戻したい時は、この方法を用います。

❻ option + shift キー（Windowsでは Alt + Shift キー）を押しながらクリックします。

❼ 文字スタイルは削除され、オーバーライドが消去されます。

選択範囲のオーバーライドを消去する

❶ テキストの書式を変更する

段落すべてではなく、選択している範囲のオーバーライドのみを消去する場合には、［段落スタイル］パネルの［選択範囲のオーバーライドを消去］ボタンをクリックします（❶）。この時、押すキーによって動作が異なります。

まず、「見出し」という名前の段落スタイルを適用したテキストの（❷）、段落揃えを「右揃え」に変更し、「InDesign」の文字のみ、文字サイズを小さくしてみます（❸）。

❶ ここをクリックします。

❷ 元のテキスト

❸ 段落揃えを変更し、部分的に文字サイズを小さくしました。

❷ 選択範囲のオーバーライド消去を実行する

まず、［文字ツール］でテキストを選択し、キーは何も押さずに［選択範囲のオーバーライド消去］ボタンをクリックします。すると、選択しているテキストのオーバーライドが消去されます（❹）。なお、文字スタイルを適用している場合、文字スタイルはそのまま生きています。

❹ オーバーライドが消去されます。

203

❸ 文字属性のオーバーライド消去を実行する

手順❶に戻り、今度は⌘キー（Windowsでは Ctrl キー）を押しながら［選択範囲のオーバーライド消去］ボタンをクリックします。すると、選択しているテキストの文字属性のオーバーライドのみが消去され、段落属性は消去されません❺。図では、文字サイズの変更のみ消去され、段落揃えの変更はそのままとなります。

❺ 文字属性のオーバーライドのみが消去されます。

❹ 段落属性のオーバーライド消去を実行する

手順❶に戻り、今度は⌘＋shiftキー（Windowsでは Ctrl ＋ Shift キー）を押しながら［選択範囲のオーバーライド消去］ボタンをクリックします。すると、選択しているテキストの段落属性のオーバーライドのみが消去され、文字属性は消去されません❻。図では、段落揃えの変更のみ消去され、文字サイズの変更はそのままとなります。

❻ 段落属性のオーバーライドのみが消去されます。

オーバーライドを消去に注意

❶ 異体字に置換する

オーバーライドを消去するには、①目的の段落内にカーソルを置き、option キー（Windowsでは Alt キー）を押しながらスタイル名をクリックする方法と、②目的のテキストを選択した状態で［選択範囲のオーバーライドを消去］ボタンをクリックする方法があります。どちらの方法でもオーバーライドを消去できますが、結果が異なるので注意が必要です。

そもそもオーバーライドとは、テキストに段落スタイルの内容と異なる書式属性が存在する状況のことですが、文字を異体字に置換した場合でもオーバーライドになります。ここでは、「A」という名前の段落スタイルが適用してある図のようなテキストの「情」と「高」を、それぞれ異体字の「情」と「髙」に置換してみました❶。すると、「情」と「髙」のどちらを選択してもオーバーライド状態になっているのが確認できます❷。

❶ 異体字に置換します。
❷ オーバーライドになります。

> **One Point** ［オーバーライドを消去］コマンド
>
> ［選択範囲のオーバーライドを消去］ボタンをクリックする代わりに、［段落スタイル］パネルのパネルメニューから［オーバーライドを消去］を実行してもかまいません。

❷ オーバーライドを消去する

では、文字ツールでこのテキストを選択し、option キー（Windowsでは Alt キー）を押しながらスタイル名をクリックしてみましょう。すると、「髙」はそのままで（❸）、「情」の文字が「情」に戻ったのが確認できます（❹）。

手順を1つ戻り、今度は［段落スタイル］パネルの［選択範囲のオーバーライドを消去］ボタンをクリックしてみましょう。すると、文字はそのままオーバーライドが消去されます（❺）。

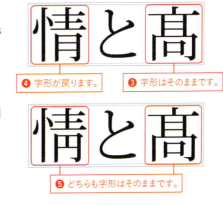

❹ 字形が戻ります。　❸ 字形はそのままです。

❺ どちらも字形はそのままです。

❸ オーバーライドを消去する

なぜ、このような結果になるのでしょうか。この現象を理解するために、それぞれの文字の情報を［情報］パネルで見てみましょう。「情」は「Unicode：0x60C5」「OTF：liga ccmp」と表示されますが（❻）、「情」は「Unicode：0x60C5」で「OTF：aalt(1) ccmp」と表示されます（❼）。どちらの文字もユニコード番号は同じですが、「OTF」の情報が異なるのが分かります。ちなみに、「aalt」とは「Access All Alternates」の略で、全ての異体字にアクセスするという意味のタグとなります。

「髙」は「Unicode：0x9AD8」「OTF：liga ccmp」と表示されますが（❽）、「髙」は「Unicode：0x9AD9」「OTF：ccmp」と表示されます（❾）。この2つの文字はユニコード番号が異なります。つまり、異なるユニコード番号の文字に置換された場合には問題はありませんが、同じユニコード番号の異体字に置換された場合には、option キー（Windowsでは Alt キー）を押しながらスタイル名をクリックする方法だと、文字が元に戻ってしまうので注意が必要だということです。個人的には、［段落スタイル］パネルの［選択範囲のオーバーライドを消去］ボタンをクリックする方法でオーバーライド消去することをお勧めします。

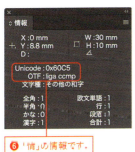
❻「情」の情報です。

❼「情」の情報です。

❽「髙」の情報です。

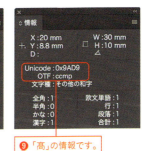
❾「髙」の情報です。

> **One Point　文字スタイルのオーバーライド消去**
>
> 文字スタイルのオーバーライドを消去したい場合には、option キー（Windowsでは Alt キー）を押しながらスタイル名をクリックします。また、文字スタイルを解除して段落スタイルのみが適用された状態にしたい場合には、［文字スタイル］パネルの［なし］をクリックします。なお、文字単位で適用する文字スタイルには、［選択範囲のオーバーライドを消去］ボタンはありません。

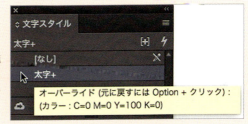

スタイルとのリンクを切断

❶ ［スタイルとのリンクを切断］を実行する

［スタイル再定義］を実行すると、そのスタイルとリンク付けされたテキストすべてに対して修正がなされます。任意のテキストのみ、スタイルとのリンク付けを解除したい場合には、そのテキストを選択した状態で、［段落スタイル］パネルのパネルメニューから［スタイルとのリンクを切断］を実行します（❶）。すると、［段落スタイル］パネルでのハイライトが解除され、（スタイルなし）と表示されます（❷）。

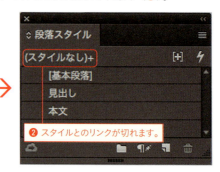

スタイルの削除

❶ 未使用のスタイルをすべて選択する

不必要となったスタイルは、［段落スタイル］パネルや［文字スタイル］パネルで目的のスタイルを選択し、［選択したスタイル／グループを削除］ボタンをクリックすれば削除できます。しかし、ドキュメントで未使用のスタイルすべてを削除したい場合には、まずパネルメニューから［未使用をすべて選択］を実行します（❶）。

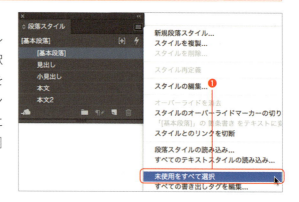

❷ 未使用のスタイルすべてを削除する

すると、ドキュメントで未使用のスタイルがすべて選択されるので、［段落スタイル］パネルや［文字スタイル］パネルの［選択したスタイル／グループを削除］ボタンをクリックします（❷）。［段落（文字）スタイルを削除］ダイアログが表示されるので、［OK］ボタンをクリックすればスタイルが削除されます。なお、スタイルを削除する時は、テキストが何も選択されていないことを確認してから実行してください。

Chapter 6 スタイル機能
6-05 親子関係を持つ段落スタイルを作成する

段落スタイルや文字スタイルでは、親子関係を持つスタイルの運用が可能です。親子関係を持たせておくと、親の変更は子にも反映されるため、高度なスタイル運用が可能となります。ただし、意図しない親子関係の運用は、事故に繋がることがあるので注意しましょう。

親子関係を持つ段落スタイルの作成

❶ 親のテキストを用意する

スタイルでは、マスターページのように親子関係を持つスタイルの運用も可能です。例えば、コラムテキストは本文テキストよりも小さいサイズに設定するとしましょう。まず、「本文」という段落スタイルが適用されたテキストを用意します（❶）。

❶ 段落スタイルが適用されたテキストを用意します。

❷ 書式を変更し、新規スタイルを作成する

［文字ツール］でテキストを選択し、書式を変更します。ここでは、文字サイズと行送りを変更しました（❷）。段落スタイルがオーバーライドされるので（❸）、［段落スタイル］パネルの［新規スタイルを作成］ボタンをクリックします（❹）。

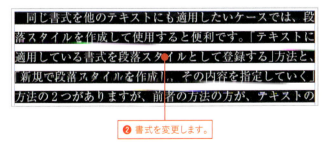

❷ 書式を変更します。

❸ オーバーライドされます。
❹ ここをクリックします。

207

❸ スタイルの名前を変更する

新しく段落スタイル（図では「段落スタイル1」）が作成されるので、スタイル名をダブルクリックして（❺）、［段落スタイルの編集］ダイアログを表示させます。［スタイル名］を入力したら（❻）、［OK］ボタンをクリックします。ここでは「コラム本文」という名前にしました。なお、［基準］に「本文」が選ばれており、［スタイル設定］欄を見ると、サイズと行送りの書式のみが登録されているのが分かります（❼）。つまり、「本文」という段落スタイルを親に持つ段落スタイル「コラム本文」が作成されたわけです。

❹ 親のスタイルの書式を変更する

では、「本文」という名前の段落スタイルの書式を変更してみましょう。「本文」の［段落スタイルの編集］ダイアログを表示させ、フォントを明朝体からゴシック体に変更し（❽）、［OK］ボタンをクリックします。ここでは、フォントを「ヒラギノ角ゴPro W3」に変更しました。すると、「コラム本文」という名前の段落スタイルの書式も変更されてしまいます（❾）。このように、親子関係を持つスタイルを作成しておくと、親のスタイルの書式変更は、子であるスタイルにも反映されるというわけです。

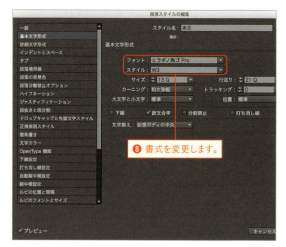

One Point　［基準］に注意する

既に段落スタイルが適用されたテキストの書式を変更し、別の段落スタイルを作成するといったケースでは、親子関係を持つスタイルが作成されてしまいます。意図して親子関係を持たせる場合はかまいませんが、そうでない場合は、［段落スタイルの編集］ダイアログを開いた際に、必ず［基準］を［段落スタイルなし］に戻しておきましょう。意図せぬトラブルを防ぐことができます。

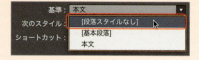

208

Chapter 6 スタイル機能

6-06 次のスタイルを設定する

あらかじめ［次のスタイル］を設定しておくことで、複数の段落に対して一気に複数の段落スタイルを適用することが可能です。オブジェクトスタイルの項目でも解説しますが、この機能をうまく使うことで、効率良いスタイル適用が可能となります。

［次のスタイル］の運用

❶ ［次のスタイル］を指定する

段落スタイルには、［次のスタイル］を設定することができます。例えば、「A」「B」「C」という名前の3つの段落スタイルがあったとします（❶）。「A」と「B」の段落スタイル名をダブルクリックして、［段落スタイルの編集］ダイアログを表示させ、「A」の［次のスタイル］を「B」（❷）、「B」の［次のスタイル］を「C」に設定します（❸）。

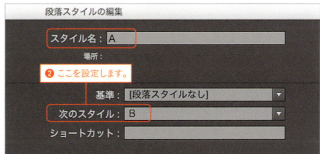
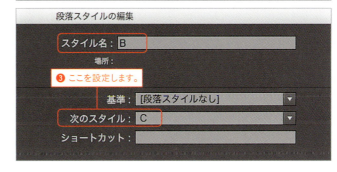

❷ テキストを入力する

［文字ツール］でテキストフレームを作成したら、段落スタイル「A」を選択して（❹）、テキストを入力します（❺）。

❸ スタイルが適用される

最初の段落には、段落スタイル「A」が適用された状態でテキストが入力されますが、returnキー（WindowsではEnterキー）を押して続けてテキストを入力すると、自動的に段落スタイル「B」が適用された状態でテキストが入力されます（❻）。さらに、returnキー（WindowsではEnterキー）を押してテキストを入力すると、今度は段落スタイル「C」が適用された状態でテキストが入力されます（❼）。このように［次のスタイル］を設定しておくと、段落が変わった際に自動的に［次のスタイル］に指定した段落スタイルを適用してくれます。

❻ 自動的に段落スタイル「B」が適用されます。

❼ 自動的に段落スタイル「C」が適用されます。

複数の段落への［次のスタイル］の適用

❶ ["スタイル名"を適用して次のスタイルへ]を実行する

［次のスタイル］は、既に配置・入力済みのテキストに対して適用することも可能です。［文字ツール］でスタイルを適用したいテキストを選択し（❶）、［段落スタイル］パネルで、一番最初の段落に適用したい段落スタイル名（ここでは「A」）の上で右クリックしてコンテキストメニューを表示させ（❷）、["スタイル名"を適用して次のスタイルへ]を実行します（❸）。

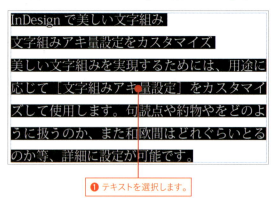

❶ テキストを選択します。

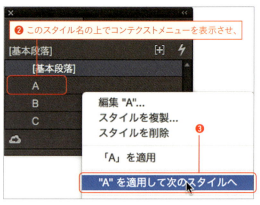

❷ このスタイル名の上でコンテキストメニューを表示させ、

❸

❷ テキストに段落スタイルが適用される

最初の段落には「A」、次の段落には「B」、その次の段落には「C」というように、選択していたテキストに対し、複数の段落スタイルが適用されます（❹）。この方法では、［次のスタイル］を設定しておくことで、段落スタイルをトグルさせて適用することができます。

❹ 複数の段落スタイルを一気に適用できます。

210

Chapter 6 スタイル機能

6-07 先頭文字スタイルを設定する

段落の先頭から指定した文字のところまでに対して、自動的に文字スタイルを適用する機能が［先頭文字スタイル］です。手作業による文字スタイル適用を軽減し、追加や修正したテキストに対しても、自動で文字スタイルが適用できるため、高度なスタイル運用が可能になります。

先頭文字スタイルの設定

❶ テキストに段落スタイルを適用しておく

先頭文字スタイルの機能を使用すると、段落の先頭から任意の文字までに対して、自動的に指定した文字スタイルの適用が可能になります。例えば、対談記事のように段落先頭に名前がくるような場合、名前の部分のみを自動的に太字にするといったような処理ができます。ここでは、サンプルテキストの「名前」部分と「所属」部分に先頭文字スタイルを設定したいと思います。まず、テキストを用意します。このテキストには、既に「対談用」という名前の段落スタイルを適用しています（❶）。

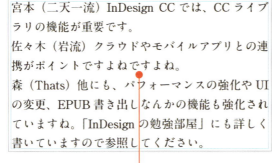

❶ 段落スタイルが適用されたテキストを用意します。

❷ 文字スタイルを用意する

先頭文字スタイルを段落スタイル内に設定するため、あらかじめ先頭文字スタイルとして使用する文字スタイルを作成しておきます（❷）。作成できたら、先頭文字スタイルを設定する段落スタイル名をダブルクリックします（❸）。

❷ 文字スタイルを用意します。　　❸ ここをダブルクリックします。

❸ **新規で先頭文字スタイルを作成する**

[段落スタイルの編集]ダイアログが表示されるので、左側のカテゴリーから[ドロップキャップと先頭文字スタイル]を選択し(❹)、[先頭文字スタイル]の[新規スタイル]ボタンをクリックします(❺)。

❹ **先頭文字スタイルを設定する**

先頭文字スタイルが設定可能になるので、まず適用する文字スタイルをポップアップメニューから選択します(❻)。ここでは「名前」という文字スタイルを選択しました。次にどの文字までに対して文字スタイルを適用するかを、直接フィールドに入力します(❼)。ポップアップメニューから任意のものを選択することもできますが、ここでは「(」を入力しました。そして、一番右側のポップアップメニューから[を含む][で区切る]のいずれかを選択します(❽)。[で区切る]を選択すると指定した文字の前まで、[を含む]を選択すると指定した文字を含んで文字スタイルが適用されます。[OK]ボタンをクリックすれば、先頭文字スタイルが適用されます(❾)。

❺ **もう1つ先頭文字スタイルを設定する**

もう1つ先頭文字スタイルを設定してみましょう。再度、[段落スタイルの編集]ダイアログを表示させ、[新規スタイル]ボタンをクリックします。適用する文字スタイルと、どの文字までに対して適用するか等を、先の手順と同様に設定します(❿)。[OK]ボタンをクリックすれば、先頭文字スタイルが適用されます(⓫)。図では、「(」の前までに対して「名前」という文字スタイル、「)」までに対して「所属」という文字スタイルが適用されています。このように先頭文字スタイルは、複数設定することが可能です。その場合、上位に設定した文字スタイルが優先されます。なお、あとからテキストを追加、編集した場合でも、条件に合うテキストには自動的に文字スタイルが適用されます。

先頭文字スタイルの応用

❶ テキストに段落スタイルを適用しておく

先頭文字スタイルは、一般的に段落の先頭から任意の文字までに対して適用されます。しかし、設定の仕方しだいでは、段落途中の任意のテキストに対して文字スタイルを適用できるケースもあります。ここでは、鍵括弧で囲まれているテキスト部分に対して文字スタイルを適用してみましょう。まず、段落スタイルを適用したテキストを用意します（❶）。

❶ 段落スタイルが適用されたテキストを用意します。

❷ 先頭文字スタイルを適用させる

段落スタイル名をダブルクリックして［段落スタイルの編集］ダイアログを表示させ、［先頭文字スタイル］の［新規スタイル］ボタンをクリックします。始め鍵括弧の前までに対して文字スタイル［なし］を指定します（❷）。文字スタイルに［なし］を選択することで、段落の途中から指定した文字スタイルを適用することができるわけです。さらに［新規スタイル］を作成し、終わり鍵括弧までに対して「名前」という文字スタイルを指定します（❸）。これでできあがりのようですが、このままだと段落の最初の鍵括弧部分にしか文字スタイルが適用されません。そこで、さらに［新規スタイル］を作成し、文字スタイルに［繰り返し］を指定します（❹）。これにより、すべての鍵括弧部分に自動で文字スタイルが適用されます（❺）。

❷ ここを設定します。

❸ ここを設定します。

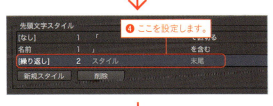

❹ ここを設定します。

❺ 指定した部分に文字スタイルが適用されます。

> **One Point　先頭文字スタイルの使いどころ**
> 先頭文字スタイルは、対談記事でしか使用できないわけではありません。他にも、番号付きの見出し等で、数字のみ異なる書式を適用するケースで使用しても便利です。

Chapter 6 スタイル機能

6-08 正規表現スタイルを設定する

指定した正規表現にマッチした文字列に対して、指定した文字スタイルを適用できるのが正規表現スタイルです。先頭文字スタイル同様、高度なスタイル運用に欠かせない機能で、あとから追加・修正したテキストにも自動的に反映できるため、手作業によるミスを減らせます。

正規表現スタイルの設定

❶ 文字スタイルを作成しておく

正規表現にマッチした文字列に対して、自動的に文字スタイルを適用する機能が正規表現スタイルです。例えば、丸括弧で囲まれたテキストのみ文字スタイルを適用したり、ひらがなとカタカナだけ文字を詰めるといったような処理が可能になります。正規表現スタイルを設定するには、まず使用する文字スタイルを作成しておきます（❶）。

❶ 文字スタイルを用意します。

❷ 新規で正規表現スタイルを作成する

正規表現スタイルを設定したい段落スタイル名（図では「本文」）をダブルクリックして（❷）、[段落スタイルの編集]ダイアログを表示させ、左側のリストから[正規表現スタイル]を選択したら（❸）、[新規正規表現スタイル]ボタンをクリックします（❹）。

❷ ここをダブルクリックします。

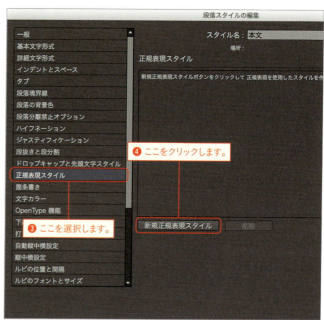

❸ ここを選択します。
❹ ここをクリックします。

❸ **文字スタイルを指定し、[テキスト]に入力する**

新規で正規表現スタイルが設定可能になるので、[スタイルを適用]に適用する文字スタイルを選択します（❺）。図では「small」という文字スタイルを選択しました。次に[テキスト]に正規表現を入力します。ここでは、丸括弧に囲まれた文字列をヒットさせたいので、まず丸括弧を直接入力します（❻）。

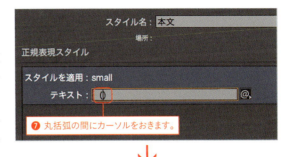

❹ **正規表現を指定する**

次にカーソルを丸括弧の間におき（❼）、右側にあるポップアップメニューから[ワイルドカード]→[文字]を選択します（❽）。これで丸括弧の中に何らかの文字が存在する文字列にヒットします。しかし、このままでは丸括弧の中の文字が1文字のものにしかヒットしないので、さらに続けて[繰り返し]→[1回以上（最小一致）]を選択します（❾）。[テキスト]フィールドには「(.+?)」と入力されているはずです（❿）。これで丸括弧の中に文字が1文字以上存在する文字列にヒットするので、[OK]ボタンをクリックします。

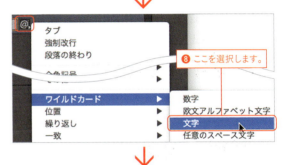

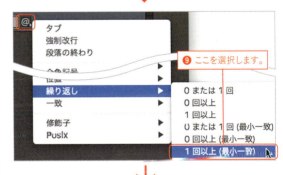

> **One Point 正規表現とは？**
>
> 正規表現を使用すると、通常の文字ではなく、文字のパターン（特徴）を指定することができます。通常の文字とメタキャラクタ（メタ文字）と呼ばれる特別な意味を持つ記号を組み合わせて表記され、検索や置換等に利用することができます。表記の揺れを吸収して検索を行なったり、複数の異なる文字列を一括して置換することができます。例えば、数字をすべて検索したい場合には、通常、0から9まで10回検索をしなければなりませんが、数字をあらわすメタキャラクタを使用すれば、一度の検索ですべての数字をヒットさせることができます。

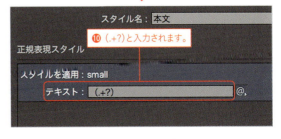

❺ 正規表現スタイルが反映される

指定した正規表現にマッチする文字列に対して、自動的に文字スタイルが適用されます（⓫）。ここでは、丸括弧で囲まれた文字列に対して文字スタイルが適用されました。なお、あとからテキストを追加、編集した場合でも、正規表現にマッチする文字列には自動的に文字スタイルが適用されます。

> **One Point** 正規表現スタイルの実例
>
> 正規表現スタイルは、さまざまな場面で活用することができます。ここでは、実例を2つほどご紹介します。まず、ひらがなやカタカナのみ文字を詰める設定にしたい場合には、あらかじめ文字を詰める設定の文字スタイルを作成しておき、正規表現を[ぁ-ゔ]と記述します（❶）。[ ]でくくることで、指定した範囲（コード番号）のテキストに対してマッチします。図ではひらがなとカタカナの文字範囲をすべて指定しています。
> 次は、縦組み時に2桁の数字を等幅半角字形、3桁の数字は等幅三分字形にする方法です。まず、等幅半角字形と等幅三分角字形の文字スタイルを作成しておき、正規表現を等幅半角字形には(?<!\d)\d{2}(?!\d)（❷）、等幅三分角字形には(?<!\d)\d{3}(?!\d)と入力します（❸）。

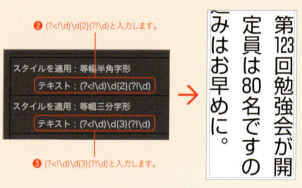

> **One Point** クイック適用
>
> キーボード操作のみでスタイルを適用したい場合には、クイック適用を利用すると便利です。テキスト編集中に⌘ + return キー（Windowsでは Ctrl + Enter キー）を押すと、［クイック適用］ボックスが表示され、スタイルを指定できます（❶）。このボックスからは、メニューコマンドやスクリプト等も実行可能です。なお、［クイック適用］ボックスは［コントロール］パネル等にある［クイック適用］ボタンからも表示可能です（❷）。

Chapter 6　スタイル機能

6-09　正規表現スタイルで合成フォントの表現を目指す

合成フォントは、「かな」や「欧文」に異なるフォントを指定できる便利な機能ですが、「ドキュメントを開くたびに、合成フォントの複製が増えていく」等、問題が起きるという話も聞きます。そこでここでは、「正規表現スタイル」の機能を使って「欧文」に任意のフォントを指定する方法を考えてみたいと思います。

合成フォントのような正規表現スタイルの設定

❶ 段落スタイルを作成する

ここでは、合成フォントを使わずに、「正規表現スタイル」の機能を使って「欧文」に任意のフォントを指定する方法を考えてみたいと思います。なお、必ずしもこの方法がベストというわけではなく、こんな方法もあるということで覚えておいていただければと思います。

まず、「A」という名前の「段落スタイル」を作成し（❶）、図のようなテキストに適用しました。なお、フォントには「A-OTF リュウミン Pr6N R-KL」を使用しています。

❶ 段落スタイルを作成します。

❷ 文字スタイル用の設定を作成する

「欧文」のテキストに対して適用する文字スタイルを作成するための設定をおこないます。ここでは、フォントに「Garamond Premier Pro Regular」（❷）、［垂直比率］と［水平比率］を「112％」（❸）、［ベースラインシフト］を「0.2H」（❹）、［言語］を「英語：米国」としました（❺）。なお、［ベースラインシフト］の値は、その文字サイズに対して何％ぐらい上下させるかを計算して算出してください。また、［言語］にも目的のものを指定します（スペルチェック等が可能になります）。

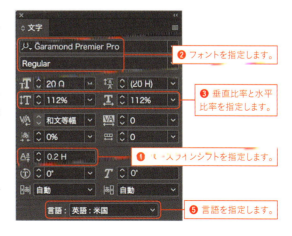

❷ フォントを指定します。
❸ 垂直比率と水平比率を指定します。
❹ ベースラインシフトを指定します。
❺ 言語を指定します。

217

❸ **文字スタイルとして保存する**

この設定を「文字スタイル」として保存しておきます（❻）。ここでは「欧文用」という名前で登録しました。

❹ **正規表現を記述する①**

段落スタイル「A」をダブルクリックして［段落スタイルの編集］ダイアログを表示させ、左側のリストから［正規表現スタイル］を選択し（❼）、［新規正規表現スタイル］ボタンをクリックします（❽）。そして［スタイルを適用］には、先程、作成した文字スタイル「欧文用」を指定します（❾）。さらに［テキスト］には、欧文テキストをヒットさせるための正規表現を記述します（❿）。

ここでは、まず［テキスト］に [0-9a-zA-Z] と記述しました。このように記述することで、0から9までの数字と、AからZまでの大文字と小文字がヒットし、自動的に文字スタイルが適用されます（図では分かりやすいように、文字スタイルが適用された部分にマゼンタのカラーを適用しています）（⓫）。

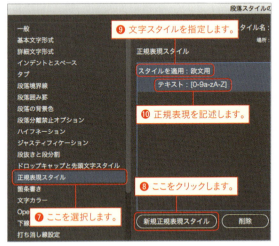

| One Point | 合成フォントの文字種 |

合成フォントの各文字種に、それぞれどのような文字が含まれているかは、NAOIさんのサイトで詳しく解説されています。
http://d.hatena.ne.jp/NAOI/20091111/1257923050

| One Point | **InDesignの合成フォントの文字種** |

InDesignの合成フォントの各文字種に、それぞれどのような文字が含まれているかは、以下のURL（筆者のサイト）からも確認できます。
https://study-room.info/id/studyroom/other/other06.html

| One Point | **この正規表現スタイルを使用する際の注意点** |

正規表現スタイルでベースラインを調整している場合、「欧文と和文にまたがって下線を引くとずれる」等、下線・打ち消し線・圏点・上付き文字等の文字修飾機能に影響が出るので注意が必要です。また、フレームグリッドでこの正規表現スタイルを使用する際は、［文字］パネルのパネルメニューにある［文字の比率を基準に行の高さを調整］をオフにして使用してください。フレームグリッドの１行目等が２行取りになってしまう場合があります。

218

❺ 正規表現を記述する②

しかし、実際にはこのままではうまくありません。ドットやカンマ等の約物や記号類の文字はヒットせず、指定した欧文フォントが適用されないからです。これらの文字を追加するには、いろいろな正規表現の記述方法があります。例えば、ドットとカンマ、ハイフンを追加したのであれば、[0-9a-zA-Z.,-]のように記述していってもかまいません。しかし、数が多いと面倒です。そこで、ユニコード番号を指定して以下のように設定してみます（最後の設定は、コード番号の範囲を指定せず、実際の文字を入力しています）❶。

[\x{0020}-\x{00B0}]　[\x{00B2}-\x{00D6}]　[\x{00D8}-\x{00F6}]　[\x{00F8}-\x{02DD}]

[\x{0020}-\x{25CA}]　[-,„·‹›€™∆∏∑≈≤≥◊—]

なお、どの文字を［欧文］として使用したいかにより、この設定内容は変わってくるので注意してください。

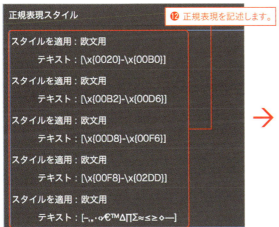

❻ 正規表現を記述する③

最後に引用符を設定したいと思います。あらたに［正規表現スタイル］を作成し、[""'']のように記述します（シングルクォーテーションマーク「u+2018」「u+2019」、ダブルクォーテーションマーク「u+201C」「u+201D」）❸。これにより、欧文用の正しい引用符にも指定した欧文フォントが反映されます。

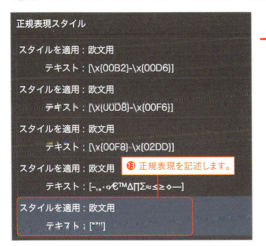

> **One Point　実際の作業では**
>
> 正規表現スタイルは、設定する内容が多くなればなるほど、動作が重くなっていきます。そのため、ここでご紹介している範囲内の文字すべてではなく、実際の作業で必要な範囲内の文字のみに対して文字スタイルが適用される正規表現を記述しておくのがお勧めです。

Chapter 6 スタイル機能

6-10 検索と置換を利用したスタイル適用

［検索と置換］の機能を利用したスタイル適用も可能です。あらかじめ配置するテキストにマーキングしておくことで、そのマーキングを元にスタイルを適用できます。とくにスタイルを適用する数が多い場合には、スタイル付けの作業を効率化できます。

［検索と置換］を利用したスタイル付け

❶ テキストにマーキングする

あらかじめ、配置するテキストにマーキングしておくことで、配置したテキストに対して、［検索と置換］の機能を利用したスタイル適用が可能です。ここでは「見出し」「小見出し」「本文」という3つの段落スタイルを、［検索と置換］の機能を利用してスタイルを適用したいと思います。まず、テキストの段階でどれが「見出し」で、どれが「小見出し」なのかが分かるようマーキングします（❶）。使用する記号は本文で使用していなければ何でもOKです。ここでは「見出し」の行頭に「■」、「小見出し」の行頭に「□」を入力しました。

❶ マーキングします。

❷ テキストを配置し、段落スタイルを作成する

InDesignドキュメントにこのテキストを配置し（❷）、使用する段落スタイルを3つ作成しておきます（❸）。なお、［検索と置換］を実行するすべてのテキストには、まず「本文」の段落スタイルを適用しておきます。

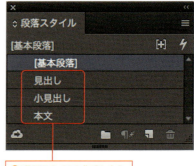

❸ 段組スタイルを作成します。

❷ テキストを配置します。

220

❸ ［検索と置換］ダイアログを設定する

［編集］メニューから［検索と置換］を選択して、［検索と置換］ダイアログを表示させます。［テキスト］タブを選択したら（❹）、［検索文字列］に「■」を入力します（❺）。次に［置換形式］の［変更する属性を指定］ボタンをクリックします（❻）。

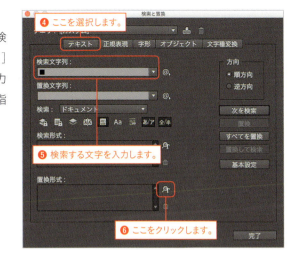

❹ 変更する属性を指定する

［置換形式の設定］ダイアログが表示されるので、リストから［スタイルの編集］を選択して（❼）、適用するスタイルを指定し（❽）、［OK］ボタンをクリックします。ここでは、［段落スタイル］に「見出し」を選択しました。

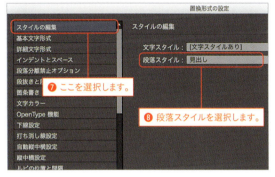

❺ 置換を実行する

［検索と置換］ダイアログに戻りますが、［置換形式］が設定されたのが分かります（❾）。［すべてを置換］ボタンをクリックして置換を実行します（❿）。なお、［検索］範囲は目的に応じて設定しておきます。

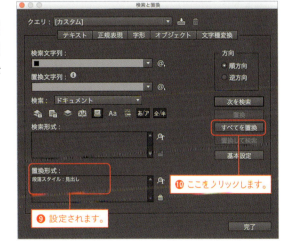

❻ 置換が完了する

実際に何ヶ所置換されたかのダイアログが表示されるので、［OK］ボタンをクリックします。

221

❼ マーキングを削除する

見出しに対して段落スタイルが適用されますが、このままだと行頭の「■」は残ったままなので、［検索と置換］ダイアログで、［置換形式］の［指定した属性を消去］ボタンをクリックします（⓫）。［置換形式］が消去されるので、［すべてを置換］ボタンをクリックします（⓬）。

⓫ ここをクリックします。

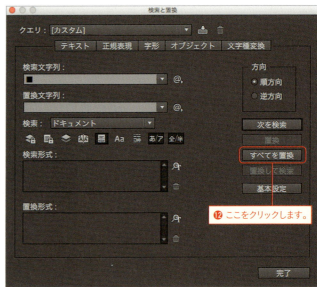
⓬ ここをクリックします。

❽ 置換が完了する

実際に何ヶ所置換されたかのダイアログが表示されるので、［OK］ボタンをクリックすると、テキストに反映されます（⓭）。なお、同様の手順で「小見出し」にも段落スタイルを適用します（⓮）。

One Point ［正規表現］タブを利用した検索と置換

［検索と置換］ダイアログの［正規表現］タブを利用すると、段落スタイルの適用と、行頭の記号類（■や□）の削除を一度の置換で実行することも可能です。
［検索文字列］に ■(.)　［置換文字列］に $1
と入力して置換します。

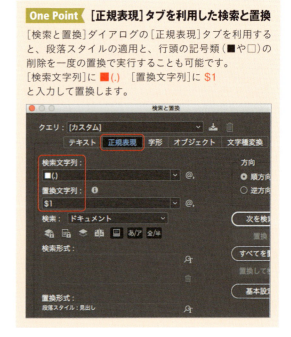

222

Chapter 6　スタイル機能

6-11　タグを利用したスタイル適用

あらかじめテキストにInDesignタグを設定しておくと、スタイル等を適用した状態でテキストを配置できます。この項では段落スタイルのタグについてしか触れていませんが、その他の機能のタグも活用することで、高度なテキスト配置が実現できます。

タグの書き出しとタグ付きテキストの配置

❶ ドキュメントを用意する

InDesignドキュメントに配置するテキストに、あらかじめタグ付けしておくと、テキストを配置する際にスタイルが適用された状態で読み込むことができます。まずは、InDesignのタグがどのようになっているかを理解するために、タグ付きテキストを書き出してみましょう。ここでは、「見出し」と「本文」という2つの段落スタイルが適用されたドキュメントを用意しました（❶）。

❶ 段落スタイルを2つ作成してあります。

❷ ［書き出し］を選択する

［文字ツール］でテキストフレーム内にカーソルをおき（❷）、［ファイル］メニューから［書き出し］を選択します（❸）。

❷ カーソルをおきます。

❸ ［名前］［場所］［形式］を指定する

［書き出し］ダイアログが表示されるので、［形式］に［Adobe InDesignタグ付きテキスト］を選択して（❹）、［名前］と［場所］を指定したら（❺）、［保存］ボタンをクリックします。

❺ ここを設定します。

❹ ［Adobe InDesignタグ付きテキスト］を選択します。

❹ どのように書き出すかを指定する

［Adobe InDesignタグ書き出しオプション］ダイアログが表示されるので、［タグ形式］と［エンコーディング］を選択して（❻）、［OK］ボタンをクリックします。ここでは、［タグ形式］に［冗長］、［エンコーディング］に［Shift_JIS］を選択しました。

❺ 書き出されたタグ付きテキストを開く

書き出されたタグ付きテキストを任意のエディタで開きます。1行目にエンコーディングが記述され（❼）、その後にInDesignの各種設定（❽）、そして最後に実際のテキストとタグが記述されているのが分かります（❾）。なお、<ParaStyle:○○○>というのが段落スタイルをあらわしています。

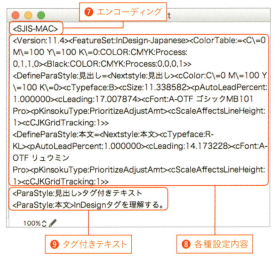

❻ ここを設定します。

❼ エンコーディング

❾ タグ付きテキスト　❽ 各種設定内容

❻ タグ付きテキストを用意する

では、タグ付きテキストを用意してInDesignドキュメントに配置してみましょう。1行目のエンコーディングの記述は必ず必要ですが、すでにスタイル等が設定済みのドキュメントに配置する場合には、2行目以降の各種設定は必要ありません。目的に応じたタグを記述した、図のようなテキストを用意します。

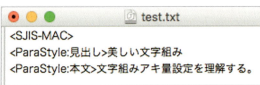

❼ タグ付きテキストを配置する

InDesignドキュメントにタグ付きテキストを配置すると、段落スタイルが適用された状態で配置されます。

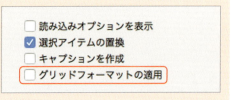

One Point ［グリッドフォーマットの適用］オプション

タグ付きテキストを配置する場合には、プレーンテキストフレーム、フレームグリッドのいずれであっても、［配置］ダイアログの［グリッドフォーマットの適用］オプションはオフにして読み込みます。オンのまま配置すると、書式が変わってしまいますので注意してください。

Chapter 6　スタイル機能

6-12　Wordのスタイルをマッピングして読み込む

Word上でスタイルが適用されたファイルを配置する場合、InDesignの段落スタイルにマッピングして（置き換えて）配置することが可能です。配置後に段落スタイルを適用する手間が省けるので、覚えておくとよいでしょう。

Wordのスタイルをマッピングする

❶ Wordファイルを用意する

Word上でスタイルが適用されているファイルを読み込む場合、InDesignのスタイルにマッピングして読み込むことが可能です。例として、「スタイル1」「スタイル2」「スタイル3」と3つのスタイルが適用されたWordファイルを用意しました（❶）。

❶ スタイルが適用されたWordファイルを用意します。

❷ 段落スタイルを作成しておく

InDesignドキュメント上で、Wordファイルを読み込む際にマッピングする段落スタイルを作成しておきます（❷）。ここでは「見出し」「小見出し」「本文」という名前で、3つの段落スタイルを作成しました。

❷ 段組スタイルを作成します。

❸ Wordファイルを指定する

［ファイル］メニューから［配置］を選択して、「配置」ダイアログを表示させ、読み込むWordファイルを選択したら（❸）、［読み込みオプションを表示］をオンにし（❹）、［グリッドフォーマットの適用］をオフにして（❺）、［開く］ボタンをクリックします。

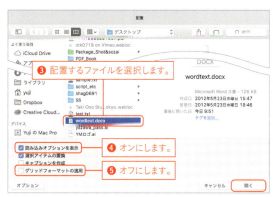

❸ 配置するファイルを選択します。
❹ オンにします。
❺ オフにします。

225

❹ スタイルマッピングをクリックする

［Microsoft Word読み込みオプション］ダイアログが表示されるので、［スタイル読み込みをカスタマイズ］にチェックを入れ（❻）、［スタイルマッピング］ボタンをクリックします（❼）。

❺ スタイルをマッピングする

［スタイルマッピング］ダイアログが表示されるので、Microsoft Wordのスタイルに対して、InDesignのスタイルをそれぞれマッピングし（❽）、［OK］ボタンをクリックします。

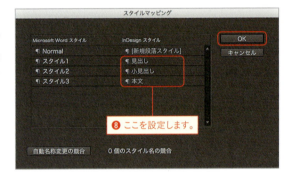

❻ Wordファイルが配置される

［Microsoft Word読み込みオプション］ダイアログに戻るので、［OK］ボタンをクリックしてWordファイルを配置します。Microsoft Wordのスタイルが、InDesignの段落スタイルにマッピング（置換）されて配置されます（❾）。

One Point　オーバーライド状態で配置される

テキストがオーバーライド状態で配置された場合には、テキストをすべて選択して、［段落スタイル］パネルの［選択した範囲のオーバーライドを消去］ボタンをクリックして、オーバーライドを解消します。

Chapter 6　スタイル機能

6-13　グリッドフォーマットを作成する

フレームグリッドのスタイル機能とも言えるのがグリッドフォーマットです。フレームグリッドの書式属性の変更は、その都度行っていては手間がかかってしまいます。よく使用する設定をグリッドフォーマットとして登録しておけば、クリックするだけでグリッドの書式属性を適用できます。

グリッドフォーマットの作成

❶ ［フレームグリッド設定］ダイアログを表示する

フレームグリッドのスタイルとも言うべき機能がグリッドフォーマットです。異なる書式属性のフレームグリッドを、その都度、設定していては効率よくありません。よく使用するフレームグリッドの設定は、グリッドフォーマットとして登録し、運用すると便利です。まず［グリッドツール］をダブルクリックして（❶）、［フレームグリッド設定］ダイアログを表示します。各項目を目的の設定にしたら（❷）、［OK］ボタンをクリックします。

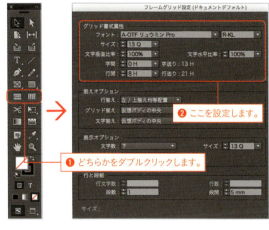

❷ フレームグリッドを作成する

［横組み（縦組み）グリッドツール］でフレームグリッドを作成します（❸）。

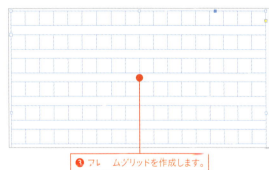

❸ 新規グリッドフォーマットを作成する

［ウィンドウ］メニューから［書式と表］→［グリッドフォーマット］を選択して、［グリッドフォーマット］パネルを表示したら、作成したフレームグリッドを選択したままで、［新規グリッドフォーマット］ボタンをクリックします（❹）。

❹ **グリッドフォーマットを
　ダブルクリックする**

新規でグリッドフォーマット（図では「グリッドフォーマット1」）が作成されるので、グリッド名をダブルクリックします（❺）。

❺ **グリッド名を付ける**

[グリッドフォーマットの編集]ダイアログが表示されるので、[グリッド名]を入力して（❻）、[OK]ボタンをクリックします。

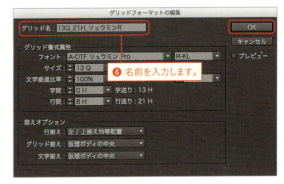

❻ **グリッド名が反映される**

[グリッドフォーマット]パネルに[グリッド名]が反映されます（❼）。

❼ **同様の手順でグリッドフォーマットを
　作成する**

同様の手順で、よく使用する[グリッドフォーマット]を作成していきます（❽）。あとは、グリッド名をクリックするだけで、フレームグリッドにその書式属性を適用できます。

One Point　[レイアウトグリッド]とは

[グリッドフォーマット]パネルには、あらかじめ[レイアウトグリッド]というグリッドフォーマットが用意されています。これには、新規でドキュメントを作成した際に、[新規レイアウトグリッド]ダイアログで設定した内容が反映されています。つまり、クリックすることで、レイアウトグリッドと同じフレームグリッドが作成できるわけです。なお、マウスを重ねると、その設定内容を表示できます。

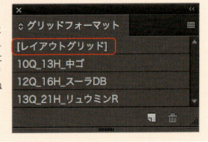

228

Chapter 7
オブジェクトの操作

- 7-01　線幅や線種を設定する　p.230
- 7-02　角の形状を設定する　p.233
- 7-03　正確な角丸を描く　p.235
- 7-04　オブジェクトを整列させる　p.237
- 7-05　オブジェクトの間隔を調整する　p.239
- 7-06　オブジェクトを複製する　p.241
- 7-07　複合パス・複合シェイプを設定する　p.244
- 7-08　変形時の動作を設定する　p.246
- 7-09　効果を設定する　p.250
- 7-10　オブジェクトスタイルを設定する　p.253
- 7-11　インライングラフィックとアンカー付きオブジェクト　p.258
- 7-12　オブジェクトを繰り返し利用する　p.262
- 7-13　コンテンツ収集ツールとコンテンツ配置ツール　p.265
- 7-14　CCライブラリを活用する　p.269
- 7-15　代替レイアウトを作成する　p.274
- 7-16　リキッドレイアウトを設定する　p.282

Chapter 7　オブジェクトの操作

7-01　線幅や線種を設定する

[線]パネルでは、線幅をはじめ、線の種類や始点、終点、さらには間隔のカラー等を設定できます。また、カスタムで線種を作成することもできるので、目的にあう線種を作成しておくとよいでしょう。なお、先端や角の形状、線の位置に何を選択しているかで、線の見栄えが変わるので注意が必要です。

線の設定

❶ オブジェクトを用意する

線幅や線種は、[線]パネル（あるいは[コントロール]パネル）から設定します。ここでは、図のような曲線と四角形のオブジェクトを用意し、線に対していろいろな設定を適用してみます。

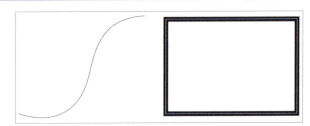

❷ 線幅を指定する

[選択ツール]で曲線のオブジェクトを選択したら、[線]パネルの[線幅]に数値を指定します（❶）。線幅が指定した値に変更されます（❷）。

❶ ここを設定します。
❷ 線幅が適用されます。

❸ 種類を変更する

今度は[種類]を変更してみましょう。ここでは[句点]を選択しました（❸）。[種類]に選択した項目によっては、[間隔カラー]も設定可能となります。任意のカラーを指定すると（❹）、間隔にもカラーが適用されます（❺）。

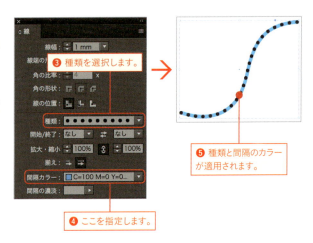

❸ 種類を選択します。
❹ ここを指定します。
❺ 種類と間隔のカラーが適用されます。

230

❹ **始点と終点を設定する**

[種類]を[ベタ]に戻し、[開始/終了]を設定してみましょう。[始点]と[終点]に任意の項目を選択し、[拡大・縮小]を％で指定すると（❻）、線に対し[始点]と[終点]が適用されます（❼）。

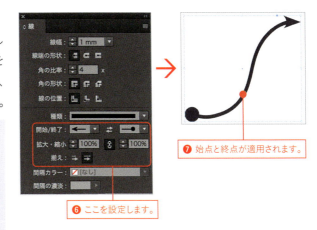

❻ ここを設定します。

❼ 始点と終点が適用されます。

> **One Point** [拡大・縮小]と[揃え]
>
> CC 2017より、[始点]と[終点]のサイズを[拡大・縮小]で設定可能になりました。また、[揃え]では[開始]と[終了]の位置が指定できます。下図の一番上が元の線で、2番目が[揃え]を[矢印の先端をパスの終点に配置]にしたもの、3番目が[矢印の先端をパスの終点から配置]にしたものです。

❺ **点線を設定する**

今度は、四角形のオブジェクトに対して[点線]を設定してみましょう。[種類]に[点線]を指定すると（❽）、[角]や[線分][間隔]が設定可能になります。目的に応じて各項目を指定すると（❾）、点線に反映されます（❿）。

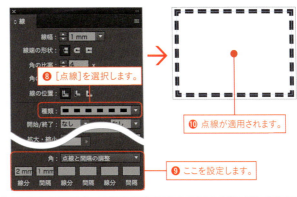

❽ [点線]を選択します。

❿ 点線が適用されます。

❾ ここを設定します。

> **One Point** パスの先端と角の形状
>
> [線]パネルでは、パスの先端と角の形状を各ボタンをクリックすることで設定できます。目的に応じて選択しましょう。なお、[角の比率]では、パスの角がとがる限度を指定しますが、角の形状に[マイター結合]を選択した場合のみ設定可能です。

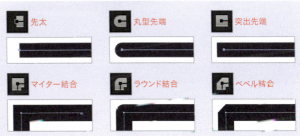

先太　丸型先端　突出先端

マイター結合　ラウンド結合　ベベル結合

> **One Point** 線の位置
>
> 線幅を設定する際に、パスのどこを基準に線を太らせるかの設定が可能です。同じサイズのパスでも、図のように[線の位置]に何を選択しているかで結果は異なります。

線を中央に揃える　線を内側に揃える　線を外側に揃える

カスタム線種の作成

❶ [線種]を選択する

カスタムで線種を作成することも可能です。[線]パネルのパネルメニューから[線種]を選択します（❶）。

❷ 新規で線種を作成する

[線種]ダイアログが表示されるので、[新規]ボタンをクリックします（❷）。

❸ 線種の内容を設定し登録する

[新規線種]ダイアログが表示されるので、[線種]に[線分][ストライプ][点]のいずれかを選択して、カスタムで線種を作成します。線種の作成は、各項目を設定することで作成できます。作成した線種は、[追加]ボタンをクリックすることで登録されます。

❹ カスタム線種が登録される

カスタムで作成した線種は、[線種]ダイアログに表示され（❸）、[線]パネルから使用可能になります。

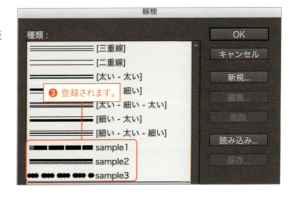

232

Chapter 7　オブジェクトの操作

7-02　角の形状を設定する

角の形状の変更が可能です。数値を指定して角丸を設定したり、マウスでドラッグすることでも角の形状を変更できます。シェイプ（角の形状）もいくつか用意されており、角ごとに個別の設定も可能です。

角の形状の設定

❶ 角オプションを選択する

角の形状の変更は、ダイアログ上で指定する方法と、マウス操作で適用する方法の2つがあります。まず、ダイアログから指定してみましょう。［選択ツール］で目的のオブジェクトを選択し（❶）、［オブジェクト］メニューから［角オプション］を選択します（❷）。

❷ 角オプションを指定する

［角オプション］ダイアログが表示されるので、各コーナーの［角のサイズ］を数値で指定したら（❸）、［シェイプ］をポップアップメニューから選択し（❹）、［OK］ボタンをクリックします。この方法の場合、角のサイズを数値で指定することができます。

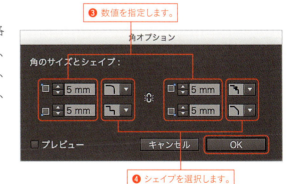

❸ 角オプションが反映される

選択していたオブジェクトに、角のサイズやシェイプが反映されます。

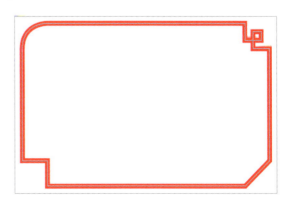

ライブ角効果の設定

❶ マウスで黄色の四角形をクリックする

今度は、マウス操作で角の形状を設定してみましょう。[選択ツール]でオブジェクトを選択すると、右上に黄色の四角形が表示されるのでクリックします（❶）。

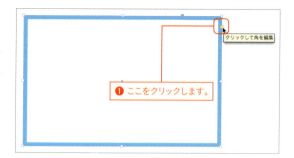

❷ 黄色の菱形をドラッグする

各コーナーの角が黄色の菱形の四角形に変わるので、いずれかをマウスでつかんでドラッグします（❷）。

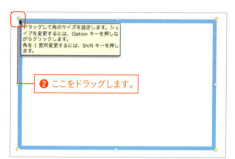

❸ 角丸が適用される

ドラッグすることですべての角の形状を一気に変更できます。

❹ シェイプの変更と個別に変更

option キー（Windowsでは Alt キー）を押しながら黄色の菱形をクリックすると、シェイプを変更できます（❸）。また、shift キーを押しながらクリックすると、角を個別に変更できます（❹）。

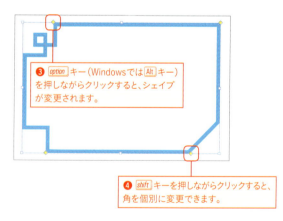

Chapter 7　オブジェクトの操作

7-03　正確な角丸を描く

InDesignで角丸長方形を描画すると、その角丸は指定した値の正確な角丸になりません。これは、InDesignがリリース当初からの問題で今だに改善されていません。そのため、正確な角丸を作成するためには、目的に応じて対処する必要があります。

端が半円ではない場合

❶ Illustratorのパスをペーストする

図は、マゼンタの角丸長方形がInDesignで作成したもの、シアンの角丸長方形がIllustratorで作成したものです。どちらも同じ角丸の値（5mm）を指定していますが、形状が異なっているのが分かります。これに対処するにはいくつかの方法がありますが、まず、端の形状が半円になっていない場合を考えてみたいと思います。

最初に思いつくのが、Illustratorで角丸長方形を作成し、InDesignにペーストする方法です。InDesignでは、Illustratorのパスオブジェクトを、パスのまま取り込むことができるため、手っ取り早く作業するには良い方法です。

❷ スクリプトを使用する

スクリプトを使用する方法もあります。お〜まちさんが運営されている『ディザInDesign (http://indesign.cs5.xyz/)』さんから「角丸長方形に変換、または作成を行う」をクリックし、「kadomaru.jsx」をダウンロードして使用することで、キレイな角丸が作成できます。

> **One Point　あとからのサイズ変更に注意**
>
> Illustratorのパスオブジェクトをペーストしたり、スクリプトを使用して角丸を作成しているような場合、あとからオブジェクトのサイズを変更すると、角丸の形状が変わってしまうので注意が必要です（InDesignの［角オプション］の機能で角丸を作成している場合には問題ありません）。

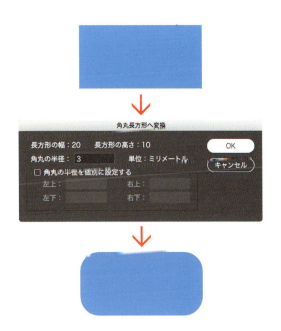

端が半円の場合

❶ 丸形先端を使用する

端が半円になっている角丸の場合には、他にもいくつかの方法があります。まずは、直線を作成し、[先端の形状]を[丸形先端]にする方法です（❶）。ようは、線を太く設定し、[丸形先端]を指定することで、角丸長方形に見えるというわけです。

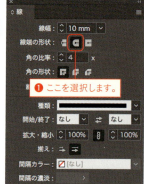

> **One Point　テキストの背景に角丸を設定する**
>
> テキストの背景に角丸長方形を設定する場合には、[段落境界線]の機能、あるいは[段落の囲み罫と背景色]の機能を使用します。詳細は、Chapter 5『5-09 段落境界線を作成する』と『5-25 段落に囲み罫と背景色を設定する』を参照してください。

❷ [線種]を選択する

なお、丸形先端の設定を新規線種として保存しておくと便利です。まず、[線]パネルのパネルメニューから[線種]を選択します（❷）。

❸ [新規]ボタンをクリックする

[線種]ダイアログが表示されるので、[新規]ボタンをクリックします（❸）。

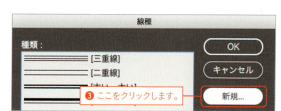

❹ 新規で線種を作成する

[新規線種]ダイアログが表示されるので、任意の[名前]を付け、[種類]に[線分]を選択します（❹）。次に、[長さ]と[パターンの長さ]に同じ値を入力し（❺）、[先端の形状]に[丸形先端]を選択し（❻）、[OK]ボタンをクリックします。

[線種]ダイアログに戻ると、新規で作成した線種が保存されているので、[OK]ボタンをクリックしてダイアログを閉じます。これで、カスタムで作成した「線種」を使用することが可能となります。なお、この設定はドキュメントを何も開いていない状態で作成しておくと、以後、新規で作成するドキュメントで使用できるので便利です。

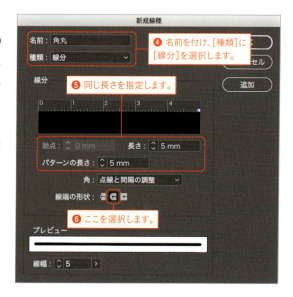

Chapter 7　オブジェクトの操作

7-04　オブジェクトを整列させる

各オブジェクトを揃えるには、さまざまな方法があります。あらかじめ用意したガイドに揃えたり、［変形］パネルに座標値の値を入力して揃えたりといった方法がありますが、［整列］パネルを使用すると、オブジェクトを手軽に整列させられます。

オブジェクトの整列

❶ 整列させるオブジェクトを選択する

［選択ツール］で整列させたいオブジェクトすべてを選択します（❶）。さらに、基準として固定したいオブジェクトを選択すると、そのオブジェクトがハイライトされ、キーオブジェクトとして設定されます（❷）。

> **One Point　キーオブジェクトを指定しない場合**
> キーオブジェクトを指定しない場合は、選択範囲の一番外側（［左端揃え］を選択した場合は、一番左側）のオブジェクトに揃います。なお、キーオブジェクトの指定は、バージョンCS6から可能です。

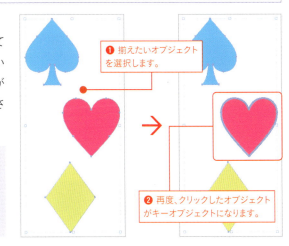

❷ 整列を実行する

ここでは、オブジェクトの左端を揃えてみましょう。［ウィンドウ］メニューから［オブジェクトとレイアウト］→［整列］を選択して［整列］パネルを表示させたら、［左端揃え］のアイコンをクリックします（❸）。キーオブジェクトを基準として、選択していたすべてのオブジェクトの左端が揃います（❹）。なお、オブジェクトのどこを揃えたいかによって、［オブジェクトの整列］の目的のアイコンをクリックします。

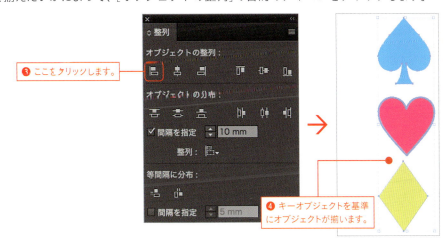

237

オブジェクトの分布

❶ 分布させるオブジェクトを選択する

［整列］パネルでは、整列だけでなく、オブジェクトを分布させることも可能です。［選択ツール］で分布させたいオブジェクトを選択し（❶）、さらに基準とするオブジェクトをクリックして、キーオブジェクトに指定します（❷）。

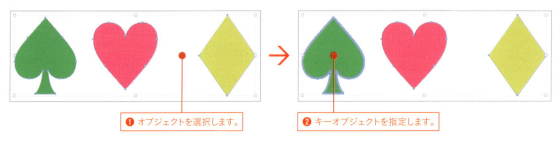

❷ ［オブジェクトの分布］を実行する

［整列］パネルでは、［オブジェクトの分布］の各アイコンをクリックすることで、オブジェクトを分布できますが、その際、間隔を指定することもできます。ここでは、まず［オブジェクトの分布］の［間隔を指定］に数値を入力後（❸）、［水平方向中央を基準に分布］アイコンをクリックします（❹）。指定した間隔でオブジェクトが分布します（❺）。

❸ 等間隔に分布させる

今度は［等間隔］で分布させてみましょう。オブジェクトを選択したら、［整列］パネルで［等間隔に分布］の［間隔を指定］に数値を入力し（❻）、［水平方向に等間隔に分布］アイコンをクリックします（❼）。指定したオブジェクトの間隔で分布します（❽）。

Chapter 7　オブジェクトの操作

7-05　オブジェクトの間隔を調整する

オブジェクトとオブジェクト、あるいはオブジェクトとページの端までの間隔をマウス操作で調整したい時に使用するのが［間隔ツール］です。直感的な操作が可能で、複数のオブジェクト間の間隔をすばやく調整できます。

間隔ツールで間隔を調整する

❶ 間隔を移動する

［間隔ツール］を使用すると、オブジェクトとオブジェクトの間隔を調整できます。［間隔ツール］を選択したら（❶）、間隔を調整したい箇所へマウスを移動します。すると、調整可能な間隔がグレーでハイライトされます（❷）。そのままクリックしてドラッグすれば、その方向に間隔が移動します（❸）。

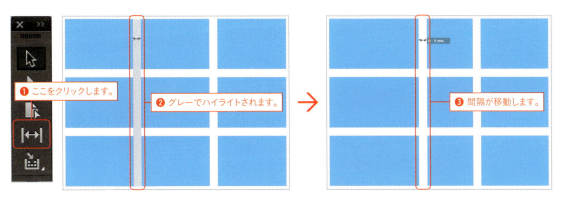

❷ 任意の間隔のみを移動する

先のように、縦方向の間隔すべてではなく、任意の間隔のみを移動させることもできます。shiftキーを押しながら、マウスを目的の箇所に移動します。すると、マウスポインタに近接する間隔のみがハイライトされます（❹）。そのままドラッグすれば、ハイライトされた間隔のみが移動します（❺）。

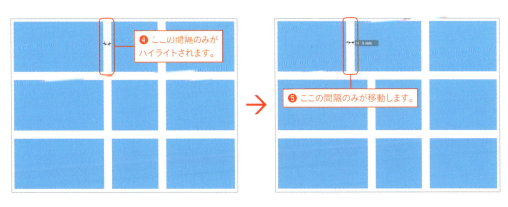

❸ **間隔のサイズを変更する**

間隔のサイズを変更することもできます。マウスを目的の間隔に移動すると、変更可能な間隔がハイライトされます（❻）。⌘キー（Windowsでは Ctrl キー）を押しながらドラッグすることで、間隔のサイズを大きくしたり、小さくしたりできます（❼）。

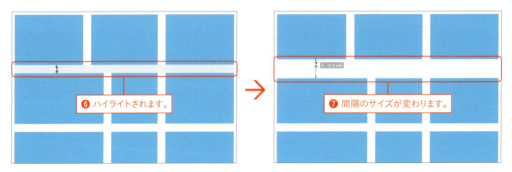

❹ **間隔を移動する**

間隔はそのままで、間隔に隣接するオブジェクト全体を移動させることもできます。マウスを目的の間隔に移動すると、変更可能な間隔がハイライトされます（❽）。option キー（Windowsでは Alt キー）を押しながらドラッグすると、間隔はそのままで、その間隔に隣接するオブジェクト全体を移動できます（❾）。

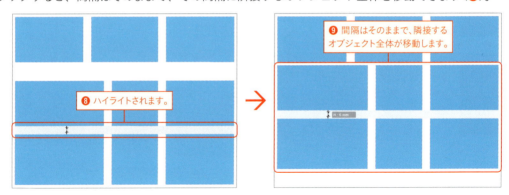

❺ **間隔を移動する**

なお、ハイライトされた間隔を（❿）、⌘ + option キー（Windowsでは Ctrl + Alt キー）を押しながらドラッグすると、間隔のサイズを変更しながら、隣接するオブジェクトを移動できます（⓫）。さらに、shift キーも押せば、カーソルに近接する箇所のみに適用できます。

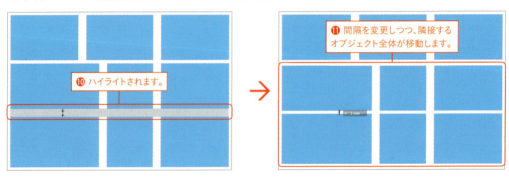

Chapter 7　オブジェクトの操作

7-06　オブジェクトを複製する

オブジェクトを複製する方法はいろいろあります。コピー＆ペースト以外にも、[複製]コマンドや[繰り返し複製]コマンド、さらにはドラッグコピー時にショートカットを使用することで、複数のオブジェクトを複製することができます。

オブジェクトの複製

❶ [繰り返し複製]コマンドを実行する

[選択ツール]で複製したいオブジェクトを選択し（❶）、[編集]メニューから[繰り返し複製]を選択します（❷）。

> **One Point　複製コマンド**
> [編集]メニューの[複製]コマンドを実行すると、前回、[繰り返し複製]コマンドを実行した際の[オフセット]の値でオブジェクトが複製されます。

❷ カウントとオフセットを指定する

[繰り返し複製]ダイアログが表示されるので、いくつ複製するかを[カウント]に入力し、複製する距離を[オフセット]の[垂直方向]と[水平方向]に入力したら（❸）、[OK]ボタンをクリックします。

❸ ここを設定します。

❸ オブジェクトが複製される

指定した[カウント]と[オフセット]の値で、オブジェクトが複製されます（❹）。

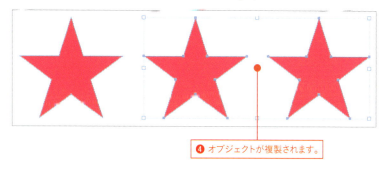

❹ オブジェクトが複製されます。

241

❹ 行と段数を指定する

手順をひとつ戻り、今度は［繰り返し複製］ダイアログの［グリッドとして作成］にチェックを入れます（❺）。すると、［行］と［段数］の指定が可能となるので、それぞれ数値を入力します（❻）。さらに、複製する距離を［オフセット］の［垂直方向］と［水平方向］に入力し（❼）、［OK］ボタンをクリックします。ここでは、［行］を「2」、［段数］を「3」としました。

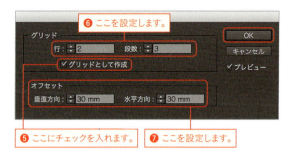

❺ オブジェクトが複製される

指定した［行］と［段数］［オフセット］で、オブジェクトが複製されます（❽）。

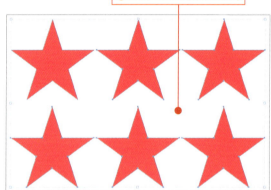

オブジェクトをドラッグして複製する

❶ ドラッグコピーを行う

ドラッグコピーをすることでオブジェクトを複製できますが、併せて矢印キーを押すことで複数個の複製を一度に行うことができます。まず、［選択ツール］で option キー（Windowsでは Alt キー）を押しながら目的のオブジェクトをドラッグします（❶）。

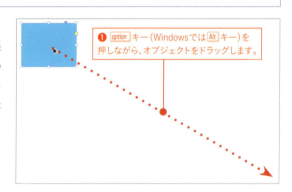

❷ 矢印キーを押す

オブジェクトをドラッグしながら矢印キーを押します。↑キーを押すと、押した数だけ縦方向に複製される数が増えていき、→キーを押すと、横方向に複製される数が増えていきます。逆に↓キーを押すと縦方向に複製される数が減り、←キーを押すと、横方向に複製される数が減ります。図では、↑キーを1回、→キーを3回押しています（❷）。

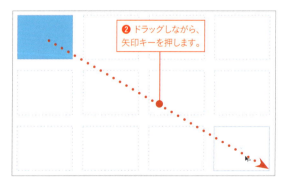

❸ **オブジェクトが複製される**

マウスを離すと、指定した矢印キーの数だけ、縦方向と横方向にオブジェクトが複製されます（❸）。

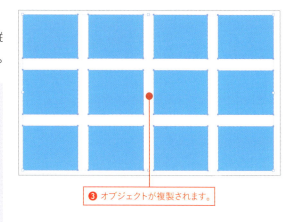

❸ オブジェクトが複製されます。

> **One Point** 元のレイヤーに戻してグループ解除
>
> 複数のオブジェクトをグループ化（[オブジェクト]メニューから[グループ]を選択）することで、オブジェクトがバラバラにならないようにできますが、CC 2014からは、グループ化を解除する際に、各オブジェクトを元のレイヤーに戻してグループ解除が可能になりました。なお、[レイヤー]パネルの[元のレイヤーに戻してグループ解除]がオンになっている必要があります。

> **One Point** オブジェクトをグリッド化して作成する
>
> 複数の画像を配置する際や、新規でオブジェクトを作成する際にも、ドラッグ中に矢印キーを押すことで、オブジェクトを分割して作成することが可能です。例えば、[長方形ツール]でドラッグ中に矢印キーを押すと（❶）、押すキーの回数に応じて縦方向と横方向に長方形が分割されて作成されます（❷）。また、テキストフレームを作成する場合には、分割されたテキストフレームは連結された状態で作成されます。なお、グリッドとグリッドの間隔は、[マージン・段組]ダイアログの[間隔]、あるいは[レイアウトグリッド設定]ダイアログの[段数]に設定されている値が反映されます（❸）。これらの設定は連動しており、どちらかのダイアログであらかじめ設定しておけば、その値がグリッドの間隔に反映されます。

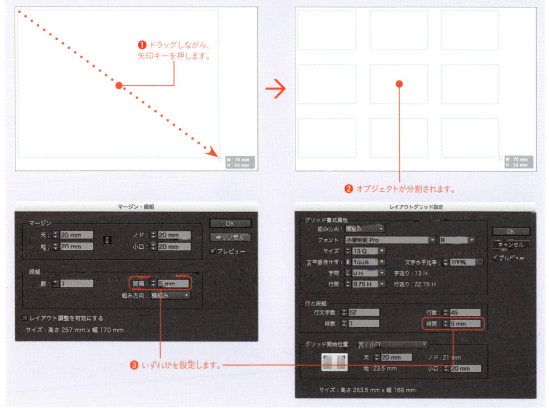

❶ ドラッグしながら、矢印キーを押します。

❷ オブジェクトが分割されます。

❸ いずれかを設定します。

243

Chapter 7 オブジェクトの操作

7-07 複合パス・複合シェイプを設定する

複数のオブジェクトを複合パスや複合シェイプにすることで、複数のパスをひとつのパスとして合成でき、ひとつのオブジェクトとして扱うことが可能になります。複雑な図形等も、これらの機能を使うことで素早く作成できます。

複合パスの作成

❶ 複合パスを作成する

複数のオブジェクトを複合パスにすることで、ひとつのオブジェクトにできます。まず、[選択ツール]で目的のオブジェクトを選択したら（❶）、[オブジェクト]メニューから[パス]→[複合パスを作成]を選択します（❷）。

❷ 複合パスが作成される

複合パスが作成されます（❸）。最背面のオブジェクトの塗りや線が適用され、ひとつのオブジェクトとして扱うことができます。

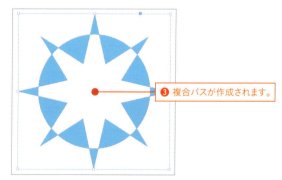

> **One Point　穴と塗りの反転、および複合パスの解除**
>
> 複合パスで作成される穴の部分は、アンカーポイントが作成された順序によって定義されるため、重なっている部分が穴にならない場合があります。この場合、複合パスを適用前のいずれかのパスオブジェクトに対し、[オブジェクト]メニューから[パス]→[パスの反転]を実行しておきます。また、複合パスを解除したい場合には、[オブジェクト]メニューから[パス]→[複合パスを解除]を選択します（複合パスを解除しても、塗りや線の属性は元に戻りません）。

244

複合シェイプの作成

❶ オブジェクトを選択する

[パスファインダー]パネルで目的のアイコンをクリックすることで、複合シェイプを作成できます。[ウィンドウ]メニューから[オブジェクトとレイアウト]→[パスファインダー]を選択して、[パスファインダー]パネルを表示しておきます。[選択ツール]で目的のオブジェクトを選択したら（❶）、[パスファインダー]パネルの[追加]アイコンをクリックします（❷）。

❶ オブジェクトを選択します。

❷ ここをクリックします。

❷ 複合シェイプが適用される

最前面のオブジェクトの塗りや線の属性が適用された状態で、複合シェイプが作成されます（❸）。なお、[パスファインダー]パネルのコマンドは、[オブジェクト]メニューからも実行できます。

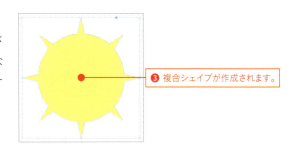
❸ 複合シェイプが作成されます。

One Point　複合シェイプの種類

[パスファインダー]パネルの[パスファインダー]には、[結合]以外にも[前面オブジェクトで型抜き]（❶）、[交差]（❷）、[中マド]（❸）、[背面オブジェクトで型抜き]（❹）があり、それぞれ作成される複合シェイプは異なります。

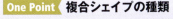

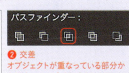
❶ 前面オブジェクトで型抜き
前面のオブジェクトで背面のオブジェクトが切り抜かれます。

❷ 交差
オブジェクトが重なっている部分から複合シェイプが作成されます。

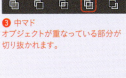
❸ 中マド
オブジェクトが重なっている部分が切り抜かれます。

❹ 背面オブジェクトで型抜き
背面のオブジェクトで前面のオブジェクトが切り抜かれます。

Chapter 7　オブジェクトの操作

7-08　変形時の動作を設定する

［変形］パネルでは、オブジェクトの移動やサイズ変更など、変形に関する動作を指定できます。しかし、パネルメニューの各項目がどのように設定されているかで、選択時や変形後のパネルに表示される値や動作が異なる場合があります。しっかりと動作を把握しておきましょう。

［変形］パネルのパネルメニュー

❶ オブジェクトを選択する

［変形］パネルのパネルメニューの各項目の設定内容によって変形に関する動作や表示が異なります。まず、［選択ツール］でオブジェクトを選択し（❶）、［ウィンドウ］メニューから［オブジェクトとレイアウト］→［変形］を選択します（❷）。

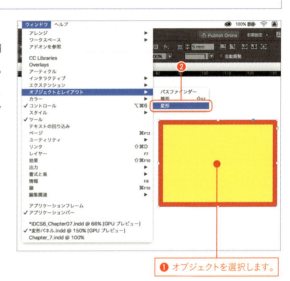

❶ オブジェクトを選択します。

❷ ［境界線を線幅に含む］の設定の違い

［変形］パネルが表示されるので、［幅］や［高さ］の値を確認します。すると、パネルメニューの［境界線の線幅を含む］がオンなのか、オフなのかで、［幅］や［高さ］に表示される値が異なるのが分かります（❸）。どちらに設定されているかを注意して作業するようにしましょう。

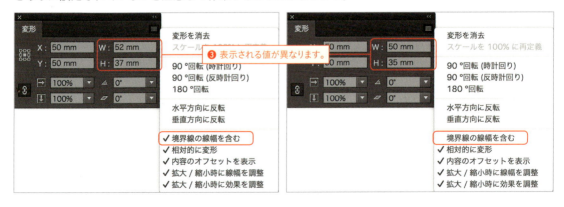

❸ 表示される値が異なります。

246

❸ ［相対的に変形］の設定の違い

回転したオブジェクト内に別のオブジェクトが入れ子になっている場合、［相対的に変形］がオンなのか、オフなのかで、［回転角度］に表示される値が異なります（❹）。オンの場合は親のオブジェクトに対する［回転角度］が表示され、オフの場合はペーストボードを基準とした回転角度が表示されます。

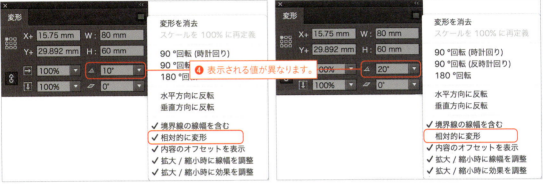

❹ ［内容のオフセットを表示］の設定の違い

［ダイレクト選択ツール］で画像を選択した際に、［内容のオフセットを表示］がオンなのか、オフなのかで、［X位置］と［Y位置］に表示される値が異なります（❺）。オンの場合はフレームを基準とした座標値が表示され、オフの場合はペーストボードを基準とした座標値が表示されます。

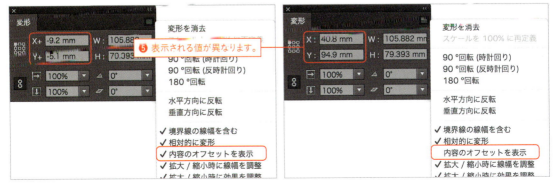

❺ ［拡大/縮小時に線幅を調整］の設定の違い

［変形］パネルでオブジェクトを拡大・縮小する際に、［拡大/縮小時に線幅を調整］がオンなのか、オフなのかで、拡大・縮小後の結果が異なります（❻）。オンの場合は線幅も拡大・縮小されますが、オフの場合、線幅は変わりません。

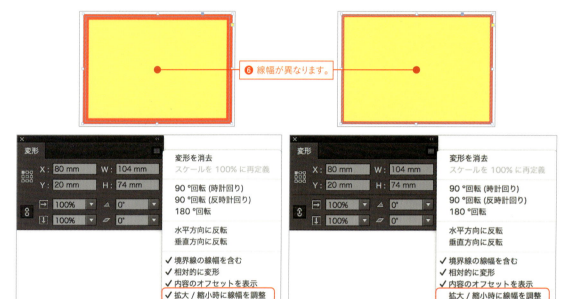

❻ ［拡大/縮小時に効果を調整］の設定の違い

［変形］パネルの［拡大/縮小時に効果を調整］がオンなのか、オフなのかで、拡大・縮小時の効果の結果も異なります（❼）。オンの場合は効果も拡大・縮小され、オフの場合、効果は拡大・縮小されません。

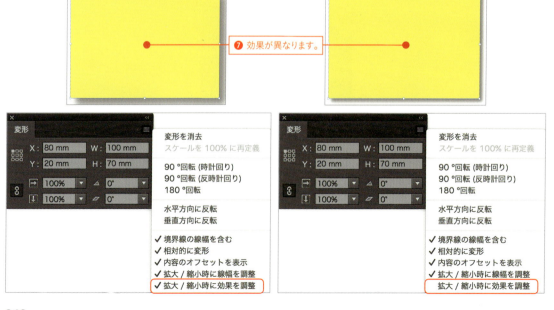

One Point　変形を再実行

[環境設定]の[一般]カテゴリーにある[オブジェクト編集]のデフォルト設定は、[内容に適用]がオンになっています。この設定を[拡大/縮小率を調整]をオンに変更すると（❶）、[変形]パネルでオブジェクトの拡大・縮小を実行した際の表示が変わります。[拡大/縮小Xパーセント]や[拡大/縮小Yパーセント]に数値を入力して、拡大・縮小を実行しても、値は100％に戻らずそのままとなります（❷）。また、文字サイズや線幅も拡大・縮小前の値が表示されてしまいます（❸）。この値をリセットして100％に戻したい場合は、[変形]パネルのパネルメニューから[スケールを100％に再定義]を実行します（❹）。

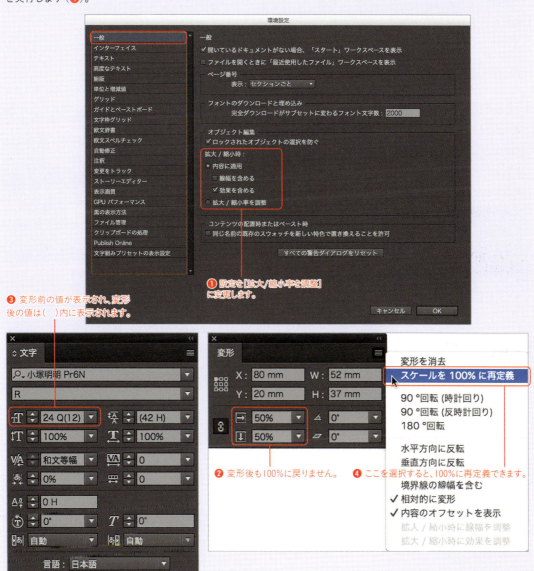

Chapter 7 オブジェクトの操作

7-09 効果を設定する

ドロップシャドウや光彩、ベベルとエンボス等、簡単な操作でオブジェクトに対して効果が適用できます。適用した効果はあとから再調整が可能で、オブジェクト全体に対してだけでなく、線や塗り、テキストのそれぞれに対して個別に適用することも可能です。

不透明度の設定

❶ 不透明度を設定する

不透明度は[効果]パネルで設定します。まず、[ウィンドウ]メニューから[効果]を選択して、[効果]パネルを表示させておきます。[選択ツール]で効果を適用したいオブジェクトを選択し(❶)、[効果]パネルで[不透明度]を設定します(❷)。なお、[不透明度]は[コントロール]パネルからも指定することができます。

❶ オブジェクトを選択します。

One Point　描画モード

[効果]パネルでは、描画モードの指定も可能です。図のようなモードが用意されています。

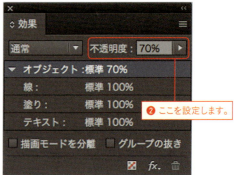

❷ ここを設定します。

❷ 不透明度が適用される

選択していたオブジェクトに対して不透明度が適用され、背景が透けて見えるようになります(❸)。

❸ 不透明度が適用されます。

250

効果の設定

❶ オブジェクトに効果を適用する

［選択ツール］で効果を適用したいオブジェクトを選択し（❶）、［効果］パネルの［効果］ボタンから適用する効果を選択します（❷）。ここでは、［ドロップシャドウ］を適用してみましょう。なお、［コントロール］パネル、または［効果］パネルのパネルメニュー、［オブジェクト］メニューの［効果］からも、同様に効果を設定可能です。

❶ オブジェクトを選択します。

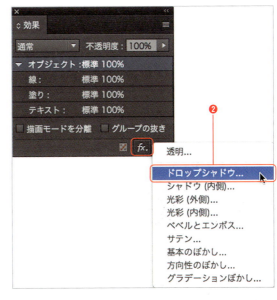

❷ 効果を設定する

［効果］パネルが表示されるので、目的に応じて各項目を設定したら（❸）、［OK］ボタンをクリックします。なお、［プレビュー］にチェックを入れておくと、効果のかかり具合が目視で確認できます。

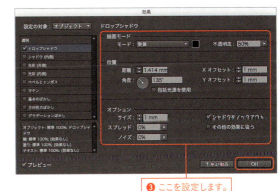

❸ ここを設定します。

❸ 効果が適用される

オブジェクトに対して、設定した内容で効果が適用されます（❹）。

❹ 効果が適用されます。

251

❹ 効果アイコンをダブルクリックする

[効果]パネルを見ると、fxアイコンが表示され、オブジェクトに効果が適用されているのが分かります。では、今度は効果を再調整してみましょう。fxアイコンをダブルクリックします(❺)。

> **One Point** 効果の移動と複製
>
> [効果]パネルに表示されたfxアイコンは、ドラッグすることで他の項目に効果を移動できます。また、option キー（Windowsでは Alt キー）を押しながらドラッグすれば、他の項目にも同じ設定を適用できます。

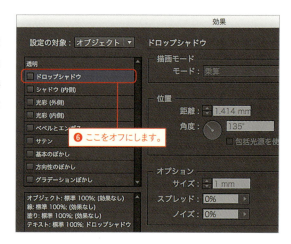

❺ ここをダブルクリックします。

❺ 効果を変更する

[効果]パネルが表示されるので、設定を変更します。ここでは、オブジェクト全体に適用されているドロップシャドウを、テキストのみに適用してみましょう。左側のリストの[ドロップシャドウ]をオフにします(❻)。

❻ ここをオフにします。

❻ 設定の対象を変更する

[設定の対象]に[テキスト]を選択し(❼)、[ドロップシャドウ]をオンにします(❽)。目的に応じて各項目を設定したら、[OK]ボタンをクリックします。

❼ ここを選択します。

❽ ここをオンにします。

❼ 変更した効果が適用される

テキストのみにドロップシャドウが適用されます(❾)、このように、[オブジェクト]全体だけでなく、[線][塗り][テキスト]のそれぞれに対して、個別に効果を適用することができます。なお、ドロップシャドウ以外の効果に関しても、基本的に設定方法は同じです。

❾ テキストのみに効果が適用されます。

Chapter 7　オブジェクトの操作

7-10　オブジェクトスタイルを設定する

段落スタイルは、テキストの書式属性を登録して運用する機能ですが、オブジェクトスタイルはオブジェクトレベルの属性を登録して運用する機能です。使い方は基本的に同じですが、オブジェクトスタイル内には段落スタイルも指定できるため、さらに高度な運用が可能です。

オブジェクトスタイルの運用

❶ オブジェクトを選択する

塗りや線、効果といったオブジェクトの属性を効率的に管理するためには、オブジェクトスタイルとして登録し、運用します。まず、オブジェクトスタイルとして登録したい属性を適用したオブジェクトを［選択ツール］で選択します（❶）。

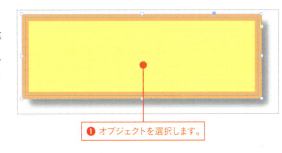

❶ オブジェクトを選択します。

❷ 新規スタイルを作成する

［ウィンドウ］メニューから［スタイル］→［オブジェクトスタイル］を選択して［オブジェクトスタイル］パネルを表示させ、［新規スタイルを作成］ボタンをクリックします（❷）。新規でオブジェクトスタイル（図では「オブジェクトスタイル1」）が作成されるので、スタイル名をダブルクリックします（❸）。

❸ スタイル名を入力する

［オブジェクトスタイルオプション］ダイアログが表示されるので、［スタイル名］を入力して（❹）、［OK］ボタンをクリックします。

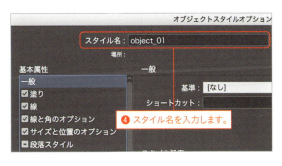

253

❹ スタイル名が変更される

スタイル名が変更され、オブジェクトと関連付け（リンク）されます（❺）。

❺ スタイル名が変更されます。

❺ 他のオブジェクトに適用する

[選択ツール]でオブジェクトを選択し（❻）、目的のオブジェクトスタイル名をクリックすれば、そのスタイルの属性が適用されます（❼）。

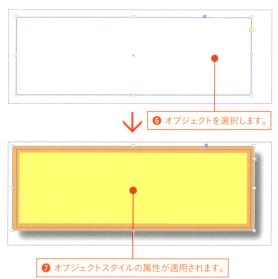

❻ オブジェクトを選択します。

❼ オブジェクトスタイルの属性が適用されます。

One Point　サイズと位置のオプション

CC 2018から、オブジェクトスタイルに[サイズと位置のオプション]が追加されました。このオプションは、デフォルト設定では[サイズ]と[位置]の[調整]が[なし]になっていますが、手動で変更することで、各項目が設定可能となり、オブジェクトスタイルにサイズと位置の情報を持たせることができます。
このオプションを設定したオブジェクトスタイルを適用すると、オブジェクトのサイズと位置が強制的に設定したサイズと位置に変更されます。各ページの同じ位置に同じサイズでオブジェクトを使用したいようなケースで使用すると、便利な機能です。

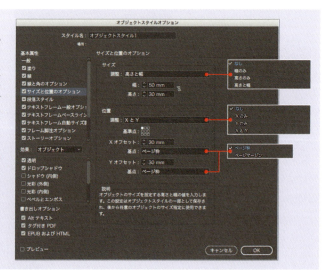

254

オブジェクトスタイルの再定義

❶ オブジェクトの属性を変更する

オブジェクトスタイルも段落スタイル同様、再定義することで、同じスタイルを適用しているオブジェクトの属性を一気に修正することが可能です。まず、オブジェクトの属性を変更します（❶）。

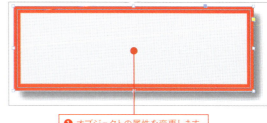
❶ オブジェクトの属性を変更します。

❷ スタイル再定義を実行する

オブジェクトスタイルがオーバーライドになっているので（❷）、オブジェクを選択したまま、［オブジェクトスタイル］パネルのパネルメニューから［スタイル再定義］を選択します（❸）。

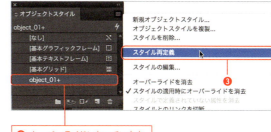
❷ オーバーライドになっています。

❸ スタイルが再定義される

オブジェクトスタイルの内容が再定義され、スタイル名についていたオーバーライドのマークも消えます（❹）。もちろん、そのオブジェクトスタイルを適用しているすべてのオブジェクトの属性が変更されます。

❹ オーバーライドが消えます。

オブジェクトスタイルの応用

❶ 段落スタイルを指定する

オブジェクトスタイル内には、段落スタイルも設定可能です。まず、段落スタイルを指定したいオブジェクトスタイル名をダブルクリックして［オブジェクトスタイルオプション］ダイアログを表示させます。左側のリストから［段落スタイル］を選択して、チェックを入れたら（❶）、［段落スタイル］にあらかじめ作成しておいた段落スタイルを指定します（❷）。

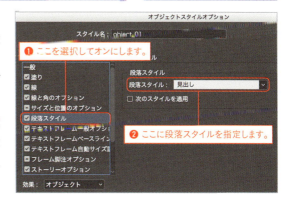
❶ ここを選択してオンにします。
❷ ここに段落スタイルを指定します。

255

❷ ［配置］を設定する

さらに、ここでは［テキストフレーム一般オプション］も設定しておきましょう。左側のリストから［テキストフレーム一般オプション］を選択し（❸）、［配置］を［中央］に設定し（❹）、［OK］ボタンをクリックします。

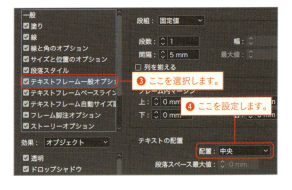

❸ オブジェクトスタイルを適用する

テキストフレームに対して作成したオブジェクトスタイルを適用します。すると、塗りや線、効果といったオブジェクトの属性だけでなく、段落スタイルも適用されるのが分かります。このように、オブジェクトスタイルでは、段落スタイルもコントロールできます。

❹ ［次のスタイルを適用］をオンする

今度は、別のオブジェクトスタイルに対しても段落スタイルを設定してみます。［オブジェクトスタイルオプション］ダイアログを表示させ、左側のリストから［段落スタイル］を選択し（❺）、［段落スタイル］を指定します（❻）。そして［次のスタイルを適用］にもチェックを入れ（❼）、［OK］ボタンをクリックします。

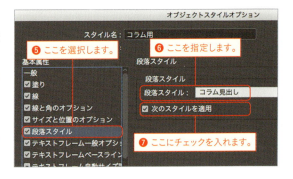

❺ 複数の段落スタイルが適用される

テキストフレームに対してオブジェクトスタイルを適用します。すると、ひとつの段落スタイルだけでなく、複数の段落スタイルが適用されるのが分かります。［次のスタイルを適用］をオンにすることで、次のスタイルの機能も利用できてしまうわけです。なお、次のスタイルに関する詳細は、Chapter 6『6-06 次のスタイルを設定する』を参照してください。

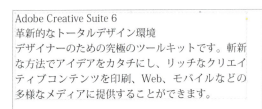

256

One Point　オブジェクトスタイルの活用例

実際に作業をするうえで、作成しておいた方が良いオブジェクトスタイルの例をいくつかご紹介します。なお、以下にご紹介するオブジェクトスタイルは、すべてドキュメントを何も開いていない状態で作成してください。そうすることで、以後、新規で作成するすべてのドキュメントで使用することが可能になります。

まず、画像サイズの調整に役立つオブジェクトスタイルです。グラフィックフレームに配置した画像は、[オブジェクトサイズの調整]コマンドを利用して、フレームに合うようサイズを調整するケースが多々あります。このような場合に、メニューやアイコンから実行するのではなく、グラフィックスタイルを作成しておき、複数の画像に対して一気にサイズ調整を行うと便利です。まず、新規でオブジェクトスタイルを作成します。[オブジェクトスタイルオプション]ダイアログを開いたら、[フレーム調整オプション]以外の設定はすべてオフにして、[フレーム調整オプション]のみを設定します。図では、[サイズ調整]に[フレームに均等に流し込む]を選択し、[整列の開始位置]をセンターに設定しましたが、[自動調整]をオンにしたものとオフにしたものの2つのオブジェクトスタイルを作成しました。（❶）（❷）。これにより、複数の画像に対して[フレームに均等に流し込む]コマンドと[内容を中央に揃える]コマンドをワンクリックで適用できます。

次は、テキストフレームのサイズを調整するオブジェクトスタイルです。InDesignでは[テキストフレーム設定]ダイアログで、フレームの高さや幅を自動的に調整することが可能となっています。ただ、毎回[テキストフレーム設定]を設定していては手間がかかってしまうので、オブジェクトスタイルとして運用すると便利です。まず、新規でオブジェクトスタイルを作成します。[オブジェクトスタイルオプション]ダイアログを開いたら、[テキストフレーム自動サイズ調整]以外の設定はすべてオフにして、[テキストフレーム自動サイズ調整]のみを設定します。図では、[幅のみ]と[高さのみ]を指定した2つのオブジェクトスタイルを作成しました（❸）（❹）。

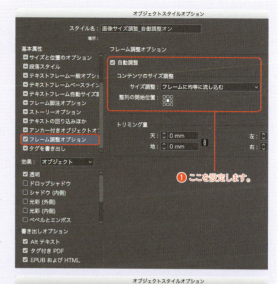

❶ここを設定します。

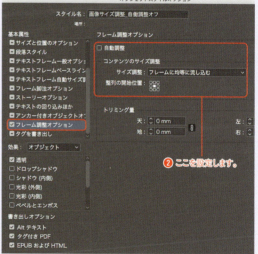

❷ここを設定します。

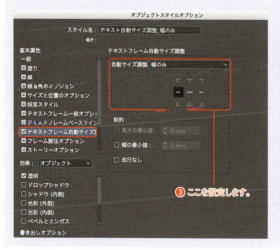

❸ここを設定します。

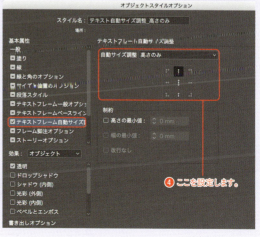

❹ここを設定します。

257

Chapter 7 オブジェクトの操作

7-11 インライングラフィックとアンカー付きオブジェクト

画像やテキスト、パスオブジェクト、さらにはグループ化されたオブジェクト等を任意のテキスト中に挿入して、インライングラフィックやアンカー付きオブジェクトにすることで、オブジェクトをテキストと同様に扱うことができます。

インライングラフィックの作成

❶ オブジェクトをコピーする

パスオブジェクトや画像、テキストフレームといったオブジェクトを、テキスト中に挿入することで、インライングラフィックとして運用できます。インライングラフィックは、文字と同じように動作するため、テキストの増減に合わせて動きます。まず、[選択ツール]でオブジェクトを選択したらカット（またはコピー）します（❶）。ここでは、文字サイズと同じ高さのオブジェクトを用意しました。[文字ツール]に持ち替え、オブジェクトを挿入したい位置にカーソルをおきます（❷）。

❶ オブジェクトをカットします。

❷ カーソルをおきます。

❷ ペーストする

ペーストを実行すると、オブジェクトがインライングラフィックとしてテキスト中に挿入されます（❸）。

❸ オブジェクトが挿入されます。

❸ 仮想ボディの下に揃う

今度は、文字サイズよりも（高さが）小さなパスオブジェクトを、インライングラフィックとして挿入してみます。すると、オブジェクトの底辺は、テキストの仮想ボディの下に揃います（❹）。このように、インライングラフィックとして挿入するオブジェクトは、基本的に仮想ボディの下に揃います。ここでは、オブジェクトをテキストの中央に揃えたいので、[文字ツール]で選択します。

❹ オブジェクトは仮想ボディの下に揃います。

❹ ベースラインシフトで調整する

インライングラフィックがテキストの真ん中にくるよう、[文字]パネルで[ベースラインシフト]を設定します（❺）。

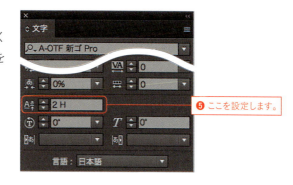

❺ ここを設定します。

❺ インライングラフィックを揃える

インライングラフィックがテキストの真ん中に揃います（❻）。

❻ テキストの真ん中に揃います。

❻ テキストの増減にも対応

インライングラフィックとして挿入したオブジェクトは、テキストに増減があった場合でも、テキストに合わせて動きます（❼）。

❼ インライングラフィックもテキストのように動きます。

❼ 行の位置がずれる

今度は、文字サイズよりも（高さが）大きなパスオブジェクトをインライングラフィックとして挿入します。すると、挿入した行の位置がずれてしまいます（❽）。

❽ 行がずれます。

❽ オブジェクトを下方向にドラッグする

[選択ツール]でインライングラフィックを選択し、下方向にドラッグします（❾）。これ以上ドラッグできない位置でマウスを離すと、オブジェクトの上端がテキストの仮想ボディの下に揃います。また、行のずれも元に戻ります。

❾ 下方向にドラッグします。

259

❾ **インライングラフィックを選択し、ベースラインシフトを設定する**

インライングラフィックを［文字ツール］で選択し（⓾）、テキストの真ん中に揃うよう、［文字］パネルで［ベースラインシフト］を設定します（⓫）。なお、［文字ツール］でインライングラフィックを選択するには、見えているオブジェクトではなく、本来、文字があるべき位置を選択します。

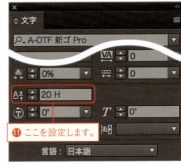

❿ **インライングラフィックが真ん中に揃う**

インライングラフィックがテキストの真ん中に揃います（⓬）。

アンカー付きオブジェクトの作成

❶ **オブジェクトをコピーする**

インライングラフィックの機能を拡張し、オブジェクトをフレーム外でも管理することができる機能がアンカー付きオブジェクトです。任意のテキスト内にアンカー付けすることで、テキストに連動して動かすことが可能になります。ここでは、「POINT」と書かれたオブジェクトをアンカー付きオブジェクトにしてみたいと思います。まず、目的のオブジェクトを、最終的に表示させたい位置に配置します。［選択ツール］で選択すると、右上に■のアイコンが表示されるので、マウスでつかんで（❶）、アンカー付けしたいテキスト中までドラッグします（❷）。

260

❷ アンカー付けされる

太い線が表示されたらマウスを離します。ドラッグしたオブジェクトがテキスト中にアンカー付けされ、アンカー付けされたことをあらわす錨（アンカー）のアイコンが表示されます（❸）。

❸ テキストに合わせて移動する

テキストに増減があった場合、それに合わせてアンカー付きオブジェクトも移動します（❹）。

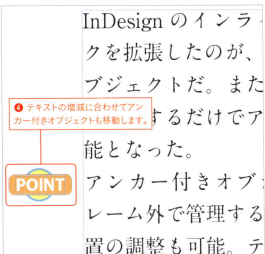

> **One Point　ショートカットを利用したアンカー付け**
>
> オブジェクトを選択した際に表示される■アイコンを shift キー（Windowsでは Shift キー）を押しながら、目的のテキスト中にドラッグすると、コピー＆ペーストしなくても、直接インラインオブジェクトにできます。また、option キー（Windowsでは Alt キー）を押しながらドラッグすると、［アンカー付きオブジェクトオプション］ダイアログを開きながらアンカー付けできます。

> **One Point　［アンカー付きオブジェクトオプション］ダイアログ**
>
> インライングラフィックとして挿入したオブジェクトを選択して、［オブジェクト］メニューから［アンカー付きオブジェクト］→［オプション］を選択すると、［アンカー付きオブジェクトオプション］ダイアログが表示されます。このダイアログで、アンカー付きオブジェクトの位置を調整することも可能です。
> 実は、テキストフレームの外でオブジェクトをアンカー付けしたい場合、InDesign CS5までは、このダイアログでアンカー付きオブジェクトの位置の調整を行う必要がありましたが、CS5.5からはマウス操作だけでオブジェクトをアンカー付けすることが可能になりました。あらかじめ、アンカー付けするオブジェクトを目的の位置に配置しておけば、あとは選択した際に表示される■をドラッグするだけと、非常に手軽にアンカー付けができるようになっています。ぜひ活用してください。

Chapter 7 オブジェクトの操作

7-12 オブジェクトを繰り返し利用する

オブジェクトの繰り返し利用はコピー＆ペーストでも可能ですが、スニペットやライブラリといった機能を使用すると、より効率的に繰り返し利用できます。なお、コピーされたオブジェクトは、元のオブジェクトとはまったく別の（関連付けされない）オブジェクトとして運用されます。

スニペットの運用

❶ オブジェクトをドキュメント外にドラッグしてスニペットを作成する

ドキュメント上のアイテムを、他のユーザーと手軽にやり取りできる機能がスニペットです。ファイル全体をやり取りする必要がないので、ファイルサイズも軽く済みます。まず、[選択ツール]でやり取りしたいオブジェクトを選択し（❶）、デスクトップ上、あるいはAdobe Bridge上にドラッグします（❷）。すると、ドラッグした場所に、拡張子.idmsのスニペットファイルが作成されます（❸）。

❷ スニペットをドキュメント上にドラッグする

別のドキュメントを開き、デスクトップやAdobe Bridge上にあるスニペットをドキュメント上にドラッグします（❹）。

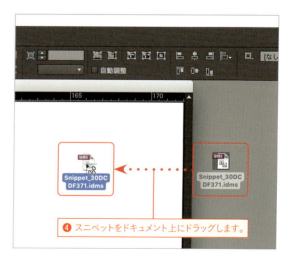

262

❸ スニペットが配置される

ドラッグした位置に、スニペットが配置されます（❺）。

❺ スニペットが配置されます。

One Point ［書き出し］ダイアログからの スニペットの書き出し

スニペットは、［書き出し］ダイアログからも作成できます。書き出したいオブジェクトを選択したら、［書き出し］ダイアログを表示させ、［形式］に［InDesignスニペット］を選択すればOKです。

One Point 元の位置にスニペットを配置する

スニペットを配置すると、デフォルト設定ではドラッグした位置に配置されます。しかし、［環境設定］の［ファイル管理］で、［配置］を［元の位置］に変更しておくと、スニペットとして書き出したオブジェクトが元々あった位置と同じ位置に配置することができます。なお、option キー（Windowsでは Alt キー）を押しながらスニペットを配置することでも、同様の結果が得られます。

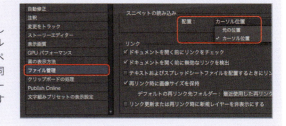

ライブラリの適用

❶ 新規ライブラリを作成する

よく使用するオブジェクトは、ライブラリとして管理しておくと、いつでもコピーして使用することができます。まず、［ファイル］メニューから［新規］→［ライブラリ］を選択します（❶）。

One Point CCライブラリ

CC以降のバージョンで新規ライブラリを作成しようとすると、CCライブラリの使用を勧めるメッセージが表示されます。CCライブラリに関する詳細は、Chapter 7『7-14 CCライブラリを活用する』を参照してください。

❷ ［名前］と［場所］を指定する

［新規ライブラリ］ダイアログが表示されるので、［名前］と［場所］を指定して（❷）、［保存］ボタンをクリックします。

❷ ここを指定します。

263

❸ [ライブラリ]パネルが作成される

新しく[ライブラリ]パネルが作成されるので(❸)、ライブラリに登録したいオブジェクトを[選択ツール]で選択して、[ライブラリ]パネル上にドラッグします(❹)。

❹ ライブラリに登録される

ドラッグしたオブジェクトが、[ライブラリ]パネルにアイテムとして登録され(❺)、いつでもコピーすることが可能になります。今度は、登録したアイテムをドキュメント上にドラッグしてみましょう(❻)。

❺ オブジェクトがコピーされる

ドラッグした位置に、オブジェクトがコピーされます(❼)。

One Point アイテム情報

[ライブラリ]パネルに登録したアイテムは、ダブルクリックすることで[アイテム情報]ダイアログを表示することができます。このダイアログでは、[アイテム名]や[形式][詳細]などを設定でき、これらの情報を元に複数のアイテムをソートすることも可能です。

264

Chapter 7　オブジェクトの操作

7-13　コンテンツ収集ツールとコンテンツ配置ツール

［コンテンツ収集ツール］と［コンテンツ配置ツール］は、アイテムを繰り返し使用する場合に便利な機能ですが、スニペットやライブラリの機能とは異なり、アイテムをリンクとして管理することが可能です。これにより、親のオブジェクトの修正を、子のオブジェクトに反映することが可能になります。

リンクとして配置

❶　［リンクとして配置］を実行する

オブジェクトをリンクとして管理できるのが、［コンテンツ収集ツール］と［コンテンツ配置ツール］です。オブジェクトをリンクさせるためには、大きく2つの方法があります。まずは、［リンクとして配置］コマンドを使ってみましょう。［選択ツール］でオブジェクトを選択し（❶）、［編集］メニューから［リンクとして配置］を選択します（❷）。

❷　コンベヤーが表示され、オブジェクトが配置可能になる

［コンベヤー］と呼ばれるパネルが表示され、選択していたオブジェクトが登録されます（❸）。また、カーソルは画像保持アイコンに変化しており、そのままオブジェクトを配置できる状態になります（❹）。

❸　オブジェクトを配置する

任意の場所でクリックすると、オブジェクトを配置できます（❺）。

❹ **親オブジェクトを修正する**

では、元のオブジェクト（親オブジェクト）を修正してみましょう。ここでは、部分的にカラーを変更しました（❻）。

❻ 親オブジェクトを修正します。

> **One Point** ソースに移動
>
> オブジェクトを複数個、リンクとして配置していると、どれが親のオブジェクトが分からなくなってしまう場合があります。このような場合、いずれかのオブジェクトを選択して、［リンク］パネルのパネルメニューから［ソースに移動］を実行すると、親のオブジェクトが選択された状態で表示されます。

❺ **リンクを更新する**

では、リンクとして配置したオブジェクトを表示させてみましょう。すると、リンク元のオブジェクトに変更が加えられたことをあらわす警告マークが表示されているのが分かります。この警告マークをクリックします（❼）。

❼ ここをクリックします。

❻ **リンクが更新される**

リンクが更新され、子のオブジェクトに親のオブジェクトの修正が反映されます（❽）。このように、リンクとしてオブジェクトを管理すると、親の変更を子のオブジェクトにも反映させることができます。

❽ リンクが更新されます。

> **One Point** リンクバッジ
>
> リンクオブジェクトには、CS6からリンクバッジと呼ばれる鎖のアイコンが表示されるようになりました。［表示］メニューの［エクストラ］から［リンクバッジを隠す］を選択すると非表示にできますが、表示モードが［標準モード］以外の場合にも表示されません。

> **One Point** ［リンク］パネルでの更新
>
> リンクされたオブジェクトの更新は、［リンク］パネルからも可能です。親オブジェクトが変更されると、［リンク］パネルにも警告マークが表示されるので、ダブルクリックして更新します。なお、親のオブジェクトを変更した場合には、子のオブジェクトを更新することは可能ですが、子のオブジェクトを変更した場合、親のオブジェクトにはその変更を反映できないので注意してください。

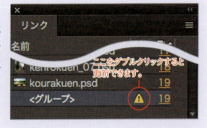

ここをダブルクリックすると更新できます。

コンテンツ収集ツールとコンテンツ配置ツールの使用

❶ コンベヤーを表示させる

もう１つの方法で、オブジェクトをリンク管理してみましょう。まず、[コンテンツ収集ツール]を選択します（❶）。すると、コンベヤーが表示されます（❷）。

❶ ここを選択します。　❷ コンベヤーが表示されます。

❷ オブジェクトを収集する

マウスカーソルもコンテンツ収集アイコンに変化しているので（❸）、コンベヤーに収集したいオブジェクトをクリックして登録していきます。ひとつずつクリックしてもかまいませんが（❹）、ドラッグして複数のオブジェクトをグループとして収集することも可能です（❺）。なお、グループとして収集したオブジェクトは、登録されたプレビューの左上にその数が表示されます。

❸ コンテンツ収集アイコンに変化します。　❺ グループとして収集したオブジェクト。　❹ ひとつずつクリックしたオブジェクト。

❸ コンテンツ配置ツールに切り替える

今度は、収集したオブジェクトを配置していきます。コンベヤー、あるいは[ツール]パネルで[コンテンツ配置ツール]に切り替えます（❻）。目的に応じて各オプション項目を選択します（❼）。

❻ ここを選択します。　❼ ここを設定します。

One Point　コンベヤーのオプション項目

コンベヤーのオプション項目は、以下のような内容となっています。

❶ リンクを作成：リンクとして配置する場合にチェックを入れます。
❷ スタイルをマップ：別のスタイルにマッピングして配置する場合にチェックを入れます。
❸ カスタムスタイリングマップを編集：スタイルのマッピング設定をカスタムで編集する場合にクリックします。
❹ 配置後、コンベヤーから削除し、次を読み込み：アイテムを配置後はコンベヤーから削除し、次のアイテムを配置可能にします。
❺ コンベヤーに保持し、複数回配置：アイテムを配置してもコンベヤーに残し、続けて同じアイテムを配置できます。
❻ 配置後、コンベヤーに保持し、次を読み込み：アイテムを配置後もコンベヤーに残しますが、別のアイテムを配置可能にします。

なお、任意のページのオブジェクトすべてを一気に収集したい場合には、コンベヤー右下の[コンベヤーへ読み込み]ボタンをクリックします。

❹ **アイテムを配置する**
カーソルがコンテンツ配置アイコンに変化するので、クリックしながら各アイテムを配置していきます(❽)。

❽ クリックしながらアイテムを配置していきます。

❺ **グループアイテムを配置する**
グループとして収集されたアイテムは、クリックすることで収集時と同じレイアウトを保ったまま配置できます(❾)。

❾ レイアウトを保ったまま配置できます。

❻ **グループアイテムをばらす**
なお、グループアイテムの配置前に⬇キーを押せばグループとしてではなく、個別に配置していくこともできます(❿)。また、アイテムの配置は同一ドキュメント内だけでなく、異なるドキュメントに配置した場合にも、リンクを保ったまま運用することが可能です。

❿ ⬇キーを押すと展開され、⬆キーを押すとグループとしてまとまります。

Chapter 7 オブジェクトの操作

7-14 CCライブラリを活用する

CC 2014から使用可能になった機能に［Creative Cloud Libraries］があります。Creative Cloud Librariesは、Photoshop、Illustrator、InDesignの各パネルで登録したさまざまな素材（アセット）をアプリケーションを越えて利用したり、共有することのできる機能です。

アセットの追加と使用

❶ ［CCライブラリ］パネルを表示する

InDesignの［CCライブラリ］パネルから追加したオブジェクトは、PhotoshopやIllustratorとも自動的に同期され、管理・運用することが可能です。まず、［ウィンドウ］メニューから［CCライブラリ］を選択します（❶）。

❷ 新規ライブラリを作成する

［CCライブラリ］パネルが表示されたら、使用するライブラリに切り替えますが、ここでは新規にライブラリを作成してみましょう。［CCライブラリ］パネルのパネルメニューから［新規ライブラリ］を選択します（❷）。なお、初期設定で用意されているライブラリは［マイライブラリ］のみです。

❸ 新規ライブラリが作成される

新規ライブラリの名前が入力可能になるので、任意の名前を入力し（❸）、［作成］ボタンをクリックします。新しいライブラリが作成されます（❹）。

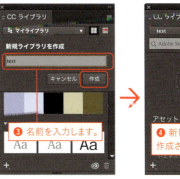

> **One Point** ［CC Librarues］パネル
>
> ［CCライブラリ］パネルは、CC 2014から使用可能になった機能です。ただし、CC 2015のみ［CC Libraries］パネルという名前になっています。

❹ **ライブラリに追加する**

では、[CCライブラリ]パネルにオブジェクトを追加してみましょう。オブジェクトを選択した状態で（❺）、[CCライブラリ]パネルの[コンテンツを追加]ボタンをクリックし（❻）、保存する種類を指定して（❼）、[追加]ボタンをクリックします。あるいは、追加したいオブジェクトを[CCライブラリ]パネル上にドラッグしてもかまいません。すると、選択していたオブジェクトが[CCライブラリ]パネルにアセットとして追加されます（❽）。

❺ 選択します。
❼ 保存する形式を選択します。
❻ クリックします。

> **One Point　アセットの保存場所**
>
> [CCライブラリ]パネルに追加したアセットは、自動的に自分のCreative Cloud上の[マイアセット]→[ライブラリ]に保存されます。

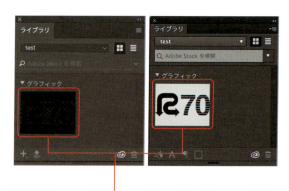

❽ オブジェクトが追加されます。

❺ **Photoshop・Illustratorと同期される**

InDesign上の[CCライブラリ]パネルに追加したオブジェクトは、自動的にPhotoshopやIllustratorの[ライブラリ]パネルとも同期されます（❾）。

❾ PhotoshopやIllustratorの[ライブラリ]パネルとも同期されます。

> **One Point　アセット名の変更**
>
> [CCライブラリ]パネルに追加したアセットは、名前部分をダブルクリックすることで、任意の名前に変更が可能です。

❻ **アセットを配置する**

[CCライブラリ]パネルに追加したオブジェクトは、ドキュメント上にドラッグすることで配置が可能です（❿）。

❿ ドラッグすることで配置できます。

Illustratorで追加したアセットをInDesignで使用する

❶ [ライブラリ]パネルに追加する

今度は、Illustrator上でライブラリに追加したオブジェクトをInDesignで使用してみましょう。まず、Illustrator上で目的のオブジェクトを[ライブラリ]パネルに追加します（❶）。追加方法はInDesignと同じで、オブジェクトを[ライブラリ]パネル上にドラッグ、あるいはオブジェクトを選択後に[グラフィックを追加]ボタンをクリックします。

❶ オブジェクトを追加します。

❷ オブジェクトを配置する

InDesignに切り替え、[CCライブラリ]パネルから目的のオブジェクトを配置します（❷）。なお、配置したオブジェクトには、クラウドとリンクしていることをあらわす雲のアイコンが表示されます（❸）。

❸ クラウドとのリンクをあらわすアイコンが表示されます。

❷ オブジェクトを配置します。

One Point　埋め込みとして配置する

[CCライブラリ]パネルから配置したアセットは、自分のクラウド（Creative Cloud）とリンクされますが、[option]キー（Windowsでは[Alt]キー）を押しながらドラッグすると、埋め込み画像として配置できます。

❸ 元のオブジェクトを修正する

元のファイルを修正してみましょう。InDesignドキュメント上で目的のオブジェクトを[option]キー（Windowsは[Alt]キー）を押しながらダブルクリックします（❹）。すると、クラウド上の元ファイルがIllustratorで表示されます（❺）。修正したら、保存し、ファイルを閉じます。ここでは、カラーを赤に変更しました（❻）。

❹ [option]キー（Windowsは[Alt]キー）を押しながらダブルクリックします。

❺ Illustratorで表示されます。

❻ 修正し、保存します。

271

❹ 修正が反映される

InDesignに戻ると、リンク画像が変更され、変更が反映されます（❼）。なお、同じオブジェクトを複数配置している場合には、[リンク]パネルのパネルメニューから[（画像名）のすべてのインスタンスを更新]から一気に更新をすることもできます（❽）。

❼ 修正が反映されます。

> **One Point** 同一オブジェクトの効率的な運用
>
> InDesign上で[CCライブラリ]パネルに追加したアセットを、InDesignドキュメントに配置しても、単なるコピーとなりクラウドとのリンク画像にはなりません。しかし、IllustratorやPhotoshop上で[ライブラリ]パネルに追加したアセットを、InDesignドキュメントに配置すると、クラウドとのリンク画像として扱われます。
> そのため、同じオブジェクトを複数回配置する場合、PhotoshopやIllustratorから[ライブラリ]パネルに追加したオブジェクトを配置した方が、直しに強い運用が可能となります。
> なお、InDesignでベースとなるオブジェクトの修正を、配置したオブジェクトすべてに反映できる機能には、他に[コンテンツ収集（配置）ツール]があります。

> **One Point** アセットの種類
>
> [CCライブラリ]パネルでは、[カラー]や[カラーテーマ][段落スタイル][文字スタイル][ブラシ][パターン][グラフィック][Look]等が運用できますが、アプリケーションによっては使用できないものもあります。

ライブラリの共同利用

❶ [共同利用]を実行する

ライブラリは、他の作業者と共有することが可能です。わざわざファイルを送る必要もないので、グループワークに最適です。ライブラリを共有するためには、[CCライブラリ]パネルで共有するライブラリを選択し（❶）、パネルメニューから[共同利用]を選択します（❷）。

> **One Point** リンクを共有
>
> [CCライブラリ]パネルの[共同利用]ではなく、[リンクを共有]を実行した場合、相手はそのライブラリ内のファイルを使用することはできますが、編集することはできません（読み取り専用）。

> **One Point** パッケージも大丈夫
>
> オブジェクトを[CCライブラリ]パネルからリンクしている場合でも、[パッケージ]を実行すれば、クラウドとリンクしている画像もすべて含めてパッケージを実行してくれます。

❷ **共同利用者を招待する**

ブラウザが立ち上がり、[共有者を招待]する画面が表示されます。共有する相手のメールアドレスを入力して（❸）、[招待]ボタンをクリックします。

❸ **共有される**

招待した相手にメールが送信され、招待した相手が招待を受け入れると、そのライブラリは共同利用が可能になります。なお、共有中のライブラリには、共有をあらわすマークとその人数が表示されます（❹）。

One Point　ライブラリからCCライブラリへの移行

これまでInDesignには、[ファイル]メニューから[新規]→[ライブラリ]を選択することで、よく使用するオブジェクトを管理するのに便利な[ライブラリ]という機能が用意されていました。しかしCC 2014以降、[ライブラリ]を選択すると、[CCライブラリ]への移行を促すメッセージが表示されるようになりました（❶）。このダイアログで[はい]をクリックすると[CCライブラリ]パネルが表示され、[いいえ]をクリックすると、これまで通り[新規ライブラリ]ダイアログが表示されます。

既存のライブラリをCCライブラリへ移行することも可能になっており、その場合、目的のライブラリを表示させた状態で[ライブラリアイテムをCCライブラリに移行]ボタンをクリックします（❷）。[CCライブラリに移行]ダイアログが表示されたら、アイテムの移行先を選択し（❸）、[OK]ボタンをクリックすれば、そのアイテムが[CCライブラリ]パネルに追加されます（❹）。

273

Chapter 7 オブジェクトの操作

7-15 代替レイアウトを作成する

代替レイアウトとは、同一ドキュメント内に異なるレイアウトを作成する機能です。デジタルマガジン用に作成した縦置きのドキュメントから横置きのドキュメントを作成したり、異なる判型のドキュメントや、同じサイズの表紙案を複数作成するといったケースでも活用できます。

代替レイアウトの作成

❶ ドキュメントを用意する

代替レイアウトとは、同じドキュメント内に異なるレイアウトを作成する機能です。まず、iPad用のサイズで作成した縦置きのドキュメントを用意しました。

❷ [代替レイアウトを作成]コマンドを実行する

[ページ]パネルのパネルメニューから[代替レイアウトを作成]を選択します(❶)。

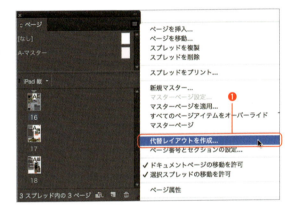

> **One Point** [代替レイアウト]コマンド
>
> [代替レイアウトを作成]コマンドは、[ページ]パネルのパネルメニューからだけではなく、[レイアウト]メニューや、[ページ]パネルのレイアウト名のポップアップメニューからも実行することができます。

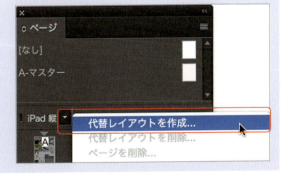

274

❸ 代替レイアウトの内容を設定する

［代替レイアウトを作成］ダイアログが表示されるので、［名前］や［ページサイズ］等を設定します（❷）。目的に応じて［オプション］を設定したら、［OK］ボタンをクリックします。すると、同一ドキュメント内に指定した名前で新しいレイアウトが作成されます（❸）。また、マスターページもコピーされているのが分かります（❹）。

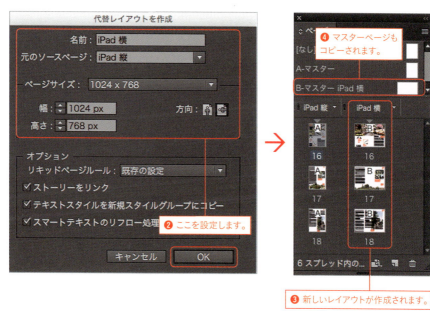

❷ ここを設定します。
❹ マスターページもコピーされます。
❸ 新しいレイアウトが作成されます。

❹ レイアウトビューを分割する

CS6からは、ドキュメントウィンドウ右下にレイアウトビューを分割するボタンが搭載されています（❺）。クリックすることでウィンドウが分割され、異なるページやレイアウトを表示できます（❻）。異なるレイアウトを見比べながら作業したい場合に使用すると便利です。

❺ ここをクリックします。
❻ レイアウトビューが分割されます。

275

代替レイアウトにおけるスタイルの運用

❶ ドキュメントを用意する

今度は、代替レイアウトの機能を使用することで、画像やスタイルがどのように連動されるかを見ていきたいと思います。ここでは、A4の印刷物用ドキュメントから、同じサイズのレイアウトを作成してみたいと思います。まず、図のようなA4サイズのドキュメントを用意しました。

❷ ドキュメントの各種パネルの内容

このドキュメントは1ページのみで（❶）、リンク画像は1点（❷）、段落スタイルは3つ作成してあります（❸）。

❸ 代替レイアウトを作成する

今度は［レイアウト］メニューから［代替レイアウトを作成］を選択します（❹）。

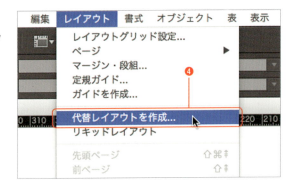

276

❹ 代替レイアウトを設定する

[代替レイアウトを作成]ダイアログが表示されるので、各項目を設定して（❺）、[OK]ボタンをクリックします。ここでは[名前]を「design2」とし、[ページサイズ]もソースページと同じA4縦にしました。また、[オプション]はすべてオン（デフォルト設定）のままとしました。なお、[リキッドページルール]に関しての詳細は、次項で解説します。

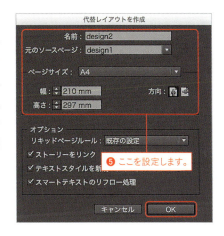

❺ 代替レイアウトの各種パネルの内容

指定したサイズで、代替レイアウトが作成されます。では、[ページ]パネルと[リンク]パネル、[段落スタイル]パネルを見てみましょう。[ページ]パネルには、代替レイアウトが作成されているのが分かります（❻）。そして[リンク]パネルでは、画像だけでなく、テキストオブジェクトもリンクになっていることに注目してください（❼）。これは、手順❹の[代替レイアウトを作成]ダイアログで、[ストーリーにリンク]がオンになっていたからです。ここがオンになっていると、親のレイアウトと子のレイアウトのテキストオブジェクトはリンクされます。また、[段落スタイル]パネルでは、元々のスタイルがグループ化され、新しいレイアウト用にスタイルがコピーされたのが分かります（❽）。これは[代替レイアウトを作成]ダイアログの[テキストスタイルを新規スタイルグループにコピー]がオンになっていたからです。また、[スマートテキストのリフロー処理]がオンになっていた場合には、新規レイアウトにおいてもリフロー処理がなされます。

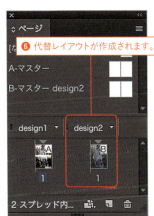

One Point　レイアウト名の変更

InDesign CS6からは、[ページ]パネルにレイアウト名が表示されるようになりました。この名前は、クリックすることでハイライトされ、好きな名前に変更することが可能です。

❻ 代替レイアウトを表示する

では、ウィンドウの左側に親のレイアウト（ソースページ）（❾）、右側に子のレイアウトを表示してみましょう（❿）。

❾ 親のレイアウト　　❿ 子のレイアウト

❼ 親のレイアウトの修正を子のレイアウトに反映させる

では、親のレイアウトを変更してみましょう。ここでは、テキストを「Design」から「Good」に修正しました（⓫）。すると、子のレイアウトのテキストオブジェクトに、リンク元が変更されていることをあらわす警告マークが表示されます。この警告マークをクリックすると（⓬）、子のテキストにも修正が反映されます（⓭）。

⓫ テキストを修正します。　　⓬ ここをクリックします。

⓭ テキストが修正されます。

❽ 子のレイアウトを変更する

今度は、子のレイアウトのデザインを変更してみましょう。「Vol.24」というテキストのフォントやサイズ、位置を変更します（⓮）。

⓮ 書式や位置を変更します。

❾ 親のレイアウトを修正し、子のレイアウトを更新する

親のレイアウトのテキストを修正してみましょう。図では「Vol.24」を「Vol.32」に修正しました（⓯）。子のレイアウトには警告マークが表示されるので、クリックして更新します（⓰）。すると、編集内容が失われることを促すアラートが表示され、[はい]をクリックすると（⓱）、テキストだけでなく、書式も元に戻ってしまいます（⓲）。なお、位置は修正されずそのままです。

⓯ テキストを修正します。　⓰ ここをクリックします。

⓱ ここをクリックします。

⓲ テキストが修正され、書式が戻ります。

❿ 書式を変更したテキストを選択する

書式まで元に戻ってしまっては、デザインを変更した意味がありません。そこで、手順をひとつ戻り、子のレイアウト上で書式変更したテキストを選択します（⓳）。

⓳ テキストを選択します。

⓫ 子のスタイルを再定義する

［段落スタイル］パネルを見ると、オーバーライドになっているのが分かるので（⑳）。パネルメニューから［スタイル再定義］を実行して（㉑）、段落スタイルの内容を新しい書式に再定義します（㉒）。

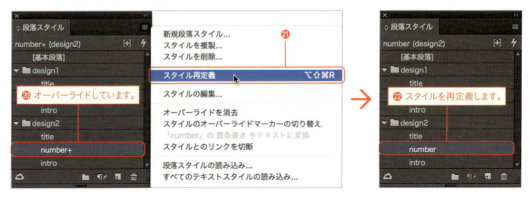

⓬ 親のレイアウトを修正し、子のレイアウトを更新する

もう一度、親のレイアウトのテキストを修正してみましょう。図では「Vol.24」を「Vol.32」に修正しました（㉓）。子のレイアウトには警告マークが表示されるので、クリックして更新します（㉔）。すると、編集内容が失われることを促すアラートが表示されます。［はい］をクリックすると（㉕）、書式はそのままでテキストが修正されます（㉖）。このように、新しいレイアウトのスタイルに対し再定義を実行しておけば、書式が失われることなく、テキスト情報のみ修正することができます。

280

⓭ 画像の差し替え

今度は、画像を差し替えてみましょう。ひとつずつではなく、一気に差し替えを実行します。ここでは、あらかじめ図のような異なるレイアウトを作成してあります。

⓮ 画像の差し替え

[ウィンドウ]メニューから[リンク]を選択して[リンク]パネルを表示させ、目的の画像の親となる画像を選択したら(㉗)、パネルメニューから[(画像名)のすべてのインスタンスを再リンク]を選択します(㉘)。

㉗ 親の画像を選択します。

⓯ 差し替え画像の選択

[再リンク]ダイアログが表示されるので、差し替える画像を選択して(㉙)、[開く]ボタンをクリックします。

㉙ 差し替え画像を選択します。

⓰ 画像が差し替わる

ドキュメント内の同じ画像すべてが、指定した画像に置き換わります。このように、画像をひとつずつ差し替えなくても、一気に変更することができます。

281

Chapter 7 オブジェクトの操作

7-16 リキッドレイアウトを設定する

異なるサイズに変更する場合や、代替レイアウトの機能を使って、サイズや向きの異なるレイアウトを作成する場合、サイズ変更したあとのレイアウトやオブジェクトの調整は大変です。あらかじめ、リキッドレイアウトの機能を設定しておくことで、ある程度、自動的にレイアウトを調整することができます。

リキッドレイアウトの設定

❶ 代替レイアウトを実行すると

例えば、縦置きのドキュメントから、代替レイアウトの機能を使って横置きのレイアウトを作成すると、各オブジェクトの位置関係はそのままで、新しいレイアウトが自動的に作成されます（❶）。このままだと、新しいレイアウトに合わせる調整が大変なので、代替レイアウトを作成する前に、リキッドレイアウトの機能を利用して設定を行っておきます。これにより、代替レイアウト実行後の調整作業を楽にできます。

❶ 新しいレイアウトが作成されます。

❷ リキッドレイアウトを選択する

代替レイアウト実行前の状態に戻し、[レイアウト]メニューから[リキッドレイアウト]を選択します（❷）。[リキッドレイアウト]パネルが表示され（❸）、[ページツール]に切り替わります。

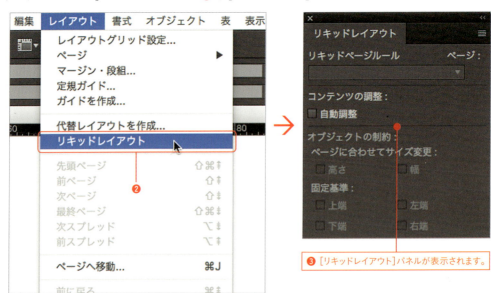

❸ [リキッドレイアウト]パネルが表示されます。

282

❸ **リキッドページルールを設定する**

［ページツール］でドキュメント上をクリックすると、各コーナーとその中間にハンドルが表示され（❹）、［リキッドレイアウト］パネルの［リキッドページルール］が設定可能になります。複数の項目が用意されていますが、［マスターによって制御］はマスターページに対して設定した［リキッドページルール］を適用するコマンドなので、それ以外の項目がどのような動作をするのか見ていきましょう（❺）。なお、［リキッドページルール］はページ単位で設定可能です。

❺ ここを設定します。

❹ ハンドルが表示されます。

❹ **［リキッドページルール］に［拡大・縮小］を選択する**

まずは、［リキッドページルール］に［拡大・縮小］を選択してみましょう（❻）。［ページツール］でハンドルを掴んでドラッグすると（❼）、ページサイズが変わった時、どのような状態になるかをシミュレーションできます。現在、［リキッドページルール］に［拡大・縮小］を選択しているので、ハンドルをドラッグすることでページサイズが変わると、各オブジェクトのサイズが新しいページサイズに合わせて拡大・縮小するのが分かります（❽）。なお、マウスを離せば、ページサイズは元に戻ります。

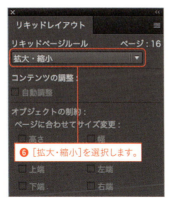

❻ ［拡大・縮小］を選択します。

❼ ハンドルをドラッグします。

❽ ページサイズに合わせて各オブジェクトが拡大・縮小されます。

> **One Point** **ページサイズの変更**
>
> ［ページツール］でドラッグしても、マウスを離せばページサイズは元に戻ります。ドラッグすることでページサイズを変更したい場合には、[option]キー（Windowsでは[Alt]キー）を押しながらドラッグします。ドラッグしたサイズに変更されます。

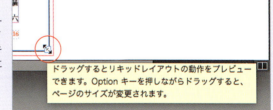

283

❺ リキッドページルールに[中央揃え]を選択する

今度は、[リキッドページルール]に[中央揃え]を選択します(❾)。[ページツール]でハンドルを掴んでドラッグすると、ページサイズが変わっても、各オブジェクトのサイズは変わらず、新しいページの真ん中に配置されるのが分かります(❿)。

❻ リキッドページルールに[オブジェクトごと]を選択する

今度は、[リキッドページルール]に[オブジェクトごと]を選択します(⓫)。その名のとおり、オブジェクトごとに設定できるので、設定したいオブジェクトを[ページツール]でクリックして選択します(⓬)。すると、オブジェクトがハイライトされ、[リキッドレイアウト]パネルの[オブジェクトの制約]が設定可能になります。目的に応じて各項目を設定します(⓭)。

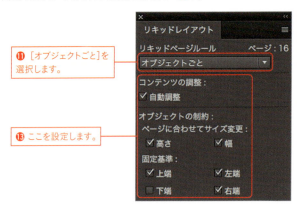

One Point [オブジェクトごと]を選択時のオプション

ページサイズが変わった際に、自動的に高さや幅をサイズ変更させるには、[高さ]や[幅]にチェックを入れます。また、[固定基準]の[上端][下端][左端][右端]のそれぞれをオンにすると、その項目のページの端からの距離が固定されます。各項目のオン／オフを切り替えることで、ページサイズ変更後のオブジェクトの動作を設定できるわけです。なお、[自動調整]をオンにすると、フレームサイズに合わせて中の画像サイズも変更できます。

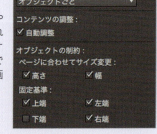

❼ ［オブジェクトごと］選択時の動作

［ページツール］でハンドルをドラッグすると、各オブジェクトに設定した内容で、レイアウトが調整されます（⓮）。例えば、上部の画像は［上端］［右端］［左端］を固定にし、［高さ］と［幅］を可変に設定したため、ページサイズに応じて自動的にサイズが調整されています。

⓮ オブジェクトごとに設定した内容で、レイアウトが調整されます。

> **One Point　オブジェクト選択時のアイコンによる設定**
>
> ［リキッドページルール］に［オブジェクトごと］を選択後のオプション項目は、［ページツール］でオブジェクトを選択した際に表示される各アイコンをクリックすることでも設定できます。

❽ リキッドページルールに［ガイドごと］を選択する

今度は、［リキッドページルール］に［ガイドごと］を選択します（⓯）。この設定では、リキッドガイドを元にレイアウト調整を行いますので、まず基準となるリキッドガイドを作成する必要があります。

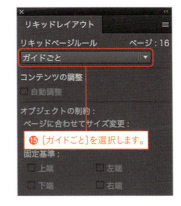

⓯ ［ガイドごと］を選択します。

❾ リキッドガイドを作成する

リキッドガイドは、［ページツール］選択時に、定規からドラッグすることで作成できます（⓰）。点線で表示されるガイドがリキッドガイドです（⓱）。

⓰ ドラッグします。
⓱ リキッドガイドが作成されます。

❿ リキッドガイドに変換する

リキッドガイドは、定規ガイドを変換することでも作成できます。あらかじめ作成した定規ガイドを［選択ツール］で選択すると、ガイド上にアイコンが表示されます（⓲）。このアイコンをクリックすると、リキッドガイドに変換できます（⓳）。ただし、［リキッドページルール］に［ガイドごと］が選択されていないと、リキッドガイドへの変換はできないので注意してください。

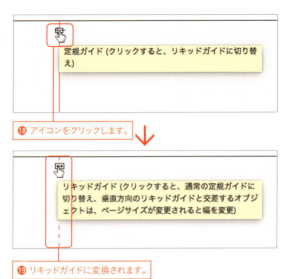

⓲ アイコンをクリックします。

⓳ リキッドガイドに変換されます。

⓫ ［ガイドごと］選択時の動作

［ページツール］でハンドルをドラッグすると、リキッドガイドに触れているオブジェクトは、その方向のサイズが固定されます。つまり、縦方向のリキッドガイドに触れていると、縦のサイズが固定され、横のサイズのみが変更されます。同様に、横方向のリキッドガイドに触れている場合には、横のサイズが固定され、縦のサイズのみが変更されます。ただし、縦方向と横方向の両方のリキッドガイドに触れている場合には、縦、横どちらのサイズも固定されます。図では、本文のテキストフレームと下部の画像のみがリキッドガイドに触れていたため、縦のサイズが固定され、横のサイズのみが変更されています。

このように、［リキッドページルール］を指定することで、ページサイズ変更後のレイアウト調整が可能になります。

One Point ［リキッドレイアウト］パネル

［リキッドレイアウト］パネルは、［ウィンドウ］メニューの［インタラクティブ］から表示させることも可能です。ただし、［ページツール］が選択されてない時は、［リキッドレイアウト］パネルはグレーアウトして設定できないので注意してください。

286

Chapter 8
画像の配置と編集

- 8-01 画像を配置する …………………………………… p.288
- 8-02 画像の位置・サイズを調整する ……………… p.295
- 8-03 フレーム調整オプションを設定する ………… p.300
- 8-04 リンクを管理する ………………………………… p.302
- 8-05 回り込みを設定する ……………………………… p.306
- 8-06 画像を切り抜き使用する ………………………… p.309
- 8-07 ライブキャプションを作成する ……………… p.314
- 8-08 Illustratorのパスオブジェクトをペーストする …. p.317
- 8-09 選択範囲内へペーストを活用する …………… p.318

Chapter 8　画像の配置と編集

8-01　画像を配置する

作成済みのグラフィックフレームに画像を配置する場合はそのフレーム内に、そうでない場合はInDesignが自動的にグラフィックフレームを作成して、その中に画像を配置してくれます。一度に複数の画像を配置することもでき、配置画像の順番を指定したり、コンタクトシートとして配置することも可能です。

グラフィックフレームを作成せずに画像を配置する

❶ 配置コマンドを実行する

画像の配置方法はいろいろありますが、大きく分けると、あらかじめグラフィックフレームを作成してから配置する方法と、作成せずに配置する方法があります。まずはグラフィックフレームを作成せずに配置してみましょう。何も選択していない状態で、［ファイル］メニューから［配置］を選択します（❶）。

❷ 配置画像を選択する

［配置］ダイアログが表示されるので、配置する画像を選択し（❷）、［開く］ボタンをクリックします。この時、shiftキー（Windowsでは Shift キー）を押せば連続する複数の画像、⌘キー（Windowsでは Ctrl キー）を押せば連続していない複数の画像を選択できます。なお、［読み込みオプションを表示］にチェックを入れると、画像形式に応じたオプションダイアログが表示されます。詳細は、次頁のOne Pointを参照してください。

❷ 画像を選択します。

❸ クリックして画像を配置する

マウスポインタがグラフィック配置アイコンに変化し、現在配置可能な画像数が表示されるので（❸）、任意の場所をクリックして画像を配置します（❹）。クリックすると、自動的に原寸サイズでグラフィックフレームが作成され、その中に画像が配置されます。

❸ グラフィック配置アイコンに変化します。

❹ 原寸で画像が配置されます。

❹ ドラッグして画像を配置する

今度はドラッグしてみましょう（❺）。画像自体の縦横比を保ったまま、ドラッグしたサイズでグラフィックフレームが作成され、画像はグラフィックフレームにぴったり合うサイズ（拡大・縮小された状態）で配置されます（❻）。

❺ ドラッグします。

❻ ドラッグしたサイズで画像が配置されます。

One Point　読み込みオプションを表示

［配置］ダイアログから画像を配置する場合、［読み込みオプションを表示］にチェックを入れることで、画像の持つ情報を基に、どのように読み込むかを設定できます。表示されるダイアログは読み込む画像の形式によって異なりますが、PSD形式の画像の場合には、［画像］［カラー］［レイヤー］のそれぞれを指定できます。［画像］タブでは任意のアルファチャンネルの指定、［カラー］タブではプロファイル等の指定、［レイヤー］タブでは読み込むレイヤーの切り替えやレイヤーカンプの指定が可能になっています。

289

作成したグラフィックフレームに画像を配置する

❶ グラフィックフレームを作成する

［長方形フレームツール］を選択し（❶）、任意の大きさでグラフィックフレームを作成します（❷）。

> **One Point　グラフィック用フレームツール**
> グラフィック用のフレームツールには［長方形フレームツール］以外にも、［楕円形フレームツール］と［多角形フレームツール］が用意されています。

❷ 配置画像を選択する

［ファイル］メニューから［配置］を選択して、［配置］ダイアログを表示させます。目的の画像を選択したら（❸）、［開く］ボタンをクリックします。

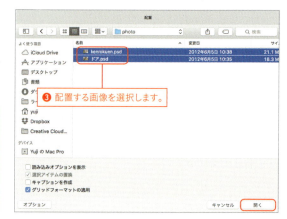

> **One Point　選択アイテムの置換**
> 配置画像が1点の場合、あらかじめグラフィックフレームを選択した状態で［配置］コマンドを実行すれば、画像は選択しているグラフィックフレーム内に配置されます。ただし、［配置］ダイアログで［選択アイテムの置換］がオンになってる必要があります。

❸ クリックして画像を配置する

マウスポインタがグラフィック配置アイコンに変化するので、目的のグラフィックフレーム上に移動します。クリックすれば（❹）、そのグラフィックフレーム内に画像が原寸で配置されます（❺）。画像が複数ある場合には、同様の方法で続けて配置していきます。なお、デフォルト設定では画像は原寸で配置されるため、グラフィックフレームより画像が大きい場合には、トリミングされて配置されます。

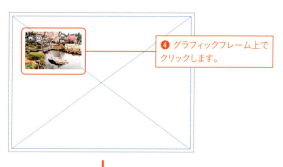

> **One Point　リンクバッジ**
> CS6から、リンクオブジェクトに対して鎖のアイコンが表示されるようになりました。このアイコンをリンクバッジと呼びます。
>

290

マルチプレースで画像を配置する

❶ Adobe Bridgeを起動する

多くの画像を素早く配置するには、Adobe Bridgeやデスクトップ上から、複数の画像をまとめてドラッグして配置するのがお勧めです。ここでは、先割りでレイアウト済みのドキュメントに、Adobe Bridge上から画像を配置してみましょう。まず、Adobe Bridgeを起動し、目的の画像を表示します（❶）。

❶ 画像を表示します。

> **One Point　Mini Bridge**
> InDesign CS5で追加された［Mini Bridge］パネルは、バージョンCC 2015で削除されてしまいました。

❷ 画像をドラッグする

Bridge上で配置する画像を選択したら（❷）、選択した画像をつかんでInDesignドキュメント上にドラッグします（❸）。なお、shiftキー（WindowsではShiftキー）を押せば連続する複数の画像、⌘キー（WindowsではCtrlキー）を押せば連続していない複数の画像を選択できます。また、画像とテキストをまとめて配置することも可能です。

❸ ドラッグします。

❷ 画像を選択します。

❸ 配置する画像を切り替える

マウスポインタがグラフィック配置アイコンに変化するので、矢印キーを押して配置する画像を切り替えます。矢印キーを押すことで、次に配置する画像を変更することができます。

291

❹ クリックしながら画像を配置する

目的の画像を選択したら、目的のグラフィックフレーム上でクリックしていきます。画像を切り替えながらクリックしていくことで、次々と画像を配置していく手法をマルチプレースと呼びます。図では、8点の画像やテキストをマルチプレースで一気に配置しています。

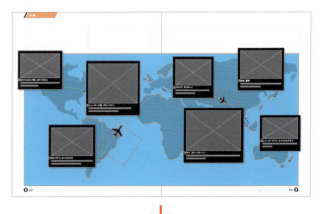

One Point　ドラッグして画像を配置する

［配置］コマンドを使わずに画像を配置する場合、前回、同じ形式の画像を配置した時と同じ設定内容で画像が配置されます。そのため、とくに読み込み方を変更しないのであれば、［配置］コマンドを使用するよりも、Adobe Bridgeやデスクトップ上から、ドラッグして配置する方が素早く画像を配置できます。

❺ コンタクトシートとして配置する

なお、複数の画像を作成済みのグラフィックフレームに配置するのではなく、ドラッグしてコンタクトシートとして配置することもできます。グラフィック配置アイコンの状態からドラッグを開始し、ドラッグ中に→キーや↑キーを押すと（❺）、行や列が追加され、同じサイズで等間隔に画像を配置できます（❻）。

❺ ドラッグしながら、矢印キーを押します。

❻ コンタクトシートとして画像が配置されます。

292

Illustratorドキュメントの配置

❶ Illustratorドキュメントを用意する

Illustratorで作成したドキュメントを配置する際には、どのように配置するかで、その読み込まれ方が異なります。まず、図のようなIllustratorドキュメントを用意しました。画像はトリミングしてあり、青い丸のオブジェクトは非表示レイヤー上に作成してあります（分かりやすいよう図では表示させています）。このIllustratorドキュメントをInDesignに配置していきます。

❷ ［読み込みオプションを表示］をオンにする

［ファイル］メニューから［配置］を選択し、［配置］ダイアログを表示させます。目的のファイルを選択したら（❶）、［読み込みオプションを表示］にチェックを入れ（❷）、［開く］ボタンをクリックします。

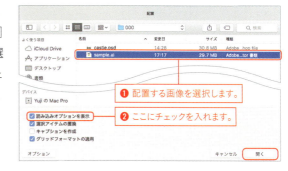

❸ ［トリミング］を指定する

［PDFを配置］ダイアログが表示されるので、目的に応じて［一般］タブの［オプション］の［トリミング］を指定して（❸）、［OK］ボタンをクリックします。

> **One Point　レイヤーを表示**
>
> ［PDFを配置］ダイアログの［レイヤー］タブでは、PDFやIllustratorドキュメントのレイヤーのオン／オフをコントロールして配置することができます。

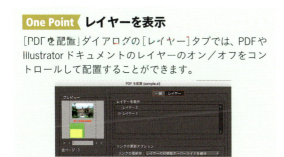

❹ [トリミング]の違い

[トリミング]に何を選択したかで、配置後の結果は異なります。ここでは、それぞれどのように読み込まれるかを見てみましょう。

境界線ボックス（表示中のレイヤーのみ）
裁ち落とし領域内で、表示されているオブジェクトのサイズで配置されます。

境界線ボックス（全てのレイヤーのみ）
裁ち落とし領域内の、非表示レイヤーのオブジェクトも含めたサイズで配置されます。

アート
アートボードサイズ内に存在するオブジェクトのサイズで配置されます（マスクされた画像本来のサイズ部分も含む）。

トリミング
アートボード＋裁ち落とし領域のサイズで配置されます。

トンボ（TrimBox）
アートボード（仕上がり）のサイズで配置されます。

裁ち落とし（BleedBox）
アートボード＋裁ち落とし領域のサイズで配置されます。

メディア（MediaBox）
アートボード＋裁ち落とし領域＋トンボを含むサイズで配置されます。

> **One Point　トリミング**
> トンボ付きのPDFを［PDFを配置］ダイアログで［トリミング］を［メディア］にして配置すると、トンボ付きのサイズで配置されます。ただし、Illustratorドキュメントでトンボがアートボードの外にある場合には、トンボは読み込まれず、アートボード＋裁ち落とし領域のサイズで配置されます。

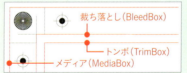

Chapter 8 画像の配置と編集

8-02 画像の位置・サイズを調整する

画像の位置やサイズは、マウス操作やコマンドを実行することで調整可能ですが、きちんと数値を指定してコントロールする場合には、[変形]パネルや[コントロール]パネルで値を入力します。実際の作業では、選択ツールとダイレクト選択ツールの使い分けが重要になります。

画像の選択

❶ 選択ツールで選択する

画像を編集する場合に、まず気をつけたいのが[選択ツール]と[ダイレクト選択ツール]の使い分けです。[選択ツール]で画像を選択した場合は(❶)、グラフィックフレーム全体が選択され、[X位置]や[Y位置]、[幅]や[高さ]にはグラフィックフレームの値が表示されます(❷)。

❷ グラフィックフレームの座標値が表示されます。

❶ 選択ツールで選択します。

❷ ダイレクト選択ツールで選択する

選択を解除し、次は同じ画像を[ダイレクト選択ツール]で選択します(❸)。今度はグラフィックフレームではなく、グラフィックフレーム中の画像が選択され、[X位置]や[Y位置]、[幅]や[高さ]には画像自体の値が表示されます(❹)。なお、[X位置]と[Y位置]に表示される値には、グラフィックフレームを基準とした値が表示されます。

❹ 画像自体の座標値が表示されます。

❸ ダイレクト選択ツールで選択します。

グラフィックフレームの移動、サイズ変更

❶ グラフィックフレームを移動する

グラフィックフレームの移動やサイズ調整をするには、画像を［選択ツール］で選択します（❶）。まず、移動させてみましょう。そのままグラフィックフレームをつかんでドラッグするか、あるいは［変形］パネル、または［コントロール］パネルの［X位置］［Y位置］に数値を入力します（❷）。オブジェクトが指定した位置に移動します（❸）。

❷ グラフィックフレームのサイズを変更する

今度は、サイズを変更してみましょう。選択時に表示されるいづれかのハンドルをドラッグするか、［変形］パネル、または［コントロール］パネルの［幅］と［高さ］に数値を入力します（❹）。指定したサイズに変更されます（❺）。

One Point　コンテンツグラバー

［選択ツール］を選択している場合でも、画像の中心付近にマウスを移動させると、コンテンツグラバーと呼ばれるドーナツ状のマークが表示され、マウスポインタの表示が［手のひらツール］に変わります。そのままクリックすれば、［ダイレクト選択ツール］同様、中の画像を選択することができます。しかし、画像を［選択ツール］で移動させたい時など、誤って画像の中心付近をドラッグすると、グラフィックフレームではなく、中の画像を移動させてしまうことも多々あります。そういった動作が嫌な場合は、［表示］メニューの［エクストラ］から［コンテンツグラバーを隠す］を選択して、コンテンツグラバーを非表示にします。

画像のサイズ変更、移動

❶ 画像サイズを変更する

グラフィックフレームはそのままで、中の画像のサイズを調整してみましょう。まず、[ダイレクト選択ツール]で画像を選択します（❶）。[変形]パネル、または[コントロール]パネルの[拡大/縮小Xパーセント]あるいは[拡大/縮小Yパーセント]のいずれかに数値を入力して、returnキー（WindowsではEnterキー）を押します（❷）。指定した値に拡大・縮小されます（❸）。

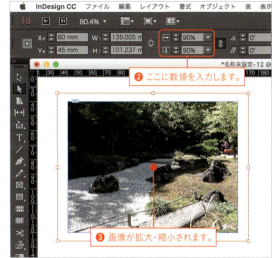

❷ 画像をプレスする

今度は、中の画像の位置を調整してみましょう。[選択ツール]で画像の中央付近にマウスポインタを移動すると、コンテンツグラバーが表示され、[手のひらツール]に変わります（❹）。この状態でプレスすると、トリミングされて非表示だった部分が半透明で表示されます（❺）。なお、[選択ツール]ではなく、[ダイレクト選択ツール]を使用してもかまいません。

297

❸ 画像の位置を調整する

目的の画像部分が表示されるよう、ドラッグして位置を調整します（❻）。なお、画像を［ダイレクト選択ツール］で選択後、［変形］パネル、あるいは［コントロール］パネルの［X位置］［Y位置］に数値を入力して、位置を調整してもかまいません。

❻ ドラッグして移動させます。

オブジェクトサイズの調整

❶ 画像を選択する

画像の拡大・縮小率を正確にコントロールする場合には、［変形］パネルや［コントロール］パネルの［拡大/縮小Xパーセント］あるいは［拡大/縮小Yパーセント］に数値を指定しますが、グラフィックフレームに対して、中の画像をフィットさせたいようなケースでは［オブジェクトサイズの調整］コマンドを使用すると便利です。ここでは、図のような画像を用意し、［選択ツール］または［ダイレクト選択ツール］で選択します（❶）。

❶ 画像を選択します。

❷ オブジェクトサイズ調整の
コマンドを選択する

［オブジェクト］メニューの［オブジェクトサイズ調整］、あるいは［コントロール］パネルから目的のコマンドを実行します（❷）。どちらにも、同じコマンドが用意されています。

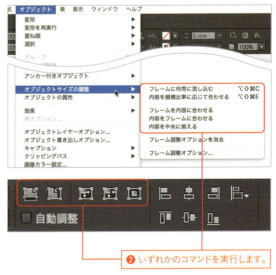

❷ いずれかのコマンドを実行します。

One Point　表示画質の変更

画像の表示にはプレビューが使用されるため、粗い状態で表示される場合があります。実際の画像の状態を確認したい場合には、画像を選択し、［オブジェクト］メニューの［表示画質の設定］、あるいはコンテキストメニューの［表示画質］から［高品質表示］を選択します。なお、［環境設定］の［表示画質］でデフォルトの設定を変更することもできます。

298

❸ オブジェクトサイズ調整のコマンドを実行する

［フレームに均等に流し込む］コマンドを実行すると、画像の縦横比率を保ったままグラフィックフレームにフィットし、画像が一部トリミングされます（❸）。［内容を縦横比率に応じて合わせる］コマンドは、画像の縦横比率を保ったままグラフィックフレームにフィットし、グラフィックフレーム内に一部アキができます（❹）。［内容をフレームに合わせる］コマンドは、縦も横もグラフィックフレームにフィットしますが、縦と横で拡大・縮小率は異なります（❺）。［フレームを内容に合わせる］コマンドは、画像がすべて表示されるようグラフィックフレームのサイズが変更されます（❻）。［内容を中央に揃える］コマンドは、画像をグラフィックフレームの中央に揃えます（❼）。

❸［フレームに均等に流し込む］を適用した状態。

❹［内容を縦横比率に応じて合わせる］を適用した状態。

❺［内容をフレームに合わせる］を適用した状態。

❻［フレームを内容に合わせる］を適用した状態。

❼［内容を中央に揃える］を適用した状態。

Chapter 8　画像の配置と編集

8-03　フレーム調整オプションを設定する

［フレーム調整オプション］を設定しておくと、画像を配置した際に自動的にグラフィックフレームにフィットさせることができます。また、［自動調整］をオンにしておけば、グラフィックフレームのサイズを変更した際に、中の画像もサイズ変更させることができます。

フレーム調整オプションの設定

❶ ［フレーム調整オプション］ダイアログを表示する

画像は基本的に原寸（100%）のサイズで配置されますが、あらかじめ［フレーム調整オプション］を設定しておくことで、画像をフレームにフィットさせて読み込むことができます。まず、グラフィックフレームを作成し、選択します（❶）。次に、［オブジェクト］メニューから［オブジェクトサイズの調整］→［フレーム調整オプション］を選択します（❷）。

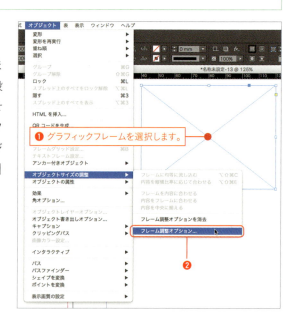

❷ フレーム調整オプションを設定する

［フレーム調整オプション］ダイアログが表示されるので、各項目を設定して（❸）、［OK］ボタンをクリックします。なお、［自動調整］に関しては、次頁のOne Pointを参照してください。

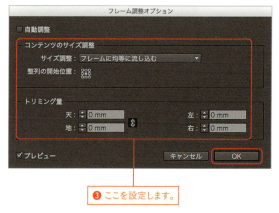

> **One Point　サイズ調整**
>
> ［フレーム調整オプション］ダイアログの［サイズ調整］には、以下のような設定が用意されています。一般的には［フレームに均等に流し込む］を選択しておくのがお勧めです。

300

❸ **拡大・縮小された状態で画像が配置される**

このグラフィックフレームに画像を配置し、[ダイレクト選択ツール]で選択してみると、100%ではなく、すでに拡大・縮小された状態で配置されているのが分かります（❹）。つまり、あらかじめ[フレーム調整オプション]を設定しておくことで、画像配置後に[オブジェクトサイズの調整]コマンドを適用したのと同じ効果を得ることができるわけです。

❹ 拡大・縮小された状態で配置されます。

One Point 自動調整

[フレーム調整オプション]ダイアログには、[自動調整]というチェックボックスがあります（CS6までは[自動フィット]という名称でした）。ここをオンにすると（❶）、[サイズ調整]には自動的に[フレームに均等に流し込む]が設定されます（❷）。つまり、[自動調整]をオンにすると、[フレームに均等に流し込む]コマンドを適用した結果と同じになるわけです。
では、[自動調整]がオンの場合とオフの場合で何が違うのかというと、画像配置後にグラフィックフレームのサイズ変更をした際の動作が異なります。[自動調整]がオンの場合、グラフィックフレームのサイズ変更に合わせて、中の画像もサイズ変更されますが、[自動調整]がオフの場合には、グラフィックフレームのサイズを変更しても、中の画像は変化しません。目的に応じて、使い分けるとよいでしょう。
なお、[自動調整]は[コントロール]パネルにも用意されており、これらは連動しています。

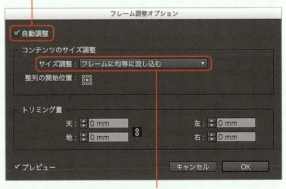

❶ ここにチェックを入れます。
❷ 自動的に[フレームに均等に流し込む]が選択されます。

One Point オブジェクトスタイルとして運用する

実際の作業では、その都度、グラフィックフレームに対して[フレーム調整オプション]を設定していては手間がかかってしまいます。そこで、[フレーム調整オプション]の設定をオブジェクトスタイルとして登録して運用するのがお勧めです。あらかじめ、図のようにオブジェクトスタイルとして作成しておけば、あとは、配置済みの複数の画像を選択して、目的のオブジェクトスタイル名をクリックするだけで、一気に設定内容を画像に反映できます。設定方法の詳細は、Chapter 7『7-10 オブジェクトスタイルを設定する』の One Point「オブジェクトスタイルの活用例」を参照してください。

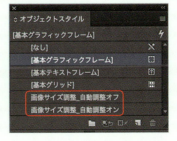

301

Chapter 8 画像の配置と編集

8-04 リンクを管理する

リンクファイルの管理は、[リンク]パネルで行います。リンク画像への移動やリンクの更新、別の画像への再リンク等、さまざまな操作をこのパネル上で行えます。また、元の画像を修正する場合には[元データを編集]コマンドを実行すれば、リンクの更新も必要ありません。

[リンク]パネルの操作

❶ [リンク]パネルを表示する

配置した画像は、[リンク]パネルで管理します。まず、[ウィンドウ]メニューから[リンク]を選択します(❶)。

❷ [リンク]パネルが表示される

[リンク]パネルが表示されます。[リンク]パネルには、ドキュメントにリンクされている画像やテキストすべてが表示されており、リンクファイルを選択すると(❷)、パネル下部の[リンク情報]でファイルの詳細を確認することができます(❸)。また、表示されるアイコンによって、リンクファイルの状態を確認することもできます。⚠アイコンが表示される場合は、リンク元のファイルの内容が変更されていることをあらわし、❓アイコンが表示される場合は、無効なリンクをあらわし、🖼アイコンが表示される場合は、埋め込まれたファイルであることをあらわしています。

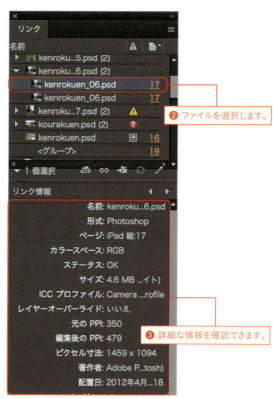

> **One Point　パネルオプション**
>
> [リンク]パネルの表示を変更したい場合には、[リンク]パネルのパネルメニューから[パネルオプション]を選択します。[パネルオプション]ダイアログが表示され、[リンク]パネルの表示を変更できます。

302

❸ リンクへ移動する

[リンク]パネルで任意のファイルを選択し（❹）、[リンクへ移動]ボタンをクリックすると（❺）、ドキュメント上のリンク画像が選択された状態で表示されます（❻）。また、ドキュメント上のリンク画像を選択した場合は、そのファイルが[リンク]パネル上でハイライトされます。

❹ リンクを更新する

リンク元のファイルが変更されている場合には、⚠アイコンが表示されるので、リンクを更新します。目的のファイルを選択して（❼）、[リンクを更新]ボタンをクリックすると（❽）、リンクが更新されます（❾）。なお、更新するファイルが複数使用されている場合には、option キー（Windowsでは Alt キー）を押しながら[リンクを更新]ボタンをクリックすることで、同一ファイルを一気に更新できます。図では、option キー（Windowsでは Alt キー）を押しながら更新しています。

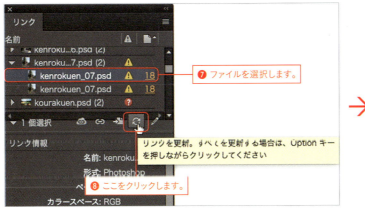

One Point　リンクバッチをクリックして更新

リンク元のファイルに変更が加えられている場合、リンクバッチも⚠アイコンに変化します。この場合、直接⚠アイコンをクリックすることでも更新が可能です。ただし、[標準モード]以外では、リンクバッチは表示されないので注意してください。

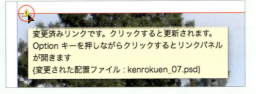

303

❺ **再リンクする**

無効なリンクがある場合や、別の画像へ差し替えたい場合には、再リンクを実行します。[リンク]パネルで差し替えたいファイルを選択し(❿)、[再リンク]ボタンをクリックします(⓫)。❓アイコンをダブルクリックしてもかまいません。

❻ **リンクが変更される**

[再リンク]ダイアログが表示されるので、差し替えるファイルを選択し(⓬)、[開く]ボタンをクリックします。画像が差し替わり、[リンク]パネルのファイルが変更されます(⓭)。

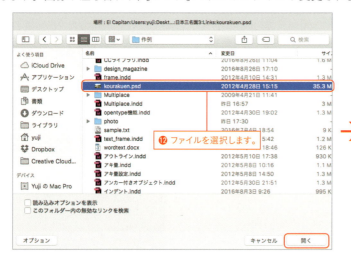

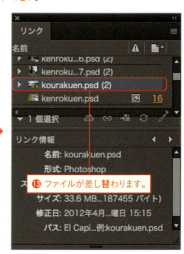

> **One Point** 元データを編集
>
> ドキュメントに配置された画像を編集する必要がある場合は、Photoshop等で個別に画像を開いて編集するのではなく、InDesign上から[元データを編集]コマンドを実行するのがお勧めです。Photoshop等で個別に画像を編集した場合は、InDesign上でリンクの更新を実行する必要がありますが、InDesignから[元データを編集]を実行した場合には、自動的にPhotoshop等で画像が開かれ、修正後に保存を実行すれば、InDesign上でリンクの更新を実行しなくても画像は自動的に更新されます。
>
> [元データを編集]コマンドは、option キー（WindowsではAlt キー）を押しながら目的の画像をダブルクリックするか、[リンク]パネルで目的の画像を選択して[元データを編集]ボタンをクリックします。

304

フォルダーに再リンク

❶ ［フォルダーに再リンク］を選択する

ドキュメントに配置された複数の画像を、任意のフォルダに用意した同名の画像に、まとめて差し替えることもできます。低解像度の画像を高解像度の画像に差し替えるようなケースで便利です。まず、［リンク］パネル上で差し替えたい複数の画像を選択し（❶）、パネルメニューから［フォルダに再リンク］を選択します（❷）。

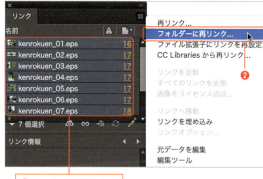

❶ ファイルを選択します。

❷ 差し替えるフォルダを選択する

［フォルダを選択］ダイアログが表示されるので、差し替えたい画像が用意されたフォルダを選択して（❸）、オプション項目を設定します。差し替える画像のファイル名と拡張子が同じ場合は、［ファイル名と拡張子が一致する］にチェックを入れ、ファイル名は同じで拡張子が異なる場合には、［次の拡張子でファイル名が一致する］にチェックを入れ、その拡張子をフィールドに入力します（❹）。設定が完了したら［選択］ボタンをクリックします。

❸ フォルダを選択します。
❹ ここを設定します。

❸ 画像が差し替わる

選択したフォルダ内の画像に差し変わります（❺）。

❺ 画像が差し替わります。

One Point　ファイル拡張子にリンクを再設定

差し替えたい画像が、同じフォルダに同名で用意されている場合、差し替えたい画像を選択して、［リンク］パネルのパネルメニューから［ファイル拡張子にリンクを再設定］を選択します。［ファイル拡張子にリンクを再設定］ダイアログが表示されるので、拡張子を指定して［リンクを再設定］ボタンをクリックすれば、画像が差し替わります。

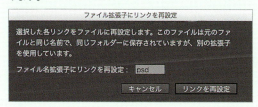

Chapter 8　画像の配置と編集

8-05　回り込みを設定する

テキストに画像がかかるような場合、回り込みを設定して、テキストが画像に重ならないように設定します。回り込みの指定は、[テキストの回り込み]パネルで目的のアイコンをクリックし、オフセットを指定するだけと、基本的な操作は非常に簡単です。

回り込みの設定

❶ [テキストの回り込み]パネルを表示する

回り込みは、[テキストの回り込み]パネルで指定します。まず、[ウィンドウ]メニューから[テキストの回り込み]を選択します（❶）。

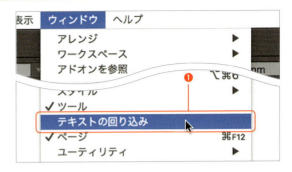

❷ オブジェクトを選択する

[テキストの回り込み]パネルが表示されるので、[選択ツール]で回り込みを適用したいオブジェクトを選択します（❷）。

One Point　テキストの回り込みを無視

[テキストフレーム設定]ダイアログで[テキストの回り込みを無視]にチェックを入れることで、特定のテキストフレームのみ、回り込みの影響を受けないようにすることができます。

❸ 境界線ボックスで回り込む

[テキストの回り込み]パネルの[境界線ボックスで回り込む]ボタンをクリックし（❸）、上下左右のオフセットや[回り込みオプション]の各項目を設定します（❹）。画像の境界線ボックスを基準に、回り込みが適用されます（❺）。

❹ オブジェクトのシェイプで回り込む

今度は[オブジェクトのシェイプで回り込む]ボタンをクリックし（❻）、[上オフセット]や[回り込みオプション]の各項目を設定します（❼）。画像のシェイプを基準に、回り込みが適用されます（❽）。

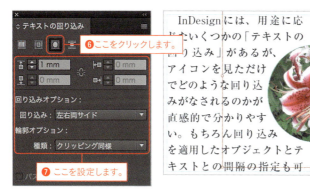

❺ オブジェクトを挟んで回り込む

次は[オブジェクトを挟んで回り込む]ボタンをクリックし（❾）、上下左右のオフセットを設定します（❿）。画像を挟んだ状態で回り込みが適用されます（⓫）。

307

❻ 次の段へテキストを送る

次は［次の段へテキストを送る］ボタンをクリックし（⓬）、上下左右のオフセットを設定します（⓭）。画像にかかる所から、テキストは次の段に送られます（⓮）。

One Point　回り込みの輪郭の編集

回り込みを適用した際に表示される回り込みの輪郭は、パスでできており、編集が可能です。図のように、［ダイレクト選択ツール］で、この輪郭のアンカーポイントをつかんでドラッグしたり、アンカーポイントを追加したりすることで、回り込みの輪郭を好きなように調整できます。なお、編集した輪郭のパスを元の状態に戻すには、［回り込みなし］をクリックしたり、［輪郭オプション］の［種類］を［ユーザーによるパスの修正］から［クリッピング同様］に戻すなどして対処します。

One Point　テキストの背面にあるオブジェクトを無視

InDesignのデフォルト設定では、回り込みを適用したオブジェクトの前面にあるテキストも背面にあるテキストも回り込みが適用されます。しかし、［環境設定］の［組版］カテゴリーの［テキストの背面にあるオブジェクトを無視］にチェックを入れると、回り込みを適用したオブジェクトの前面にあるテキストのみに対して、回り込みが適用されます。

One Point　回り込みオプションと輪郭オプション

［テキストの回り込み］パネルでは、［回り込みオプション］（❶）や［輪郭オプション］（❷）の設定も可能です。［回り込みオプション］では、指定した特定のサイドにのみ回り込みを適用でき、［境界線ボックスで回り込む］または［オブジェクトのシェイプで回り込む］を選択した場合のみ設定できます。また、［輪郭オプション］は、画像の持つアルファチャンネルやPhotoshopパスを基準に回り込ませることが可能です。

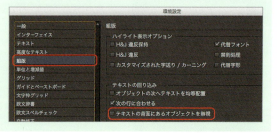

Chapter 8 画像の配置と編集

8-06 画像を切り抜き使用する

InDesignでは、さまざまな方法で画像の切り抜き使用が可能です。クリッピングパスの使用はもちろん、Photoshopパスやアルファチャンネル、画像の背景を透明にするなど、目的や用途に応じて切り抜き方法を使い分けると効率的です。

クリッピングパスで切り抜く

❶ クリッピングパスが設定された画像を用意する

InDesignでは、さまざまな方法で画像を切り抜き使用することが可能です。まずは、画像のクリッピングパスを使用して切り抜いてみましょう。まず、Photoshopでクリッピングパスを設定した画像を用意します（❶）。

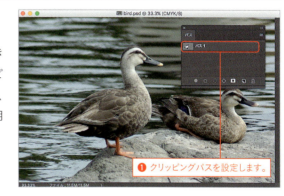

❶ クリッピングパスを設定します。

❷ 画像を選択する

［ファイル］メニューから［配置］を選択し（❷）、［配置］ダイアログを表示させます。［配置］ダイアログで目的の画像を選択して（❸）、［開く］ボタンをクリックします。なお、画像はAdobe Bridgeやデスクトップ上からドラッグして配置してもかまいません。

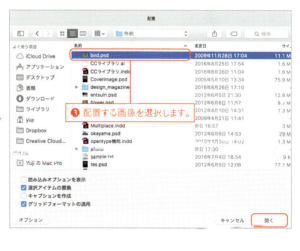

❸ 配置する画像を選択します。

309

❸ 画像を配置する

マウスポインタがグラフィック配置アイコンに変化するので（❹）、任意の場所でクリックして画像を配置します（❺）。画像はクリッピングパスを基に切り抜かれた状態で配置されます。なお、切り抜いた状態が分かりやすいように、黄色の背景の上に画像を配置しています。

❹ グラフィック配置アイコンに変化します。

❺ 画像が切り抜かれた状態で配置されます。

One Point ［画像読み込みオプション］ダイアログ

InDesignのデフォルト設定では、クリッピングパスが設定された画像は、そのまま配置すれば切り抜かれた状態で配置されます。クリッピングパスが設定されているのに切り抜かれなかった場合には、［配置］ダイアログを開いた際に［読み込みオプションを表示］にチェックを入れ、［画像読み込みオプション］ダイアログの設定を確認してください。［画像］タブの［Photoshop クリッピングパスを適用］がオフになっていたら、オンにすることで切り抜かれた状態で読み込めます。

Photoshopパスで切り抜く

❶ Photoshopパスが設定された画像を用意する

次は、画像のPhotoshopパスを使用して切り抜いてみましょう。まず、Photoshopパスを設定した画像を用意し（❶）、InDesignドキュメントに配置します（❷）。なお、1つの画像に対し、クリッピングパスは1つしか設定できませんが、Photoshopパスは複数設定できます。

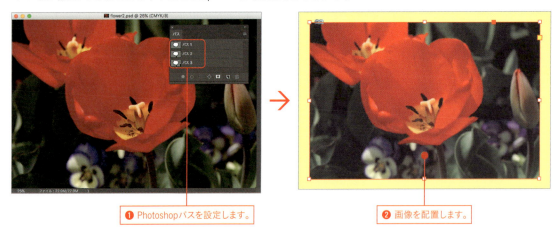

❶ Photoshopパスを設定します。

❷ 画像を配置します。

310

❷ [クリッピングパス]ダイアログを
　表示させる

[選択ツール]で画像を選択したら、[オブジェクト]メニューから[クリッピングパス]→[オプション]を選択します（❸）。

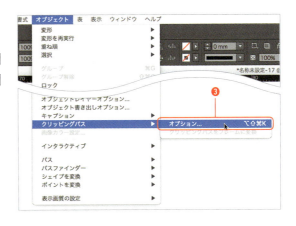

❸ [クリッピングパス]ダイアログを設定する

[クリッピングパス]ダイアログが表示されるので、[タイプ]に[Photoshopパス]を選択し（❹）、[パス]に目的のPhotoshopパスを選択します（❺）。[OK]ボタンをクリックすると、指定したPhotoshopパスを基に切り抜きされます（❻）。なお[マージン]を設定すると、Photoshopパスを小さくしたり、大きくしたりすることが可能です。

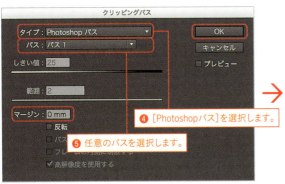

アルファチャンネルで切り抜く

❶ アルファチャンネルが設定された
　画像を用意する

次は、画像のアルファチャンネルを使用して切り抜いてみましょう。まず、Photoshop上でアルファチャンネルを設定した画像を用意します（❶）。

311

❷ **画像を選択する**

[ファイル]メニューから[配置]を選択し(❷)、[配置]ダイアログを表示します。[配置]ダイアログで目的の画像を選択後(❸)、[読み込みオプションを表示]をオンにし(❹)、[開く]ボタンをクリックします。

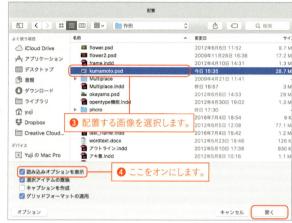

❸ **アルファチャンネルを指定する**

[画像読み込みオプション]ダイアログが表示されるので、[画像]タブの[アルファチャンネル]に目的のものを選択します(❺)。[OK]ボタンをクリックすれば、切り抜かれた状態で画像を配置できます(❻)。

One Point　[クリッピングパス]ダイアログからアルファチャンネルを指定する

画像を配置後、アルファチャンネルの情報を使って切り抜くことも可能です。画像配置後、[クリッピングパス]ダイアログの[タイプ]に[アルファチャンネル]を指定し、[アルファ]に目的のアルファチャンネルを指定すればOKです。[しきい値]や[範囲]等の指定も可能です。

One Point　エッジの検出

[クリッピングパス]ダイアログの[タイプ]には、[エッジの検出]という項目があります。この設定は、InDesignが画像の最も明るい部分、あるいは最も暗い部分を自動的に非表示にしてくれる機能ですが、なかなか思い通りに切り抜くことが難しいため、印刷目的での使用はあまりお勧めできません。

透明機能を使用して切り抜く

❶ Photoshop上で背景を透明にする

次は、透明の機能を利用して切り抜いてみましょう。まず、Photoshop上で背景を透明にした画像を用意します（❶）。

❶ Photoshop上で背景を透明にします。

❷ InDesignドキュメントに配置する

この画像をInDesignドキュメントに配置してみましょう。InDesignでは、PhotoshopやIllustrator上で設定した透明をそのまま認識するので、配置するだけで切り抜かれた状態で使用できます（❷）。

❷ 透明を認識して配置できます。

One Point　読み込みオプションを表示

Chapter 8『8-01 画像を配置する』のOne Pointでも解説しましたが、［配置］ダイアログを表示して画像を配置する際に、［画像読み込みオプション］ダイアログを表示させることで、レイヤーやレイヤーカンプを指定して読み込むことが可能です。この設定は、あとから変更することも可能となっており、［オブジェクト］メニューから［オブジェクトレイヤーオプション］を選択することで、配置済みの画像のレイヤーやレイヤーカンプの切り替えができます。

Chapter 8 画像の配置と編集

8-07 ライブキャプションを作成する

InDesignでは、画像の持つメタデータを基にキャプションを自動的に作成することができます。この機能をライブキャプションと呼び、複数の画像に対して、指定した位置、指定した段落スタイルでキャプションを作成できるため、ぜひ活用してほしい機能のひとつです。

ライブキャプションの作成

❶ 画像を配置し、キャプションに使用する段落スタイルを作成しておく

ライブキャプションの機能を利用し、複数の画像に対してキャプションを自動で作成したいと思います。ここでは、図のような画像4点を配置し、キャプションに使用する段落スタイルを作成しておきます(❶)。

❶ 段落スタイルを作成しておきます。

❷ キャプション設定を選択する

まず、どのようなキャプションを作成するかを指定しておきます。[リンク]パネルのパネルメニューから[キャプション]→[キャプション設定]を選択します(❷)。

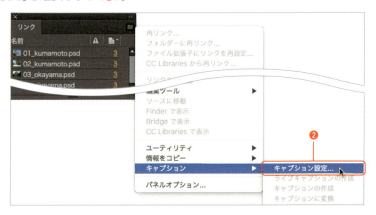

❸ キャプション設定を指定する

[キャプション設定]ダイアログが表示されるので、どの[メタデータ]からキャプションを作成するのかを指定します（❸）。なお、キャプションへの[先行テキスト]と[後続テキスト]の指定も可能です。次に、キャプションを作成する位置や適用する段落スタイル、レイヤー等を指定したら（❹）、[OK]ボタンをクリックします。図では、[メタデータ]に「タイトル」、[先行テキスト]に「cap:」、[揃え]を[画像の下]、[オフセット]を「1mm」、[段落スタイル]を「caption」に設定しています。

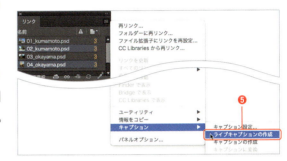

❸ メタデータを選択します。
❹ ここを設定します。

❹ ライブキャプションの作成を実行する

キャプションを作成したい画像すべてを選択し、[リンク]パネルのパネルメニューから[キャプション]→[ライブキャプションの作成]を選択します（❺）。

❺ キャプションが作成される

選択していた画像に対して、設定した内容で自動的にキャプションが作成されます。

> **One Point　メタデータを設定していなくても使える機能**
>
> この機能を使ってキャプションを作成するためには、あらかじめメタデータにキャプションの内容が設定されている必要があります。しかし、実際にはメタデータを設定していなくても、図のように、画像に対して指定した位置や段落スタイルを反映したテキストフレームを作成してくれます。あとからテキストのみを差し替えれば良いので、大幅に作業を軽減できる便利な機能です。

> **One Point　メタデータとは**
>
> メタデータとは、データそのものではなく、そのデータに関連する情報のことで、作成日時や作成者、データ形式、タイトル等、データに付随する情報のことです。画像のメタデータは、Adobe Bridgeの[メタデータ]パネルや[ファイル]メニューの[ファイル情報]等で確認、および変更することができます。

❻ メタデータを変更する

では、画像に設定されているメタデータを変更してみましょう。Adobe Bridgeで目的の画像を選択すると、[メタデータ]パネルにその画像のメタデータが表示されます。作例では、[タイトル]というメタデータからキャプションを作成しているので、[タイトル]の内容を「正面から見た熊本城」から「熊本城の雄大な姿」に変更します（❻）。

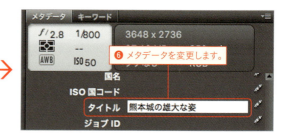

❼ 適用する

メタデータの変更を適用するかどうかのダイアログが表示されるので、[適用]ボタンをクリックします。

❽ リンクを更新する

画像を見てみると、リンクの更新を促す  アイコンが表示されているので、アイコンをクリックしてリンクを更新します（❼）。すると、キャプションが変更した内容のメタデータに差し替わります（❽）。

> **One Point** [キャプションの作成]コマンド
>
> [リンク]パネルのパネルメニューにある[キャプション]には、[ライブキャプションの作成]以外にも、[キャプションの作成]というコマンドがあり、どちらを実行しても同じようにキャプションを作成できます。しかし、[ライブキャプションの作成]ではメタデータの情報とリンクを保っているのに対し、[キャプションの作成]ではメタデータとはリンクされません。メタデータの変更をあとからキャプションに反映させる可能性のある場合には[ライブキャプションの作成]、そうでない場合には[キャプションの作成]を選択するとよいでしょう。
> なお、[配置]ダイアログのオプション項目にも[キャプションを作成]という項目があり、チェックを入れると画像が配置できるだけでなく、併せてキャプションも作成することができます。

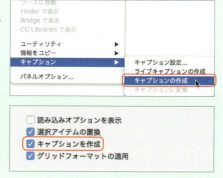

316

Chapter 8　画像の配置と編集

8-08　Illustratorのパスオブジェクトをペーストする

Illustratorのパスオブジェクトは、編集可能な状態でInDesignのパスオブジェクトとしてペーストが可能です。この方法でペーストした場合、リンクとしてではなく、InDesignのオブジェクトとして取り込まれるため、InDesign上で自由に編集が可能となります。

Illustratorパスのペースト

❶ Illustratorのパスオブジェクトをコピーする

Illustratorのパスオブジェクトは、リンクとしての配置ではなく、InDesignのパスオブジェクトとして取り込むことが可能です。まず、Illustratorでパスオブジェクトを選択し（❶）、[編集]メニューから[コピー]を実行します（❷）。

❷ ペーストを実行する

InDesignドキュメントに切り替え、ペーストを実行すると（❸）、リンクではなく、グループ化されたInDesignのパスオブジェクトとしてペーストされます。パスオブジェクトなので、InDesign上で自由に編集が可能です。

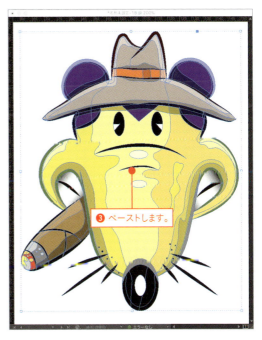

> **One Point　テキストオブジェクトのペースト**
>
> Illustrator上でテキストオブジェクトを[選択ツール]で選択してコピーした場合、InDesign上でペーストを実行すると、画像としてペーストされてしまいます。プレーンなテキストとしてペーストしたい場合には、Illustrator上のテキストを[文字ツール]で選択してコピーします。

317

Chapter 8 画像の配置と編集

8-09 選択範囲内へペーストを活用する

［選択範囲内へペースト］コマンドを実行すると、パスオブジェクトの中へ他のオブジェクトをペーストできます。画像をパスの中にペーストしたり、表をパスの中にペーストとしたりといったように、さまざまなオブジェクトを入れ子にすることができます。

選択範囲内へペーストの実行

❶ 画像をコピーしておく

［選択範囲内へペースト］コマンドを実行することで、既に配置済みの画像や作成済みのオブジェクトを他のオブジェクト内にペーストすることができます。ここでは、図のようなドキュメントを用意し、猫のしっぽが「C」という文字をくぐっているような表現を作成してみたいと思います。作例では、黄色のグラデーションオブジェクトの上に、背景を透明にした猫の画像、そしてその上にテキストオブジェクトを作成しています。まず、［ダイレクト選択ツール］で猫の画像を選択し、コピーを実行しておきます（❶）。

❶ ダイレクト選択ツールで選択してコピーします。

❷ 作成したパスに［選択範囲内へペースト］を実行する

「C」の文字の上にクローズドパスを作成します（❷）。なお、図では分かりやすいように線に色を付けています。このパスを選択したまま、［編集］メニューから［選択範囲内へペースト］を実行します（❸）。

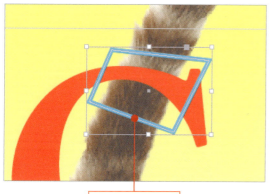

❷ パスを作成します。

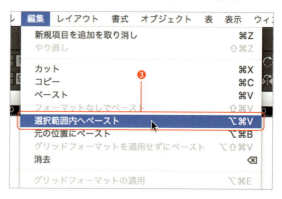

318

❸ **画像が同じ位置にペーストされる**

選択していたパス内に、猫の画像がペーストされます（❹）。なお、線の色は「なし」にしています。わざわざ［選択範囲内へペースト］を実行せずに、普通に画像を配置すればいいように思いますが、［選択範囲内へペースト］を実行した場合には、元の画像の位置情報も持っているため、画像を同じ位置に重ねることができます。作例では、画像の上にテキスト、さらにその上に部分的にマスクした画像が重なる形になっています。

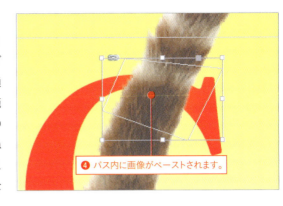

❹ パス内に画像がペーストされます。

角丸の表を作成する

❶ **［フレームを内容に合わせる］コマンドを実行する**

InDesignでは、標準機能で角丸の表を作成することはできません。しかし、［選択範囲内へペースト］コマンドを利用することで角丸の表が作成できます。まず、［選択ツール］で作成済みの表を選択し（❶）、［コントロール］パネルの［フレームを内容に合わせる］ボタンをクリックします（❷）。

❶ 表を選択します。

❷ ここをクリックします。

❷ **テキストフレームが表のサイズにフィットする**

テキストフレームのサイズが、表のサイズにぴったり合うようサイズ変更されるので（❸）、コピーします。

❸ テキストフレームが表のサイズにフィットします。

❸ 角丸の長方形に［選択範囲内へペースト］を実行する

表と同じサイズの角丸の長方形を作成したら、［選択ツール］で選択し（❹）、［編集］メニューから［選択範囲内へペースト］を実行します（❺）。

❹ 角丸長方形を作成し、選択します。

❹ 角丸の表が作成される

角丸の長方形の中に表がペーストされ、角丸の表ができあがります。この表は、角丸の長方形でマスクされた状態になっており、表のテキスト等も編集可能です（❻）。

❻ 角丸の表ができます。

One Point　選択範囲内へペーストとは

［選択範囲内へペースト］というのは、オブジェクトの中に他のオブジェクトを入れ子（さらには入れ子の入れ子）にできる機能です。画像だけでなく、パスやテキストオブジェクト等も入れ子にできます。図は、一番左のオブジェクト（❶）を真ん中のオブジェクト内（❷）に［選択範囲内へペースト］を実行したものです（❸）。

❶ このオブジェクトをコピーします。　❷ ［選択範囲内へペースト］を実行します。　❸ パスが入れ子になります。

One Point　元の位置にペースト

［編集］メニューには、［元の位置にペースト］というコマンドも用意されています。Illustratorの［前面へペースト］と同様、コピーしたオブジェクトを同じ位置（前面）にペーストするコマンドです。ただし、ページ機能を持つInDesignでは、異なるページであっても同じ位置にペーストすることができます。

Chapter 9
カラーの設定

- 9-01　カラーを適用する ……………………………… p.322
- 9-02　グラデーションを適用する …………………… p.324
- 9-03　スウォッチの作成と適用 ……………………… p.327
- 9-04　特色を作成する ………………………………… p.332
- 9-05　特色の掛け合わせカラーを作成する ………… p.333
- 9-06　カラーテーマツールを使用する ……………… p.337
- 9-07　Adobe Colorテーマ …………………………… p.339

Chapter 9　カラーの設定

9-01　カラーを適用する

カラーは、オブジェクトの「塗り」と「線」にそれぞれ設定することができます。印刷目的であれば、[カラー]パネルをCMYKモードにして使用しますが、よく使用するカラーは後述するスウォッチとして登録して、運用すると便利です。

カラーの設定

❶ [カラー]パネルを表示する

カラーの設定方法はいろいろありますが、まずは[カラー]パネルから設定してみましょう。[ウィンドウ]メニューから[カラー]→[カラー]を選択して(❶)、[カラー]パネルを表示させます。

❷ カラーを指定する

まず、テキストフレームの「塗り」にカラーを適用してみましょう。[選択ツール]でテキストフレームを選択したら(❷)、[カラー]パネルで[塗り]を選択し(❸)、カラー(数値)を指定します(❹)。「塗り」に指定したカラーが適用されます(❺)。

❷ テキストフレームを選択します。
❸ ここを選択します。
❹ ここを設定します。
❺ 塗りにカラーが適用されます。

One Point　カラーモード

印刷目的の場合、[カラー]パネルのパネルメニューから[CMYK]を選択して作業します。

322

❸ 線のカラーを設定する

今度は、「線」にカラーを設定してみましょう。[カラー]パネルで[線]のアイコンをクリックしてアクティブにし（❻）、カラーを設定します（❼）。

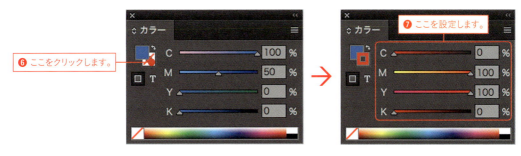

❹ 線にカラーが適用される

「線」に対して、指定したカラーが適用されます（❽）。なお、線の太さを変える場合は、[線]パネルで[線幅]を設定します。

❺ テキストのカラーを設定する

次は、テキストにカラーを設定してみましょう。[文字ツール]でテキストを選択してもかまいませんが、ここでは[選択ツール]のまま、テキストにカラーを設定してみましょう。[カラー]パネルで[テキストに適用]ボタンをクリックし（❾）、カラーを設定します（❿）。

❻ テキストにカラーが適用される

テキストに対して、指定したカラーが適用されます（⓫）。

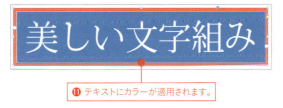

> **One Point　ショートカット**
>
> [J]キーを押すことで、[オブジェクトに適用]と[テキストに適用]のどちらをアクティブにするか切り替えることができます。また、カラーを[なし]に設定したい場合は、[/]キーを押します。なお、[X]キーを押せば[塗り]と[線]のどちらをアクティブにするかを切り替えることもできます。

> **One Point　[コントロール]パネルでカラーを設定する**
>
> [コントロール]パネルの[塗り]や[線]の矢印ボタンを、[shift]キーを押しながらクリックすると、[カラー]パネルを表示できます。

323

Chapter 9　カラーの設定

9-02　グラデーションを適用する

グラデーションは、［線形］と［円形］の2種類あり、［グラデーション］パネルで指定します。［グラデーション停止］は複数設定することができ、角度やカラーの割合等も設定できます。なお、グラデーションはスウォッチとして登録して運用することも可能です。

グラデーションの設定

❶ ［グラデーション］パネルを表示する

グラデーションは、［グラデーション］パネルから設定します。まず、［ウィンドウ］メニューから［カラー］→［グラデーション］を選択して（❶）、［グラデーション］パネルを表示させます。なお、併せて［カラー］パネルも表示させておきましょう。

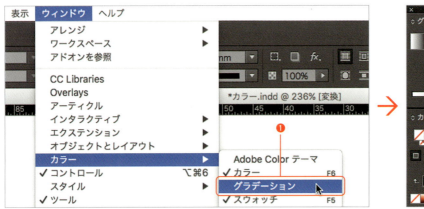

❷ グラデーションの種類を指定する

［選択ツール］でグラデーションを適用したいオブジェクトを選択し（❷）、［グラデーション］パネルの［種類］に［線形］を選択します（❸）。

❷ オブジェクトを選択します。

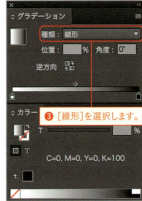
❸ ［線形］を選択します。

324

❸ **グラデーションが適用される**

選択しているオブジェクトに対し、グラデーションが適用されます（❹）。

❹ グラデーションが適用されます。

❹ **グラデーションにカラーを設定する**

グラデーションにカラーを設定してみましょう。まず、［グラデーション］パネルの開始点の［グラデーション停止］をクリックして選択し（❺）、［カラー］パネルでカラーを設定します（❻）。次に終点の［グラデーション停止］をクリックして選択し（❼）、［カラー］パネルでカラーを設定します（❽）。すると、指定した2つのカラーでグラデーションが作成されます（❾）。

❺ ここをクリックします。
❻ ここを設定します。

❼ ここをクリックします。
❽ ここを設定します。

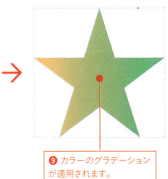

❾ カラーのグラデーションが適用されます。

❺ **円形のグラデーションが適用される**

今度は［グラデーション］パネルの［種類］を［線形］から［円形］に変更します（❿）。すると、円形のグラデーションに変更されます（⓫）。

❿ ［円形］に変更します。
⓫ 円形のグラデーションが適用されます。

グラデーションの調整

❶ グラデーションスウォッチツールでドラッグする

[選択ツール]でオブジェクトを選択したら、[グラデーションスウォッチツール]に持ち替え(❶)、オブジェクトの上をドラッグします(❷)。

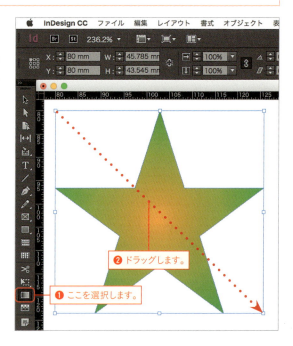

❷ グラデーションが変更される

ドラッグした方向に、グラデーションの角度やカラーの割合が変更されます(❸)。なお、shiftキーを押しながらドラッグすると、角度を45°単位で固定できます。

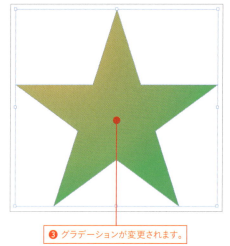

> **One Point** [グラデーション]パネルの設定
>
> [グラデーション]パネルでは、開始点や終点以外にも、[グラデーション停止]の追加や[中間点]の変更が可能です。変更は、各アイコンをクリックして選択し、それぞれ[位置]やカラーを調整します。また、[角度]の指定やグラデーションの反転も可能です。なお、グラデーションバーをクリックすることで[グラデーション停止]を追加することができ、[グラデーション停止]をパネル外にドラッグすれば削除できます。

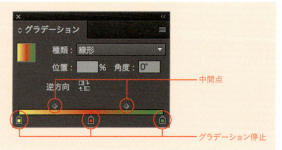

Chapter 9　カラーの設定

9-03　スウォッチの作成と適用

よく使用するカラーをスウォッチとして登録しておけば、クリックするだけでそのスウォッチのカラーを適用できます。修正が生じた場合でも、スウォッチの内容を変更すれば、そのスウォッチを適用したすべてのオブジェクトのカラーを一気に変更できます。

スウォッチの登録

❶ ［スウォッチ］パネルを表示する

作成したカラーをスウォッチとして登録することで、効率良くカラーの管理や運用が可能になります。まず、［ウィンドウ］メニューから［カラー］→［スウォッチ］を選択して(❶)、［スウォッチ］パネルを表示させます。

❷ ［カラー］パネルからスウォッチを登録する

まずは、［カラー］パネルで作成したカラーをスウォッチとして登録してみましょう。［カラー］パネルでカラーを指定したら(❷)、パネルメニューから［スウォッチに追加］を選択します(❸)。指定したカラーが、［スウォッチ］パネルにスウォッチとして登録されます(❹)。

327

❸ [新規カラースウォッチ]を選択する

今度は、[スウォッチ]パネルで直接スウォッチを作成してみましょう。まず、[スウォッチ]パネルのパネルメニューから[新規カラースウォッチ]を選択します（❺）。

❹ カラーを作成する

[新規カラースウォッチ]ダイアログが表示されるので、カラーを作成して（❻）、[OK]ボタンをクリックします。なお、続けて複数のスウォッチを登録したい場合には[追加]ボタンをクリックします。また、通常のカラー印刷が目的であれば、[カラータイプ]には[プロセス]、[カラーモード]には[CMYK]を選択しておきます。

> **One Point　スウォッチ名**
>
> スウォッチ名には、基本的にカラー値が使用されますが、[カラー値を名前にする]のチェックをはずすことで、任意の名前を付けることが可能になります。

❺ カラースウォッチが登録される

指定したカラーがスウォッチとして登録されます（❼）。

❼ スウォッチとして登録されます。

> **One Point　CCライブラリに追加**
>
> [新規カラースウォッチ]ダイアログの[CCライブラリに追加]のチェックボックスがオンの状態でスウォッチを追加すると、[スウォッチ]パネルだけでなく、CCライブラリにもカラーが追加されます。また[スウォッチ]パネルの左下にある[現在のCCライブラリに選択したスウォッチを追加]ボタンをクリックすることでも、CCライブラリにカラーを追加できます。

> **One Point　ドラッグしてスウォッチを登録する**
>
> [カラー]パネルや[グラデーション]パネルから、カラーを直接[スウォッチ]パネル上にドラッグすることでも、スウォッチの登録が可能です。

ドラッグすることでも、スウォッチを登録できます。

328

グラデーションスウォッチの登録

❶ [新規グラデーションスウォッチ]を選択する

[スウォッチ]パネルでは、グラデーションスウォッチの作成も可能です。まず、[スウォッチ]パネルのパネルメニューから[新規グラデーションスウォッチ]を選択します（❶）。

❷ グラデーションを作成する

[新規グラデーションスウォッチ]ダイアログが表示されるので、グラデーションを作成して（❷）、[OK]ボタンをクリックします。なお、続けて複数のグラデーションスウォッチを登録したい場合には[追加]ボタンをクリックします。

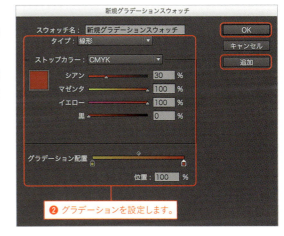

❷ グラデーションを設定します。

❸ グラデーションがスウォッチとして登録される

指定したグラデーションがグラデーションスウォッチとして登録されます（❸）。

❸ グラデーションスウォッチとして登録されます。

One Point　濃淡スウォッチを登録する

濃淡スウォッチの登録も可能です。濃淡スウォッチとは、既存のカラースウォッチの濃淡のみを変更したスウォッチで、既存のカラースウォッチを選択して、[スウォッチ]パネルのパネルメニューから[新規濃淡スウォッチ]を選択することで作成できます。

329

スウォッチの適用と変更

❶ スウォッチを適用する

スウォッチを適用するには、[選択ツール]でオブジェクトを選択し(❶)、[スウォッチ]パネルで任意のスウォッチを選択します(❷)。選択しているオブジェクトにそのスウォッチのカラーが適用されます(❸)。

❷ [スウォッチ設定]ダイアログを表示する

今度は、スウォッチのカラーを変更してみたいと思います。[スウォッチ]パネルで、変更するスウォッチをダブルクリックすると(❹)、[スウォッチ設定]ダイアログが表示されます。

❸ カラーを変更する

カラーを変更して(❺)、[OK]ボタンをクリックします。

> **One Point** グループとして管理する
>
> [スウォッチ]パネルの[新規カラーグループ]ボタンをクリックすることで、スウォッチをグループとして管理することも可能です。

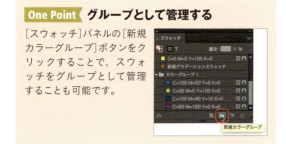

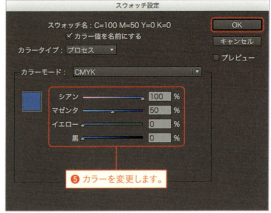

❹ カラーが変更される

そのスウォッチを適用していたすべてのオブジェクトのカラーが変更されます（❻）。このように、スウォッチに設定されているカラーを変更することで、そのスウォッチを適用しているオブジェクトのカラーを一気に修正することが可能です。

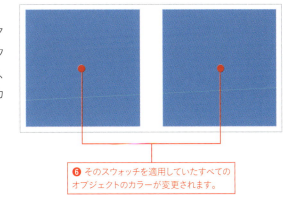

❻ そのスウォッチを適用していたすべてのオブジェクトのカラーが変更されます。

One Point　スウォッチの削除

スウォッチを削除したい場合には、目的のスウォッチを選択して（❶）、[選択したスウォッチ/グループを削除]ボタンをクリックします（❷）。この時、そのスウォッチがドキュメント内のどこかで使用されていると、[スウォッチを削除]ダイアログが表示されます。[定義されたスウォッチ]を選択した場合には、別のスウォッチに置き換えることができ（❸）、カラーはそのままで、スウォッチとのリンクを切りたい場合には、[名前なしスウォッチ]を選択して（❹）、[OK]ボタンをクリックします。

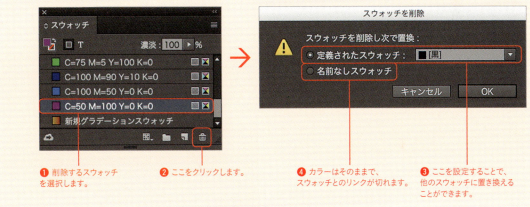

❶ 削除するスウォッチを選択します。　❷ ここをクリックします。　❹ カラーはそのままで、スウォッチとのリンクが切れます。　❸ ここを設定することで、他のスウォッチに置き換えることができます。

One Point　未使用をすべて選択

ドキュメントで使用していないスウォッチを削除したい場合には、[スウォッチ]パネルのパネルメニューから[未使用をすべて選択]を選択します。これにより、ドキュメントで未使用のスウォッチがすべて選択されるので、[選択したスウォッチ/グループを削除]ボタンをクリックして削除します。なお、スウォッチは他のドキュメントからの読み込みや、書き出しも可能です。

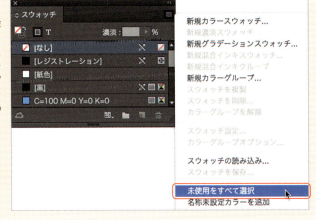

331

Chapter 9 カラーの設定

9-04 特色を作成する

任意のインキを練り合わせて作成するカラーを特色と呼びます。プロセスカラーのCMYKでは表現できないカラーを使用する場合や、二色刷り等で、任意のカラーを使用するような場合に特色を使用します。InDesignでは、簡単な手順で特色を作成することができます。

特色の作成

❶ ［新規カラースウォッチ］を選択する

特色は、スウォッチとして登録して使用します。まず、［スウォッチ］パネルのパネルメニューから［新規カラースウォッチ］を選択します（❶）。

❷ 特色を指定する

［新規カラースウォッチ］ダイアログが表示されるので、［カラータイプ］に［特色］を選択し（❷）、［カラーモード］に目的のものを選択します（❸）。ここでは、［DIC Color Guide］を選択しました。リストから任意の特色を選択したら（❹）、［OK］ボタンをクリックします。なお、複数のスウォッチを続けて登録する場合には、［OK］ボタンではなく、［追加］ボタンをクリックします。ちなみに、CMYKの掛け合わせカラーを特色として使用することもできます。

❸ 特色が登録される

指定した特色がスウォッチとして、登録されます（❺）。図は、「DIC 70s」と「DIC 79s*」を登録した状態です。

332

Chapter 9　カラーの設定

9-05　特色の掛け合わせカラーを作成する

InDesignでは、特色と特色、特色とプロセスカラーを掛け合わせることが可能で、この掛け合わせたスウォッチを混合インキと呼びます。また、複数の混合インキを一気に作成する混合インキグループという機能も用意されており、特色が変更になった場合でも、簡単な操作で特色の置換が可能です。

混合インキの作成

❶ 使用する特色を登録しておく

InDesignでは、特色を掛け合わせることが可能で、この掛け合わせたスウォッチを「混合インキ」と呼びます。混合インキを作成するためには、まず、掛け合わせたい特色をスウォッチとして登録しておきます（❶）。図では、「DIC 70s」と「DIC 79s*」を登録してあります。

❶ 特色を登録しておきます。

❷ [新規混合インキスウォッチ]を選択する

［スウォッチ］パネルのパネルメニューから［新規混合インキスウォッチ］を選択します（❷）。

❸ 混合インキを作成する

［新規混合インキスウォッチ］ダイアログが表示されるので、掛け合わせるインキを2色以上選択し（❸）、それぞれ濃淡を設定したら（❹）、［OK］ボタンをクリックします。なお、複数の混合インキスウォッチを続けて登録する場合には、［OK］ボタンではなく、［追加］ボタンをクリックします。また、選択するインキには、最低でも1つは特色を選択している必要があります。

❸ 掛け合わせるインキを選択します。

❹ それぞれ濃淡を設定します。

333

❹ 混合インキスウォッチが登録される

指定した特色を掛け合わせた混合インキスウォッチが登録されます（❺）。なお、スウォッチ名をダブルクリックすれば、任意の名前を付けることができます。

混合インキグループの作成

❶ ［新規混合インキグループ］を選択する

混合インキをひとつずつ作成していては手間がかかってしまうため、混合インキをまとめて作成する「混合インキグループ」という機能があります。まず、［スウォッチ］パネルのパネルメニューから［新規混合インキグループ］を選択します（❶）。なお、使用する特色はあらかじめ登録しておく必要があります。

❷ 混合インを作成する

［新規混合インキグループ］ダイアログが表示されるので、掛け合わせるインキを2色以上選択し（❷）、それぞれ［初期］［繰り返し］［増分値］を設定します（❸）。［OK］ボタンをクリックすると、混合インキがグループとして作成されます（❹）。図ではインキを2つ選択し、［初期］を「0％」、［繰り返し］を「10」、［増分値］を「10％」としたので、それぞれのインキが10％刻みで掛け合わせされ、11×11で計121個の混合インキがグループとして作成されています。なお、［スウォッチをプレビュー］ボタンをクリックすれば、どのような混合インキが作成されるのかを確認できます。

混合インキグループの特色の変更

❶ 新規カラースウォッチを作成する

ドキュメントで使用している特色が、別の特色に変更になるような場合でも、混合インキグループとして作成した特色を使用していれば、簡単な手順でドキュメントで使用している特色を変更することができます。まず、[スウォッチ]パネルのパネルメニューから[新規カラースウォッチ]を選択します（❶）。

❷ 変更する特色を登録する

[新規カラースウォッチ]ダイアログか表示されるので、[カラータイプ]に[特色]を選択し、変更する特色を[追加]ボタンをクリックして登録します。ここでは[カラーモード]に[DIC Color Guide]を選択し、「DIC 131s*」と「DIC 192s*」を登録しました（❷）。

❷ 目的の特色を指定して登録します。

❸ 混合インキグループの親スウォッチをダブルクリックする

[スウォッチ]パネルで、現在使用している混合インキグループの親となるスウォッチをダブルクリックします（❸）。なお、親のスウォッチには アイコンが表示されています。

❸ ここをダブルクリックします。

> **One Point　使用している特色の確認**
>
> 混合インキグループの親スウォッチにマウスポインタを重ねると、どんな特色を掛け合わせているのかが確認できます。

335

❹ 特色を変更する

[混合インキグループオプション]ダイアログが表示され、現在使用している特色が表示されます（❹）。それぞれの特色のポップアップメニューをクリックすると、他の特色に変更できるので、それぞれ差し替えたい別の特色に変更し（❺）、[OK]ボタンをクリックします。

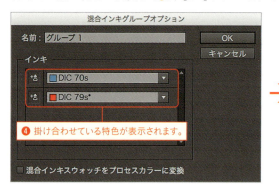

❺ 混合インキグループ内の特色がすべて変更される

混合インキグループ内のスウォッチカラーが、変更した特色の掛け合わせカラーにすべて変更され（❻）、混合インキグループのスウォッチを使用しているオブジェクトのカラーが、変更した特色の掛け合わせカラーに変更されます（❼）。なお、特色を使用した画像を配置している場合、画像で使用している特色までは変更されないので注意してください。

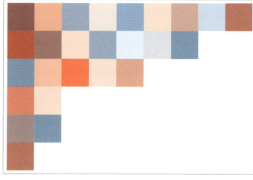

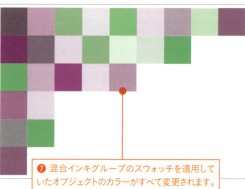

Chapter 9　カラーの設定

9-06　カラーテーマツールを使用する

［カラーテーマツール］を使用することで、オブジェクトや画像など、さまざまなアートワークからカラーテーマを作成できます。作成されたカラーテーマのカラーは、もちろんオブジェクトに適用可能で、スウォッチとして保存することもできます。

カラーテーマの作成

❶［カラーテーマツール］でサンプリングする

CC 2014で搭載された［カラーテーマツール］を使用することで、オブジェクトや画像など、さまざまなアートワークからカラーテーマを作成できます。まず、［カラーテーマツール］を選択し（❶）、カラーを拾いたいオブジェクトの上にマウスを重ねます。カラーテーマとして使用される領域がレイヤーカラーでハイライトされるので、カラーをサンプリングしたい領域でクリックします（❷）。なお、任意の領域をドラッグしてカラーをサンプリングすることもできます。

❶［カラーテーマツール］を選択します。

❷ ハイライトされた領域内をクリックします。

❷ カラーテーマが作成される

5色で構成されたカラーテーマが作成されます（❸）。なお、escキーを押すとキャンセルできるので、別の場所をクリックしてカラーをサンプリングし直すこともできます。また、カラーの右側にあるポップアップメニューをクリックすると、サンプリングしたカラーを変化させた［カラフル］［ブライト］［暗］［深い］［ソフト］の5つのカラーテーマのバリエーションが選択可能になります（❹）。
なお、shiftキーを押しながらサンプリングした場合には、［類似色］［モノクロマティック］［トライアド］［補色］［複合色］［暗清色］のカラーテーマのバリエーションを表示させることもできます（❺）。

❸ カラーテーマが作成されます。

❹ カラーテーマのバリエーションが選択できます。

❺ さまざまなバリエーションが選択できます。

337

❸ カラーを適用する

今度は、オブジェクトにこのカラーテーマのカラーを適用してみましょう。カラーテーマから適用したいカラーを選択し（❻）、目的のオブジェクト上にドラッグします（❼）。あるいは、カラーを選択し、マウスがスポイトのアイコンに変化したら、目的のオブジェクトの上でクリックしてもOKです。すると、オブジェクトにカラーが適用されます（❽）。

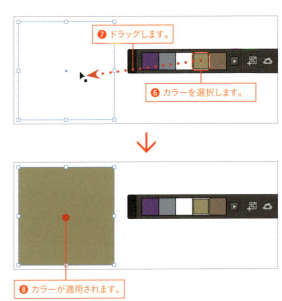

> **One Point　カラーテーマオプション**
>
> ［カラーテーマツール］をダブルクリックすると、［カラーテーマオプション］ダイアログが表示され、適用するカラーをどのように変換するかを指定できます。
>
>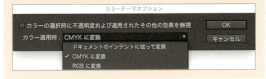

❹ テキストにカラーを適用する

今度は、テキストにカラーを適用してみましょう。カラーテーマからカラーを選択すると、マウスがスポイトのアイコンに変化します。さらにテキストに近づけると、アイコンに「T」の文字が表示されます（❾）。そのままドラッグすれば、ドラッグしたテキスト部分にそのカラーが適用されます（❿）。

❺ カラーテーマをスウォッチとして保存する

作成したカラーテーマは、［このテーマをスウォッチに追加］ボタンをクリックすることで（⓫）、［スウォッチ］パネルにグループとして登録することもできます（⓬）。なお、カラーテーマの任意のカラーだけを［スウォッチ］パネルに追加したい場合には、そのカラーを選択し、option キー（Windowsは Alt キー）を押しながら［このテーマをスウォッチに追加］ボタンをクリックします。

また、一番右の［現在のCCライブラリにこのテーマを追加］ボタンをクリックすると、このカラーテーマを自分のCCライブラリに追加することができます（⓭）。追加したカラーテーマは、PhotoshopやIllustrator等、他のAdobe製品でも使用できます。

338

Chapter 9 カラーの設定

9-07 Adobe Colorテーマ

［Adobe Colorテーマ］パネルを使用することで、CCライブラリのカラーテーマを編集できます。RGBからCMYKに変換したり、数値の微調整が可能です。さらには、世界中のクリエイターが登録したカラーテーマを利用することもできます。

［Adobe Colorテーマ］パネルの利用

❶［Adobe Colorテーマ］パネルを表示する

［Adobe Colorテーマ］パネルを使用するには、［ウィンドウ］メニューから［カラー］→［Adobe Colorテーマ］を選択します（❶）。なお、以前は［Kuler］パネルだったものが、CC 2014以降、［Adobe Colorテーマ］パネルに変更されています。

❷［探索］タブの機能

［Adobe Colorテーマ］パネルが表示されます。まずは、［探索］タブを見てみましょう。ここでは、世界中のクリエイターが登録したカラーテーマを参照できます。項目を選択して絞り込んだり、任意のワードで検索することも可能です（❷）。

お気に入りのカラーテーマが見つかったら、［アクション］ボタンをクリックすることで、テーマを編集したり、スウォッチに追加したりすることができます（❸）。

> **One Point** オンラインで表示
>
> ［Adobe Colorテーマ］パネルの内容は、ブラウザでも表示・編集が可能です。［アクション］ボタンにある［オンラインで表示］を実行すると、Adobe Color CCのサイトが表示されます。
>
>

339

❸ ［マイテーマ］タブの機能

［マイテーマ］タブには、自分のCCライブラリのカラーテーマが表示されます。モバイルアプリのAdobe Capture CCの［カラー］で作成したカラーテーマもこのパネル内に表示されますが、カラーモードはRGBとして保存されています。そこで、ここではカラーテーマをRGBからCMYKに変換してみましょう。目的のカラーテーマの［アクション］ボタンから［このテーマを編集］を実行します（❹）。ここでは、「SAKURA」という名前のカラーテーマを編集します。なお、このパネルからカラーテーマを［スウォッチに追加］することもできます。

❹ ここを選択します。

❹ ［作成］タブの機能

「SAKURA」のカラーテーマが表示された状態で、［作成］タブが表示されます。このタブでは、新たにカラーテーマを作成したり、編集することができますが、「SAKURA」のカラーが［RGB］になっているのが確認できます（❺）。そこで、［CMYK］を選択してカラーモードを変更します。各版の値を調整したい場合には、直接数値を入力することもできます。修正できたら［保存］ボタンをクリックします（❻）。

❺ RGBになっています。　　❻ CMYKに変換します。

❺ 保存する

保存場所を指定し（❼）、［保存］ボタンをクリックすれば、指定した場所にCMYKのカラーテーマが保存されます。

❼ ここを指定します。

340

Chapter 10
表の作成

- 10-01　表を作成する ……………………………………… p.342
- 10-02　Excelの表を読み込む ……………………………… p.345
- 10-03　セルの選択とテキストの選択 ……………………… p.347
- 10-04　表のサイズをコントロールする …………………… p.349
- 10-05　セル内のテキストを設定する ……………………… p.352
- 10-06　パターンの繰り返しを設定する …………………… p.355
- 10-07　罫線を設定する …………………………………… p.357
- 10-08　行や列を追加・削除する …………………………… p.360
- 10-09　セルの結合と分割 ………………………………… p.363
- 10-10　ヘッダー・フッターを設定する …………………… p.365
- 10-11　表のテキストを差し替える ………………………… p.367
- 10-12　表スタイルとセルスタイルを作成する …………… p.368
- 10-13　グラフィックセルを活用する ……………………… p.375

Chapter 10　表の作成

10-01　表を作成する

InDesignで新規に表を作成する場合、表を作成後にテキストを入力する方法と、配置・入力したテキストを表に変換する方法の2つがあります。いずれの場合も［表］メニューから実行できますが、既にExcel等で作成された表がある場合には、次のセクションで解説する方法で読み込みます。

表を挿入する

❶ テキストフレームを作成する

InDesignの表は、テキストフレーム内に作成します。まず、［文字ツール］を選択し（❶）、任意の場所でドラッグしてプレーンテキストフレームを作成します（❷）。

> **One Point　フレームグリッドでの表作成**
> 表は、フレームグリッド内に作成することも可能です。ただ、テキストが［グリッド揃え］の影響を受けたり、表の罫線とグリッドが重なると見づらいといった問題もあるため、プレーンテキストフレーム内に作成するのがお勧めです。

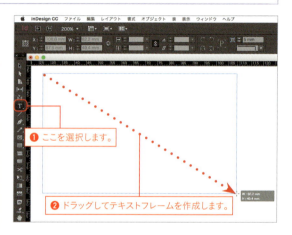

❷ ［表を挿入］を実行する

テキストフレーム内にカーソルをおき（❸）、［表］メニューから［表を挿入］を選択します（❹）。

> **One Point　ストーリー内に表を挿入**
> 表は、専用のテキストフレームとして独立して作成しなければならないわけではありません。図のように、ストーリーの任意の場所に作成することができます。

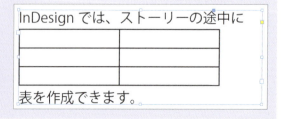

342

❸ 行数と列数を指定する

[表を挿入]ダイアログが表示されるので、[本文行]や[列]を指定して(❺)、[OK]ボタンをクリックします。なお、[ヘッダー行][フッター行]や[表スタイル]の指定も可能です。詳しくは、『10-10 ヘッダー・フッターを設定する』『10-12 表スタイルとセルスタイルを作成する』を参照してください。

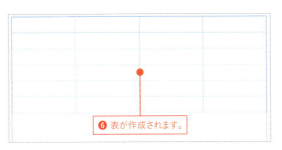

❺ ここを設定します。

❹ 表が作成される

指定した行数・列数で表が作成されるので(❻)、目的に応じてセル内にテキストを入力します。

❻ 表が作成されます。

テキストから表を作成する

❶ テキストを用意する

配置、入力したテキストから表を作成することもできます。テキストフレームを作成し、テキストを配置します(❶)。なお、区切り文字には、タブ、コンマ、改行を使用することができます。図では、タブ区切りのテキストを用意しました。

❶ テキストを用意します。

❷ テキストを表に変換する

[文字ツール]で表に変換したいテキストをすべて選択し(❷)、[表]メニューから[テキストを表に変換]を実行します(❸)。

❷ テキストを選択します。

343

❸ ［列分解］と［行分解］を指定する

［テキストを表に変換］ダイアログが表示されるので、［列分解］と［行分解］を指定して（❹）、［OK］ボタンをクリックします。ここでは、［列分解］に［タブ］、［行分解］に［段落］を指定しています。

❹ 表に変換される

選択していたテキストから表が作成されます（❺）。なお、横組みの場合、表はテキストフレームの横幅いっぱいに作成されます。

One Point　表をテキストに変換

テキストを表に変換するだけでなく、表をテキストに戻すことも可能です。表のいずれかのセル内にカーソルをおき（❶）、［表］メニューから［表をテキストに変換］を選択すると（❷）、どのようにテキストを戻すかを設定できます（❸）。［列分解］と［行分解］を指定して［OK］ボタンをクリックすれば、表がテキストに変換されます（❹）。

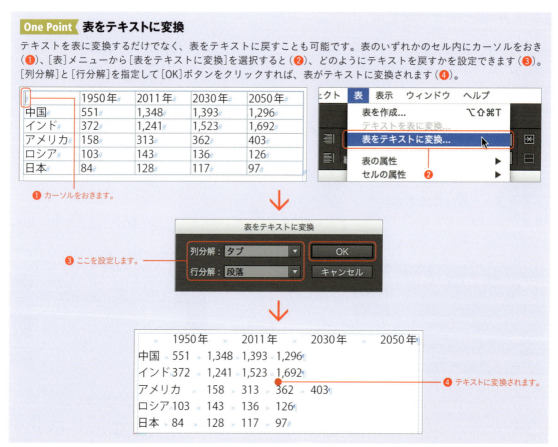

344

Chapter 10　表の作成

10-02 Excelの表を読み込む

WordやExcelで作成した表がある場合、そのままInDesignに読み込んで利用することが可能です。どのように読み込むかの詳細な設定も可能なので、目的に応じて読み込み方を変更するとよいでしょう。

Excelの表の読み込み

❶ Excelの表を用意する

InDesignでは、WordやExcelで作成した表を読み込むことができます。ここでは、図のようなExcelの表を用意しました（❶）。

❶ Excelの表を用意します。

❷［配置］コマンドを実行する

［文字ツール］でテキストフレームを作成し、カーソルをおいた状態で（❷）、［ファイル］メニューから［配置］を実行します（❸）。

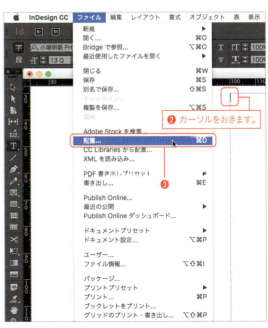

❷ カーソルをおきます。

> **One Point　配置方法**
>
> 表を読み込む場合、［配置］コマンドを実行する方法以外にも、ファイルを直接ドキュメント上にドラッグ＆ドロップする方法もあります。その場合、前回同じ形式のファイルを配置した際の［読み込みオプション］ダイアログの［フォーマット］の内容で表が配置されます。なお、WordやExcel上でコピーした表は、デフォルト設定ではタブ区切りのテキストとしてペーストできます。

345

❸ 配置するファイルを指定する

[配置]ダイアログが表示されるので、配置するExcelのファイルを選択し（❹）、[開く]ボタンをクリックします。なお、読み込み方をコントロールしたい場合には、[読み込みオプションを表示]にチェックを入れておきます（❺）。

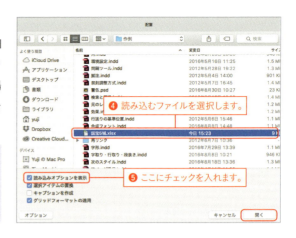

One Point 読み込みオプションを表示

読み込み方をコントロールする必要がある時以外は、[読み込みオプションを表示]はオフのまま読み込んでも大丈夫です。

❹ 読み込み方を指定する

[Microsoft Excel 読み込みオプション]ダイアログが表示されるので、読み込む[シート]や[セル範囲]、[フォーマット]を指定して（❻）、[OK]ボタンをクリックします。

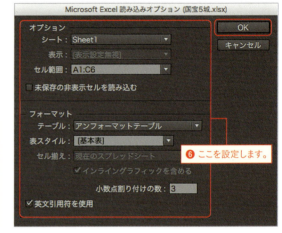

One Point セル範囲

[セル範囲]は手動で指定することが可能ですが、特に指定しなくても、InDesignが文字の入力されたセルを自動で認識して[セル範囲]を指定してくれます。表を部分的に読み込みたいといったケースで、[セル範囲]を指定するとよいでしょう。

❺ 表が読み込まれる

指定した設定でExcelの表が読み込まれるので（❼）、目的に応じて表の体裁を整えます。なお、100％元の状態のまま読み込めるわけではなく、Excelのバージョンや作り方、さらにはInDesignの読み込み方によって、読み込まれる表の状態は異なるので注意してください。

One Point [読み込みオプション]ダイアログの[フォーマット]

[Microsoft Excel読み込みオプション]ダイアログの[フォーマット]では、目的に応じて[テーブル]を選択できます。[フォーマットテーブル]では、できるだけExcel上で設定したフォーマットを保持して読み込み、[アンフォーマットテーブル]ではExcel上のフォーマットを破棄して読み込みます。また、[アンフォーマットタブ付きテキスト]は、タブ区切りのテキストとして読み込みます。

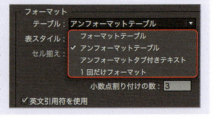

346

Chapter 10 表の作成

10-03 セルの選択とテキストの選択

マウスポインタをドラッグすることで、セルやテキストの選択は可能ですが、慣れないとなかなか思い通りに選択できません。そこで、できるだけショートカットを利用して、選択や移動を実行しましょう。素早く正確な操作が可能になります。

セル／テキストの選択と移動

❶ セル／テキストを選択する

表に関する操作は、基本的にすべて［文字ツール］で行います。マウスでドラッグすればセルやテキストを選択できますが（❶）（❷）、慣れないと選択しづらいため、escキーを使用するのがお勧めです。escキーを押すことで、セルの選択とテキストの選択を切り替えることができます。

❷ セルを移動する

選択しているセルを移動するには、tabキーを押します。tabキーを押すことで、次のセルへと移動します（❸）。また、前のセルに移動したい場合には、shift + tabキーを押します。なお、↑←↓→キーを押すことで、その方向のセルへ移動することもできます。

❸ 複数のセルを選択する

複数のセルを選択する場合、マウスで任意のセル上をドラッグして選択してもかまいませんが、shiftキーを押しながら矢印キーを押すことでも、その方向のセルを追加して選択できます（❹）。

❹ 行を選択する

任意の行をまとめて選択したい場合には、表の左端（縦組みでは上端）にマウスポインタを移動します。マウスポインタの表示が変わるところでクリックすれば（❺）、その行全体が選択されます（❻）。なお、クリックしながら上下方向（縦組みでは左右方向）にドラッグすることで、ドラッグした範囲の行をまとめて選択することも可能です。

	1950年	2011年	2030年
中国	551	1,348	1,393
インド	372	1,241	1,523
アメリカ	158	313	362
ロシア	103	143	136
日本	84	128	117

❺ マウスポインタの表示が変わります。

❻ 行が選択されます。

❺ 列を選択する

任意の列をまとめて選択したい場合には、表の上端（縦組みでは右端）にマウスポインタを移動します。マウスポインタの表示が変わるところでクリックすれば（❼）、その列全体が選択されます（❽）。なお、クリックしながら左右方向（縦組みでは上下方向）にドラッグすることで、ドラッグした範囲の列をまとめて選択することも可能です。

❼ マウスポインタの表示が変わります。

❽ 列が選択されます。

❻ 表全体を選択する

表全体を選択したい場合には、表の左上端（縦組みでは右上端）にマウスポインタを移動します。マウスポインタの表示が変わるところでクリックすれば（❾）、表全体が選択されます（❿）。

❾ マウスポインタの表示が変わります。

❿ 表全体が選択されます。

Chapter 10 表の作成

10-04 表のサイズをコントロールする

表のサイズ変更は、マウス操作のみでも可能ですが、きちんと数値でサイズを調整したい場合には、[表]パネル、あるいは[コントロール]パネルで、目的のセルに対して数値を指定します。また、[行の高さ]は固定させるだけでなく、テキスト量によって可変させることも可能です。

マウス操作による表のサイズ変更

❶ マウス操作で境界線を移動する

表のサイズのコントロールは、マウス操作で行う方法と、数値を指定して調整する方法があります。正確な値で表を作成するには数値を指定しますが、ここではまず、マウス操作でサイズを変更してみましょう。[文字ツール]を選択してマウスポインタを境界線上に移動させると、マウスポインタの表示が変わります(❶)。この状態で境界線をつかんでドラッグすると境界線が移動し、表全体のサイズが変わります(❷)。

❶ マウスポインタの表示が変わります。

❷ 境界線が移動し、表のサイズが変わります。

❷ 表のサイズは変えずに境界線を移動する

表全体のサイズはそのままで、特定の境界線のみ位置を移動したい場合には、shiftキーを押しながら境界線をつかんでドラッグします(❸)。表全体のサイズはそのままで、境界線のみが移動します(❹)。

❸ マウスポインタの表示が変わります。

❹ 表のサイズはそのままで、境界線のみが移動します。

❸ 表全体のサイズを変更する

表全体のサイズを変更する場合は、［文字ツール］を選択してマウスカーソルを表の境界線の右下（縦組みでは左下）に移動させます。マウスポインタの表示が変わったら（❺）、ドラッグしてサイズを変更します（❻）。

❺ マウスポインタの表示が変わります。

❻ 表全体のサイズが変わります。

数値指定による表のサイズ変更

❶ ［表］パネルを表示する

数値を指定して表のサイズをコントロールする場合には、［コントロール］パネル、または［表］パネルを使用します。ここでは、［表］パネルを使用したいと思います。まず、［ウィンドウ］メニューから［書式と表］→［表］を選択して（❶）、［表］パネルを表示しておきます。

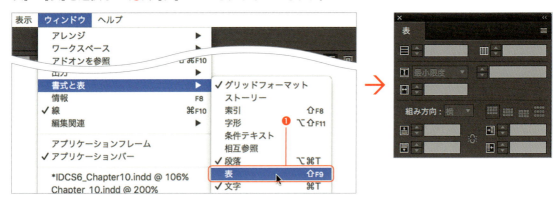

❷ セルを選択する

サイズを数値指定したいセルを［文字ツール］で選択します（❷）。図では、すべてのセルを選択していますが、行や列ごとにサイズを変えたい場合には、目的のセルのみを選択します。

❷ セルを選択します。

❸ ［行の高さ］と［列の幅］を設定する

［表］パネルの［行の高さ］を［最小限度］から［指定値を使用］に変更し（❸）、数値を入力します（❹）。次に［列の幅］を数値指定します（❺）。選択していたセルのサイズが、指定したサイズに変更されます（❻）。

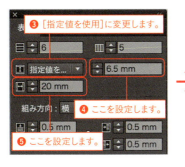

One Point　［行高の均等化］と［列幅の均等化］

［表］メニューには、［行高の均等化］と［列幅の均等化］コマンドがあり、実行することで選択しているセルの行や幅を同じサイズに設定できます。

One Point　サイズ設定時のセルの選択

選択したセルに対して［行の高さ］や［列の幅］を設定しますが、セルは選択していても、テキスト内にカーソルがある状態でもかまいません。ただし、［行の高さ］を設定する場合は、選択しているセルの同一行すべて、［列の幅］を設定する場合は、選択しているセルの同一列すべてのサイズが変更されます。

One Point　［最小限度］とは

［表］パネルの［行の高さ］には、デフォルトで［最小限度］が選択されています。この場合、セル内のテキスト量に応じてサイズが可変するセルとして運用できます。
例えば、セル内の［フォントサイズ］が16Q、［行送り］が20Hで、［上部セルの余白］と［下部セルの余白］がそれぞれ「0.5mm」だったとします。テキストが1行の場合、［行の高さ］は16Q（4mm）＋0.5mm＋0.5mmで5mmとなり、テキストが2行の場合には、16Q（4mm）＋20H（5mm）＋0.5mm＋0.5mmで10mmとなります。このように、［行の高さ］に［最小限度］が選択されている場合、テキスト量に応じて［行の高さ］が自動的に可変する表を作成できます。

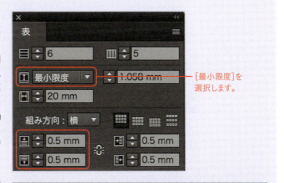

文字サイズ＋上部セルの余白＋下部セルの余白で［行の高さ］が決まります。

文字サイズ＋行送り＋上部セルの余白＋下部セルの余白で［行の高さ］が決まります。

Chapter 10 表の作成

10-05 セル内のテキストを設定する

セル内のテキストへの書式設定は、通常のテキスト同様、[段落]パネルや[文字]パネルを使用して行います。しかし、セル内でのテキストの揃えやセルとの余白、組み方向等は、[表]パネルを使って設定を行います。

セル内のテキストの設定

❶ セルをすべて選択する

セル内のテキストへの書式設定は、通常のテキスト同様、[文字]パネルや[段落]パネルから行います。しかし、セル内でのテキストの揃えやセルの余白等は、[表]パネルから実行します。ここでは、いろいろと設定を行ってみましょう。まず、セルをすべて選択します（❶）。

❷ テキストをセルの天地中央に揃える

テキストをセルの天地の中央に揃えたいので、[表]パネルで[中央揃え]を選択します（❷）。選択しているセル内のテキストすべてが、天地の中央に揃います（❸）。

❶ セルを選択します。

❷ ここをクリックします。

❸ テキストがセルの天地の中央に揃います。

> **One Point　セル内のテキスト揃え**
>
> セル内のテキスト揃えには、[上揃え][中央揃え][下揃え][均等配置]があり、デフォルトでは[上揃え]が選択されています。セル内では、それぞれ図のように文字が揃います。
>
>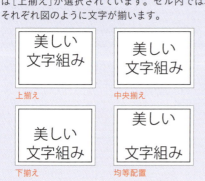
>
> 上揃え　　中央揃え
>
> 下揃え　　均等配置

352

❸ 目的のセルを選択する

今度は一番上の行のみ、テキストをセルの左右中央に設定してみましょう。まず、一番上の行のみ選択します（❹）。

	1950年	2011年	2030年	2050年
中国	551	1,348	1,393	1,296
インド	372	1,241	1,523	1,692
アメリカ	158	313	362	403
ロシア	103	143	136	126
日本	84	128	117	97

❹ セルを選択します。

❹ 段落の文字揃えを設定する

［段落］パネルで［中央揃え］を選択すると（❺）、テキストはセルの左右中央に設定されます（❻）。

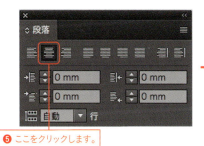

❺ ここをクリックします。

	1950年	2011年	2030年	2050年
中国	551	1,348	1,393	1,296
インド	372	1,241	1,523	1,692
アメリカ	158	313	362	403
ロシア	103	143	136	126
日本	84	128	117	97

❻ セルの左右中央に揃います。

❺ 目的のセルを選択する

今度は一番左の列のセルの余白を設定してみましょう。まず、一番左の列のみ選択します（❼）。

	1950年	2011年	2030年	2050年
中国	551	1,348	1,393	1,296
インド	372	1,241	1,523	1,692
アメリカ	158	313	362	403
ロシア	103	143	136	126
日本	84	128	117	97

❼ セルを選択します。

❻ セル内に余白を設定する

［表］パネルで、［上部セルの余白］［下部セルの余白］［左セルの余白］［右セルの余白］を目的に応じて設定すると（❽）、指定した値でセル内に余白が適用されます（❾）。

❽ ここを設定します。

❾ セル内に余白が設定されます。

353

❼ 目的のセルを選択する

残りのセルの段落揃えと余白を設定してみましょう。残りのセルをすべて選択します（❿）。

❽ 段落揃えと余白を設定する

［段落］パネルで［段落揃え］（⓫）、［表］パネルで［上部セルの余白］［下部セルの余白］［左セルの余白］［右セルの余白］をそれぞれ設定します（⓬）。ここでは［段落揃え］に［右揃え］を選択し、［右セルの余白］のみ「2mm」としました。

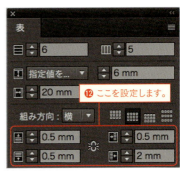

❾ テキストに適用される

指定した［段落揃え］や［セルの余白］がセル内のテキストに適用されます（⓭）。

One Point 組み方向

InDesignの表組みでは、セル内テキストに対して縦組みと横組みの切り替えが可能です。目的のセルまたはテキストを選択した状態で、［表］パネルの［組方向］を切り替えます。これにより、横組みテキストを縦組みに切り替えたり、またその逆も可能になります。

One Point テキストのあふれ

セル内でテキストがあふれた状態になると、図のように赤い丸印が表示されます。あふれたテキストは選択できないため、セルのサイズを変更するなどして対処する必要がありますが、セル内にカーソルをおき、［編集］メニューから［ストーリーエディターで編集］を実行すれば、セルのサイズを変えずにテキストが編集可能になります。

Chapter 10 表の作成

10-06 パターンの繰り返しを設定する

InDesignでは、セルのカラーや罫線の種類、太さ、カラー等をパターンとして繰り返す設定が可能です。これにより、一行ごとに異なるカラーを繰り返す表を簡単に作成できます。もちろん、選択したセルや罫線に対して個別に設定することも可能です。

パターンの繰り返し設定

❶ 表を選択し、塗りのスタイルを実行する

セルに対して、1行ごとに反復するカラーを設定してみましょう。まず、[文字ツール]で表をすべて選択し（❶）、[表]メニューから[表の属性]→[塗りのスタイル]を選択します（❷）。

❶ 表を選択します。

❷ 塗りのスタイルを設定する

[塗りのスタイル]タブが選択された状態で[表の属性]ダイアログが表示されるので、[パターンの繰り返し]に[1行ごとに反復]を選択して（❸）、繰り返すカラーをそれぞれ設定します（❹）。また、ここでは1行目のみ後から別のカラーを設定したいので、最初の1行をスキップする設定にし（❺）、[OK]ボタンをクリックします。

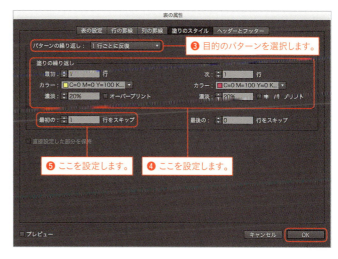

❸ 目的のパターンを選択します。
❺ ここを設定します。
❹ ここを設定します。

❸ カラーが適用される

指定したカラーが1行ごとに反復して適用されます（❻）。

	1950年	2011年	2030年	2050年
中国	551	1,348	1,393	1,296
インド	372	1,241	1,523	1,692
アメリカ	158	313	362	403
ロシア	103	143	136	126
日本	84	128	117	97

❻ 1行ごとに反復してカラーが適用されます。

❹ 行を選択する

今度は、一番上の行に対してカラーを適用してみましょう。まず、［文字ツール］で一番上の行を選択します（❼）。

	1950年	2011年	2030年	2050年
中国	551	1,348	1,393	1,296
インド	372	1,241	1,523	1,692
アメリカ	158	313	362	403
ロシア	103	143	136	126
日本	84	128	117	97

❼ この行を選択します。

❺ 行に対してカラーを設定する

［スウォッチ］パネルや［カラー］パネルを使って任意のカラーを設定します（❽）。指定したカラーが、選択している行に対して適用されます（❾）。このように、選択したセルに対して個別にカラーを設定することも可能です。

❽ カラーを設定します。
❾ カラーが適用されます。

> **One Point**　［行の罫線］と［列の罫線］
>
> ［表の属性］ダイアログの［塗りのスタイル］タブでは、反復した塗りのカラー設定が可能ですが、［行の罫線］タブや［列の罫線］タブでは、反復した罫線のパターンの繰り返しが可能です。線の種類はもちろん、線のカラーや太さを反復させることができます。

356

Chapter 10 表の作成

10-07 罫線を設定する

表の罫線（境界線）はさまざまな方法で設定できますが、［線］パネルや［コントロール］パネルを使用するのが便利です。セルの境界線ごとに異なる設定が可能で、また［セルの属性］ダイアログからは斜線の設定も可能です。

罫線の設定

❶ 表を選択する

罫線は［表の属性］ダイアログや［セルの属性］ダイアログでも設定できますが、パターンとして設定しないのであれば、［線］パネル（あるいは［コントロール］パネル）で設定するのが便利です。まず、［文字ツール］で罫線を設定したいセルを選択します（❶）。ここでは、表すべてを選択しました。

	1950年	2011年	2030年	2050年
中国	551	1,348	1,393	1,296
インド	372	1,241	1,523	1,692
アメリカ	158	313	362	403
ロシア	103	143	136	126
日本	84	128	117	97

❶ 表を選択します。

❷ 線幅を設定する

［線］パネルを表示させると、パネル下部に境界線が表示されているはずです。青くハイライトされている状態が選択されていることを意味しており、この境界線上をクリックすることで選択と選択解除を切り替えることができます。ここでは、すべての境界線を選択した状態にし（❷）、［線幅］を「0.1mm」に設定しました（❸）。指定した線幅がすべての罫線に適用されます（❹）。なお、［種類］に「点線」等を指定した場合は、［間隔のカラー］も設定できます。

❸ ここを設定します。
❷ 境界線を選択します。
❹ 線幅が適用されます。

357

❸ 外側の罫線の太さを変更する

今度は、表の外側の罫線のみ太さを変更してみましょう。表のセルすべてを選択したら、［線］パネル下部の境界線が外側のみ選択された状態にして（❺）、［線幅］を変更します（❻）。ここでは「0.3 mm」に設定したので、表の外側の罫線のみ太くなりました（❼）。

> **One Point　境界線の選択**
> ［線］パネル下部に表示される境界線は、選択しているセルの状態によって可変します。それぞれの境界線は、クリックすることで選択／非選択を切り替えられますが、外側のいずれかの境界線上をダブルクリックすると、外側のすべての境界線の選択／非選択を切り替えられ、内側のいずれかの境界線上をダブルクリックすると、内側のすべての境界線の選択／非選択を切り替えられます。また、いずれかの境界線をトリプルクリックすると、すべての境界線の選択／非選択を切り替えられます。

❹ 任意のセルを選択する

今度は一番上の行のみ選択します（❽）。

❺ 任意の罫線の太さを変更する

［線］パネル下部の境界線で、一番下の境界線だけが選択された状態にし（❾）、［線幅］を「0.3 mm」に設定しました（❿）。1行目の下側の罫線のみが太く変更されました（⓫）。このように、任意の罫線の太さを変更することも可能です。

358

斜線の設定

❶ セルを選択する

任意のセルに対して、斜線を設定してみましょう。[文字ツール]で斜線を設定したいセルを選択します（❶）。

❷ 斜線の設定を表示する

[表]メニューから[セルの属性]→[斜線の設定]を選択します（❷）。

❸ 斜線の設定を行う

[斜線の設定]タブが選択された状態で[セルの属性]ダイアログが表示されるので、目的の斜線のアイコンを選択し（❸）、斜線の内容を設定して（❹）、[OK]ボタンをクリックします。

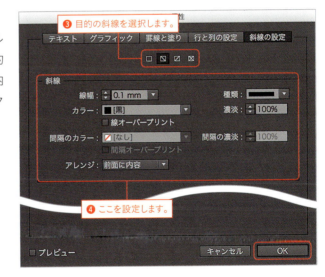

❹ 斜線が適用される

選択していたセルに対して、指定した内容の斜線が適用されます（❺）。

359

Chapter 10 表の作成

10-08 行や列を追加・削除する

行や列の追加・削除は、[表]パネルまたは[表]メニューから実行します。[表]パネルから実行する場合には、最終行や最終列が追加・削除されるのに対し、[表]メニューから実行する場合には、選択している行や列に対して追加や削除が適用されます。

[表]パネルでの行や列の追加・削除

❶ **表を選択する**

行や列は追加・削除が可能です。[表]パネルや[表]メニューから指定できますが、まずは[表]パネルから追加や削除をしてみましょう。[文字ツール]で表を選択します（❶）。

❷ **行を追加する**

[表]パネルの[行数]を「6」から「7」に変更すると（❷）、最終行に1行追加されます（❸）。

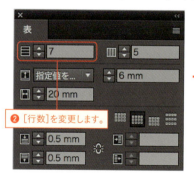

❸ **表を選択する**

[文字ツール]で表を選択します（❹）。

360

❹ 列を削除する

[表]パネルの[列数]を「5」から「4」に変更すると行を削除できますが（❺）、その行にテキストが含まれる場合、削除の可否を訊ねるアラートが表示されます。ここでは[OK]ボタンをクリックします。

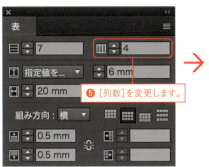
❺ [列数]を変更します。

❺ 列が削除される

指定した列数になるよう最終列が削除されます（❻）。

	1950年	2011年	2030年
中国	551	1,348	1,393
インド	372	1,241	1,523
アメリカ	158	313	362
ロシア	103	143	136
日本	84	128	117

❻ 列が削除されます。

[表]メニューでの行や列の追加・削除

❶ 行を選択し、行を挿入するコマンドを実行する

今度は、[表]メニューから行や列の追加・削除を実行してみましょう。[文字ツール]で任意の行を選択し（❶）、[表]メニューから[挿入]→[行]を選択します（❷）。

	1950年	2011年	2030年	2050年
中国	551	1,348	1,393	1,296
インド	372	1,241	1,523	1,692
アメリカ	158	313	362	403
ロシア	103	143	136	126
日本	84	128	117	97

❶ 行を選択します。

One Point 行と列のドラッグ&ドロップ機能

CC 2014から、行や列をマウス操作のみでドラッグして移動可能になりました。任意の行または列を選択したら、マウスで目的の位置までドラッグし、図のようにハイライトされた位置でマウスを離せば移動できます。

❷ 行が追加される

［行を挿入］ダイアログが表示されるので、挿入する［行数］を指定し（❸）、現在選択している行の［上］［下］のどちらに追加するかを選択して（❹）、［OK］ボタンをクリックします。指定した内容で行が追加されます（❺）。

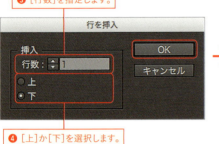

❸ 列を選択する

今度は列を削除してみましょう。まず、削除したい列を選択します（❻）。

❹ 列を削除するコマンドを実行する

［表］メニューから［削除］→［列］を選択します（❼）。

❺ 列が削除される

選択していた列が削除されます（❽）。

362

Chapter 10　表の作成

10-09　セルの結合と分割

InDesignでは、複数のセルを結合したり、結合したセルを元に戻したりできます。また、セルを縦や横に分割することも可能です。適用方法も、[表]メニューから目的のコマンドを実行するだけと、非常に簡単です。

セルの結合

❶ セルを選択する

セルは結合したり、分割したりできます。まずは、結合してみましょう。[文字ツール]で結合したいセルを選択します（❶）。

❷ セルを結合する

[表]メニューから[セルの結合]を選択すると（❷）、選択していたセルが結合されます（❸）。なお、[表]メニューから[セルを結合しない]を選択すると（❹）、セルを結合前の状態に戻すことができます（❺）。

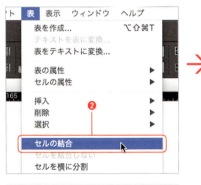

セルの分割

❶ セルを選択する

セルを分割する場合は、まず［文字ツール］で分割したいセルを選択します（❶）。

❷ セルを分割する

［表］メニューから［セルを横に分割］を選択すると（❷）、選択していたセルが横に分割され（❸）、［セルを縦に分割］を選択すると（❹）、選択していたセルが縦に分割されます（❺）。

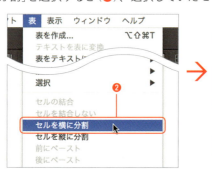

One Point　テキストフレームを表のサイズに合わせる

表はテキストフレーム内に作成しますが、横組みの表の場合、図のように横方向にテキストフレームをはみ出して作成することができます。しかし、縦方向には表をはみ出させることはできず、行があふれてしまいます。テキストフレームを表がぴったり収まるサイズに変更したい場合には、［選択ツール］でテキストフレームを選択し、［コントロール］パネルの［フレームを内容に合わせる］ボタンをクリックします。

364

Chapter 10　表の作成

10-10　ヘッダー・フッターを設定する

ヘッダーやフッターを設定することで、連結されたテキストフレームの先頭行や最終行に対して、自動的にヘッダーやフッターを繰り返して表示させることができます。もちろん、行に増減があった場合でも、ヘッダーやフッターは動きません。

ヘッダーの設定

❶ 先頭行を選択する

ヘッダーやフッターを設定することで、連結されたすべてのテキストフレームに対して、自動的にヘッダーやフッターを適用できます。ここでは、連結されたテキストフレームの先頭行をヘッダーとして指定したいと思います。まず、先頭行を［文字ツール］で選択します（❶）。

❶ 先頭行を選択します。

❷ ヘッダーに指定する

［表］メニューから［行の変換］→［ヘッダーに］を選択すると（❷）、連結している他のテキストフレームの先頭行にも同じヘッダーが繰り返し表示されます（❸）。

❸ ヘッダーが表示されます。

フッターの設定

❶ フッターに設定したい行を選択する

今度はフッターを設定してみましょう。まず、[文字ツール]でフッターとして設定したい行を選択します（❶）。

❷ フッターに指定する

[表]メニューから[行の変換]→[フッターに]を選択すると（❷）、連結している他のテキストフレームの最終行にも同じフッターが繰り返し表示されます（❸）。

One Point　ヘッダー・フッターの解除

ヘッダーやフッターに設定した行を解除して、元の状態に戻したい場合は、目的の行を選択して[表]メニューから[行の変換]→[本文に]を実行します。

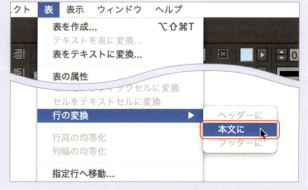

366

Chapter 10 表の作成

10-11 表のテキストを差し替える

表の体裁はそのままで、表中テキストのみを差し替えることも可能です。あらかじめ、差し替えるテキストをコピーしておき、InDesign上でセルを選択してペーストするだけと作業も非常に簡単です。タブ区切りのテキストだけでなく、Excelのセルを直接コピーしてもOKです。

表中テキストの差し替え

❶ 差し替えるテキストをコピーしておく

表の体裁はそのままで、表中テキストのみを差し替えたい場合には、あらかじめ差し替えるテキストをコピーしておきます。Excelファイルで差し替える範囲のセルを選択してコピーしてもかまいませんし、タブ区切りのテキストをコピーしておいてもかまいません（❶）。

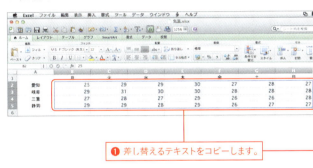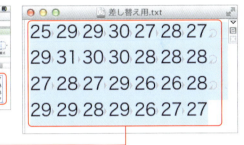

❶ 差し替えるテキストをコピーします。

❷ ペーストしてテキストを差し替える

InDesign上の表で、文字を差し替えたいセルを［文字ツール］で選択し（❷）、ペーストを実行します。すると、選択していたセルのテキストが、あらかじめコピーしておいたテキストに差し替わります（❸）。

	月	火	水	木	金	土	日
愛知	27	27	26	26	27	29	30
岐阜	26	26	26	25	26	29	31
三重	26	26	25	25	26	26	29
静岡	26	26	26	26	27	28	30

❷ セルを選択します。　❸ テキストが差し替わります。

	月	火	水	木	金	土	日
愛知	25	29	29	30	27	28	27
岐阜	29	31	30	30	28	28	28
三重	27	28	27	29	26	26	28
静岡	29	29	28	29	26	27	27

One Point　コピー元とコピー先のセル数に注意

タブ等で区切られたコピー元のテキストの数と、コピー先のセルの数が異なっていると、余分なセルが追加されたり、元のテキストが残ったりする場合があるので、注意してください。

Chapter 10　表の作成

10-12　表スタイルとセルスタイルを作成する

表にもスタイル機能が用意されています。表全体の外観をコントロールする表スタイルと、セル単位での設定をコントロールするセルスタイルです。セルスタイル内には段落スタイルを指定でき、さらに表スタイル内にはセルスタイルを指定できます。

セルスタイルの作成

❶ 段落スタイルを作成する

表スタイルやセルスタイルを作成して運用すれば、素早く表の外観を設定できます。表全体の外観をコントロールする表スタイルと、セル単位で設定を行うセルスタイルがあり、表スタイル内にセルスタイルを指定することができます。また、セルスタイル内には段落スタイルを指定できるため、これらをうまく運用するためには、まず段落スタイルを登録し、次にセルスタイル、そして最後に表スタイルを作成するという手順がお勧めです。まずは、表中テキストに適用する段落スタイルを作成しておきます。ここでは、「head」「left」「main」という 3 つの段落スタイルを作成しました（❶）。なお、段落スタイルの作成方法は、Chapter 6『6-01 段落スタイルを作成する』を参照してください。

❷ パネルを表示させる

［ウィンドウ］メニューの［スタイル］から［表スタイル］と［セルスタイル］を選択して、それぞれのパネルを表示させておきます（❷）。

❸ セルスタイルを作成する

[文字ツール]でメインのテキスト部分を選択し（❸）、[セルスタイル]パネルの[新規スタイルを作成]ボタンをクリックします（❹）。

❸ セルを選択します。

❹ ここをクリックします。

❹ スタイル名をダブルクリックする

新しくセルスタイルが作成されるので（図では「セルスタイル1」）、スタイル名の部分をダブルクリックします（❺）。

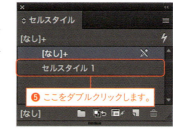
❺ ここをダブルクリックします。

❺ セルスタイルを編集する

[セルスタイルオプション]ダイアログが表示されるので、[スタイル名]を入力し（❻）、[段落スタイル]にセル内のテキストに適用したい段落スタイルを指定して（❼）、[OK]ボタンをクリックします。ここでは[スタイル名]を[main]とし、[段落スタイル]にあらかじめ作成しておいた[main]を指定しました。

❻ 名前を付けます。
❼ 段落スタイルを指定します。

One Point　設定内容の確認

[セルスタイルオプション]ダイアログでは、[一般]以外にも、[テキスト][罫線と塗り][斜線の設定]カテゴリーがあります。それぞれのカテゴリーを表示させ、きちんと設定内容が反映されているかを確認しましょう。

369

❻ 他のセルスタイルを作成する

同様の手順で、表の先頭行と左側の列用のセルスタイルを作成します。ここでは、段落スタイル[head]を指定したセルスタイル[head]と（❽）、段落スタイル[left]を指定したセルスタイル[left]を作成しました（❾）。

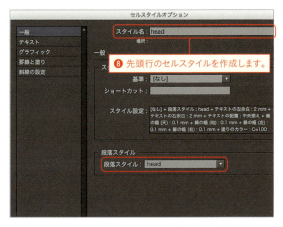

❽ 先頭行のセルスタイルを作成します。

❾ 左側の列のセルスタイルを作成します。

❼ セルスタイルが登録される

トータルで3つのセルスタイルを作成しました（❿）。

❿ セルスタイルを3つ作成しました。

One Point　スタイルとのリンクを切断

表スタイル内にセルスタイルを指定して表をコントロールする場合には、個別のセルに設定していた同じセルスタイルは、リンクを切断しておくのがベストです。リンクを切断しておかないと、表スタイルとセルスタイルの両方から同じ設定がリンクされることになり、どの設定が反映されているのかが分かりづらくなるからです。リンクの切断は、目的のセルを選択した状態で［セルスタイル］パネルのパネルメニューから［スタイルとのリンクを切断］を選択すればOKです。

370

表スタイルの作成

❶ 表スタイルを作成する

今度は、表スタイルを作成します。[文字ツール]で表を選択し（❶）、[表スタイル]パネルの[新規スタイルを作成]ボタンをクリックします（❷）。

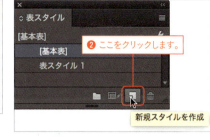

❷ スタイル名をダブルクリックする

新しく表スタイルが作成されるので（図では「表スタイル1」）、スタイル名の部分をダブルクリックします（❸）。

❸ 表スタイルを編集する

[表スタイルオプション]ダイアログが表示されるので、[スタイル名]を入力し（❹）、[セルスタイル]の各ポップアップメニューにそれぞれ目的のセルスタイルを指定します（❺）。ここでは、[ヘッダー行]に[head]、[左/上の列]に[left]、[本文行]に[main]を指定しました。

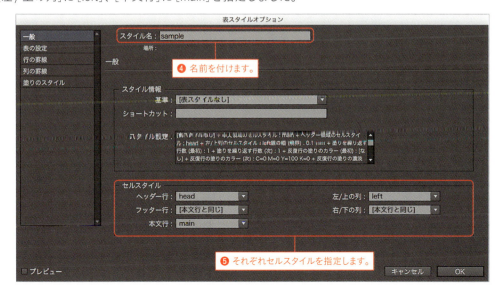

❹ [表の設定]を設定する

次に、左側のカテゴリーから[表の設定]を選択し（❻）、[表の境界線]を設定します（❼）。

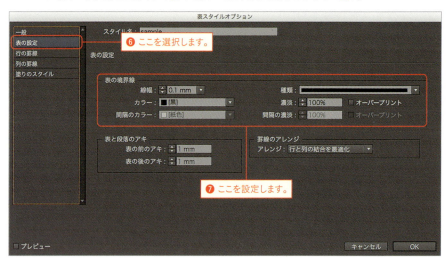

❺ [塗りのスタイル]を設定する

次に、左側のカテゴリーから[塗りのスタイル]を選択し（❽）、[パターンの繰り返し]を設定して（❾）、[OK]ボタンをクリックします。図のように設定しましたが、必要に応じて[行の罫線]や[列の罫線]カテゴリーも設定します。

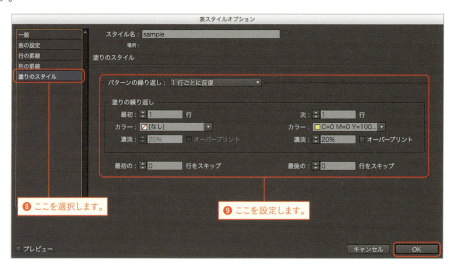

❻ 表スタイルが登録される

指定した内容で表スタイルが登録されます（❿）。

❼ **表スタイルが反映される**

選択していた表に対しても、表スタイルの内容が反映されます（⓫）。

	1950年	2011年	2030年	2050年
中国	551	1,348	1,393	1,296
インド	372	1,241	1,523	1,692
アメリカ	158	313	362	403
ロシア	103	143	136	126
日本	84	128	117	97

⓫ 表スタイルの内容が反映されます。

表スタイルの活用

❶ 表を用意する

何も設定していない表に対して、表スタイルを適用してみましょう。ここでは、図のような表を用意しました。

	月	火	水	木	金	土	日
愛知	27	27	26	26	27	29	30
岐阜	26	26	26	25	26	29	31
三重	26	26	25	25	26	28	29
静岡	26	26	26	26	27	28	30

❷ 先頭行にヘッダーの指定をする

まず、表の先頭行に対してヘッダーの設定を実行しておきます。［文字ツール］で先頭行を選択し（❶）、［表］メニューから［行の変換］→［ヘッダーに］を選択します（❷）。

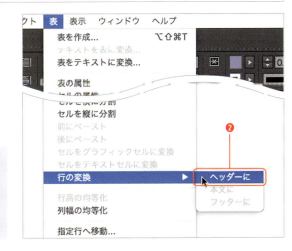

❶ 先頭行を選択します。

> **One Point　ヘッダーやフッターの設定**
>
> ヘッダーの指定がない表スタイルを適用する場合は、この手順は必要ありません。また逆に、表スタイルにフッターも指定してある場合には、さらにフッター適用の手順も必要となります。

373

❸ 表スタイルを適用する

［文字ツール］で表を選択し（❸）、［表スタイル］パネルで目的の表スタイル名をクリックして適用します（❹）。

	月	火	水	木	金	土	日
愛知	27	27	26	26	27	29	30
岐阜	26	26	26	25	26	29	31
三重	26	26	25	25	26	28	29
静岡	26	26	26	26	27	28	30

❸ 表を選択します。

❹ ここをクリックします。

❹ 表スタイルが適用される

表スタイルが適用され、表スタイルの設定内容が反映されます。

	月	火	水	木	金	土	日
愛知	27	27	26	26	27	29	30
岐阜	26	26	26	25	26	29	31
三重	26	26	25	25	26	28	29
静岡	26	26	26	26	27	28	30

One Point　表スタイル適用時の注意点

表スタイルさえ作成しておけば、読み込んだ表に対して素早く外観を設定することができます。そのため、よく使用する表の外観は表スタイルとして登録しておくと便利です。ただし、表スタイルは外観を設定することはできますが、［列の幅］までは設定することができません。そのため、表の各セルのサイズは手動で設定する必要があります。

また、表スタイル内に複数のセルスタイルを指定している場合、セルスタイルが重なり合う部分では、以下の優先度でセルスタイルが適用されます。

❶ ヘッダー・フッター、❷ 左の列・右の列、❸ 本文行

例えば、［ヘッダー］のセルスタイルと［本文行］のセルスタイルの罫線の太さが異なる場合、となりあう罫線には［ヘッダー］のセルスタイルに指定された罫線の太さが適用されます。

	月	火	水	木	金	土	日
愛知	27	27	26	26	27	29	30
岐阜	26	26	26	25	26	29	31
三重	26	26	25	25	26	28	29
静岡	26	26	26	26	27	28	30

表スタイル名をクリックするだけで、素早く表の外観を変更できます。

Chapter 10　表の作成

10-13　グラフィックセルを活用する

CC 2015の表組みでは、テキストセル／グラフィックセルという概念が追加されました。これまでも表のセル内への画像配置は可能でしたが、グラフィックセルの機能により、表のセル内での画像のコントロールがより快適になっています。

グラフィックセルの使用

❶ 表を用意する

CC 2015では、テキストセル／グラフィックセルという概念が追加されました。図のような表を用意し、セル内に画像を配置してみましょう。

Illustrator	進化し続けるベクトルグラフィックツール
Photoshop	世界最高峰のプロフェッショナル画像編集ツール
InDesign	印刷および電子出版のためのプロフェッショナルデザインツール
Acrobat	PDF 文書およびフォームの作成、編集、署名の追加

❷ 表を用意する

デスクトップやAdobe Bridge等から、複数の画像をInDesignドキュメント上にドラッグし、目的の各セル上でクリックして配置していきます（❶）。

↓

> **One Point　CC 2014までのセルの動作**
>
> CC 2014までのバージョンでも、セル内への画像の配置は可能です。しかし、セルのサイズより大きな画像を配置すると、図のようにオーバーセットの状態になり、編集が困難になります。このような場合は、あらかじめ画像サイズを調整後にセル内に配置すると良いでしょう。
>
>

❶ 画像がセル内に配置されます。

❸ グラフィックセルを選択する

配置した画像のサイズを調整するために、［文字ツール］で2列目のセルを選択します（❷）。

❷ セルを選択します。

375

❹ グラフィックセルのサイズ調整を行う

まずは、セル内にアキを設けたいので、[表]パネルの上下左右の[セルの余白]を設定します。ここでは、すべて「1mm」としました（❸）。
次に、[コントロール]パネルの[内容を縦横比率に応じて合わせる]ボタンをクリックします（❹）。

❸ [セルの余白]を設定します。

❹ ここをクリックします。

❺ 画像のサイズが調整される

指定した内容でグラフィックセル内の画像のサイズが変更されます（❺）。

❺ 画像のサイズが変更されます。

❻ テキストセルとグラフィックセルの変更

なお、セル内に画像を配置すれば自動的にグラフィックセルになりますが、[表]パネルのパネルメニューからテキストセルをグラフィックセル（あるいは、その逆）に変更することもできます（❻）。

❻ ここを選択します。

One Point [グラフィック]タブ

[表]メニューの[セルの属性]には、新しく[グラフィック]という項目が追加され、[セルの属性]ダイアログの[グラフィック]タブからは、[セルの余白]や[クリッピング]を指定できます。

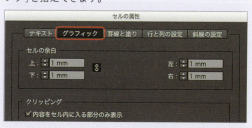

376

Chapter 11
その他の便利な機能

11-01　ブック機能でドキュメントをまとめる p.378

11-02　ドキュメントを同期する p.381

11-03　目次を作成する p.383

11-04　索引を作成する p.387

11-05　データ結合を実行する p.391

11-06　XMLを利用した組版 p.397

Chapter 11　その他の便利な機能

11-01 ブック機能でドキュメントをまとめる

ブック機能を使用することで、複数のドキュメントを一冊の本のようにまとめて扱うことが可能になります。ページ番号を自動で適用したり、プリフライトやパッケージ、プリント、PDF書き出しといった機能も、ブックファイルに対してまとめて実行することができます。

ブックファイルの作成

❶ ブックを作成する

ブックファイルを作成するには、[ファイル]メニューから[新規]→[ブック]を選択します（❶）。

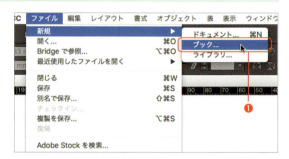

❷ [名前]と[場所]を指定する

[新規ブック]ダイアログが表示されるので、[名前]と[場所]を指定して（❷）、[保存]ボタンをクリックします。

❷ ここを指定します。

❸ ブックファイルが作成される

指定した場所にブックファイル（拡張子.indb）が作成され（❸）、指定した名前の[ブック]パネルが表示されます（❹）。

❸ ブックファイルが作成されます。

❹ [ブック]パネルが表示されます。

> **One Point　ブックファイル**
>
> ブックファイルは、通常のInDesignファイル同様、独立したひとつのファイルです。そのため、内容に変更等があった場合には、[ブック]パネル上で[ブックの保存]を実行します。

378

ブックへのドキュメントの登録

❶ ドキュメントを追加する

[ブック]パネルにドキュメントを追加するには、[ブック]パネルの[ドキュメントの追加]ボタンをクリックします(❶)。パネルメニューから[ドキュメントの追加]を実行してもかまいません。

❷ ドキュメントを指定する

[ドキュメントを追加]ダイアログが表示されるので、追加するドキュメントを選択して(❷)、[開く]ボタンをクリックします。

One Point　ドラッグしてドキュメントの追加

ドキュメントは、[ブック]パネル上にドラッグすることでも追加することが可能です。

❸ ドキュメントが追加される

指定したドキュメントが、[ブック]パネルに追加されます(❸)。ドキュメント名をダブルクリックすれば、そのドキュメントを開くことができます。なお、ドキュメント名の右側の数字はページ番号をあらわしており、[ページ番号とセクションの設定]ダイアログで[自動ページ番号]が選択されている場合は、ブックとして登録されたドキュメントに対して、自動的に連番がふられます。

One Point　[ブック]パネルのアイコン表示

[ブック]パネルでは、各ドキュメントの状況をアイコン表示で確認できます。内容に変更があったことをあらわすアイコンや、リンク切れをあらわすアイコンが表示された場合には、その問題点を修正する必要があります。

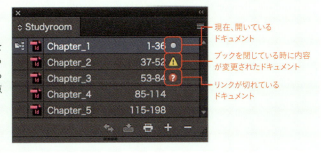

ページ番号の設定

❶ ドキュメントの順番を変更する

［ページ番号とセクションの設定］ダイアログで［自動ページ番号］が選択されている場合、追加したドキュメントの順番を変更すると、自動的にページ番号も修正されます。［ページ］パネル上で、移動したいドキュメントを選択して、目的の位置までドラッグします（❶）。

❷ ページ番号が修正される

マウスを離すとドキュメントの順番が変更され（❷）、自動的にページ番号が修正されます（❸）。

❸ ページ番号設定の変更

なお、［ページ］パネルのパネルメニューから［ブックのページ番号設定］を選択すると（❹）、［ブックのページ番号設定］ダイアログが表示され、どのようにページ番号をふるかを設定できます（❺）。

> **One Point**　［ブック］パネルのパネルメニュー
>
> ［ブック］パネルのパネルメニューには、プリフライトやパッケージ、プリント、PDF 書き出しといったコマンドが用意されており、ブックファイルすべてに対して一気に実行できます。
>
>

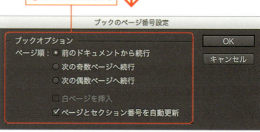

Chapter 11 その他の便利な機能

11-02 ドキュメントを同期する

ブックファイルを同期することで、ドキュメント内のさまざまな設定をコピーして使用することができます。ドキュメントごとに異なる設定を使用してしまうといったミスが起きにくく、複数のドキュメントを一括管理できます。

ドキュメントの同期

❶ スタイルソースを指定する

［ブック］パネルに登録した複数のドキュメントの基準の設定として使用するドキュメントをスタイルソースと呼び、ドキュメント名の前にスタイルソースアイコンが表示されます（❶）。スタイルソースは、ドキュメント名の前のボックスをクリックすることで変更できます（❷）。

❶ スタイルソースをあらわします。

❷ ここをクリックすると、スタイルソースを変更できます。

❷ 同期を実行する

［ブック］パネルに登録したドキュメントは、スタイルソースに指定したドキュメントのスタイルやスウォッチ等、さまざまな設定を同期（コピー）することが可能です。まず、同期したいドキュメントを選択し（❸）、パネルメニューから［選択したドキュメントを同期］を実行します（❹）。

❸ ドキュメントを選択します。

381

❸ **ドキュメントが同期される**

正常に同期が終了したことをあらわすダイアログが表示されるので(❺)、[OK]ボタンをクリックします。なお、スタイルやスウォッチ等、同じ名前の設定があった場合、スタイルソースの設定で上書きされますが、なかった場合には、スタイルソースの設定が新規で追加されます。

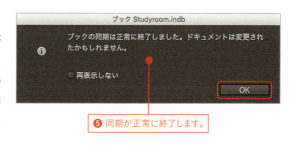

❺ 同期が正常に終了します。

❹ **同期オプションを選択する**

同期する際には、スタイルソースに設定したドキュメントのどの設定を同期させるかを指定することもできます。[ブック]パネルのパネルメニューから[同期オプション]を選択します(❻)。

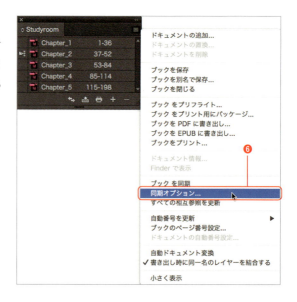

❺ **同期させる項目を指定する**

[同期オプション]ダイアログが表示されるので、同期させたい項目にチェックを入れ、同期させたくない項目はチェックをはずし(❼)、[OK]ボタンをクリックします。なお、誤って同期したくない項目まで同期してしまうことがないよう、メニューから実行するのではなく、このパネル上で[同期]ボタンを実行するのがお勧めです。

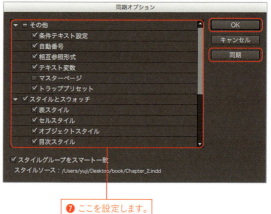

❼ ここを設定します。

> **One Point 同期の際には十分注意する**
>
> 同期したドキュメントを現在、開いている場合には、[編集]メニューから[同期を取り消し] ⌘ + Z (Windowsの場合は Ctrl + Z)を実行すれば、同期する前の状態に戻すことができます。しかし、ドキュメントを開いていない場合には、取り消しができません。意図しない結果にならないよう、同期を実行する場合には、十分注意してください。

382

Chapter 11 その他の便利な機能

11-03 目次を作成する

目次は、InDesignの目次機能を使用してテキストを抽出すると便利です。抽出したいテキストに、あらかじめ段落スタイルを設定しておくことで、目次として抽出が可能です。ページの増減やテキストの修正があった場合でも、目次の更新を実行すれば、自動的に目次の内容も修正されます。

目次の作成

❶ 目次のサンプルを作成する

InDesignでは、任意の段落スタイルから目次を作成することができます。つまり、目次として抜き出したいテキストには、段落スタイルが適用されている必要があるわけです。目次作成の実際の作業では、まずサンプルテキストを基に目次で使用する段落スタイルを作成しておくのがお勧めです（❶）。ここでは、「contents」「目次A」「目次B」という名前の3つの段落スタイルを作成しています（❷）。

❶ 目次のサンプルを作成します。

❷ 目次に使用する段落スタイルを作成します。

❷ ［目次］コマンドを実行する

では、実際に目次を作成していきましょう。［レイアウト］メニューから［目次］を選択します（❸）。

383

❸ **タイトルと段落スタイルを指定する**

[目次]ダイアログが表示されるので、[タイトル]に実際に使用するタイトルテキストを入力します（❹）。使用しないのであれば、入力しなくてもかまいません。次に、このタイトルテキストに適用する段落スタイルを指定します（❺）。ここでは「contents」という段落スタイルを指定しました。

❹ **抜き出す段落スタイルを指定する**

次に、目次として抜き出したい段落スタイルを指定します。[その他のスタイル]に表示されている段落スタイルから目的の段落スタイルを選択して（❻）、[追加]ボタンをクリックすると（❼）、この段落スタイルが[段落スタイルを含む]に登録されます（❽）。

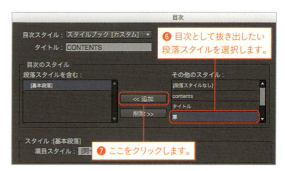

❺ **他の段落スタイルを追加する**

同様の手順で、目次として抜き出したい段落スタイルをすべて[段落スタイルを含む]に追加します（❾）。ここでは、「扉」と「タイトル」という2つの段落スタイルから目次を抽出します。次に[詳細設定]ボタンをクリックして詳細設定を表示させます（❿）。

384

❻ 抽出するテキストのスタイルを指定する

次に、目次として抜き出すテキストに対して、どのような設定で書き出すのかを指定します。まず、［段落スタイルを含む］から目的の段落スタイルを選択し（⓫）、［スタイル］の各項目を設定します（⓬）。ここでは、適用する段落スタイルを指定し、ページ番号はテキストの後にタブを挿入して表示させるよう設定しています。

❼ 抽出する他のテキストのスタイルを指定する

同様の手順で、もうひとつの段落スタイルを選択し（⓭）、［スタイル］の各項目を設定したら（⓮）、［OK］ボタンをクリックします。

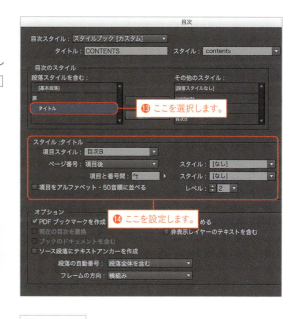

One Point　ブックのドキュメントを含む

ブックとして管理している複数のドキュメントから目次を抽出する場合には、［目次］ダイアログの［オプション］にある［ブックのドキュメントを含む］をオンにします。

❽ 目次を作成する

マウスポインタがテキスト保持アイコンに変化するので（⓯）、テキストを配置します。指定したスタイルが適用された状態で目次が作成されます（⓰）。

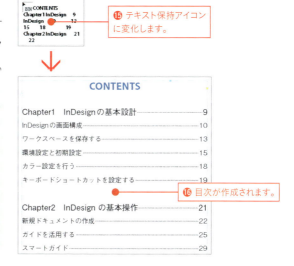

One Point　タブリーダーの処理

作例では、タブ文字に対してのみ、自動的に異なるフォントやフォントサイズ、ベースラインシフトが適用されるよう、段落スタイル内に正規表現スタイルを設定しています。なお、正規表現スタイルに関する詳細は、Chapter 6『6-08 正規表現スタイルを設定する』を参照してください。

385

目次の更新

❶ [目次の更新]を実行する

ドキュメントの内容に変更があった場合、自動的に目次を更新できます。[文字ツール]で目次テキスト内にカーソルをおき（❶）、[レイアウト]メニューから[目次の更新]を選択します（❷）。

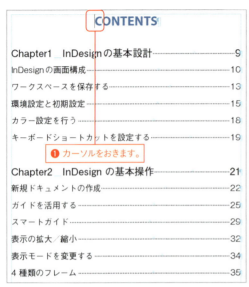
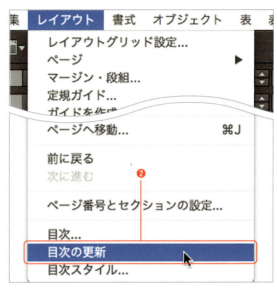

❷ [情報]ダイアログが表示される

正常に更新されたことをあらわす[情報]ダイアログが表示されるので、[OK]ボタンをクリックします。

❸ 目次が更新される

目次の内容が更新されます（❸）。

> **One Point　目次スタイル**
>
> [目次]ダイアログの[スタイルの保存]ボタンをクリックすると、設定内容を目次スタイルとして保存し、他のドキュメントで読み込んで使用できます。[レイアウト]メニューの[目次スタイル]から読み込み可能です。

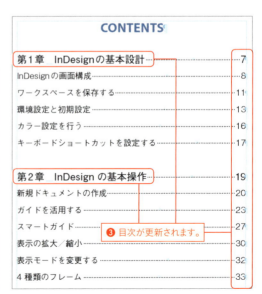

386

Chapter 11 その他の便利な機能

11-04 索引を作成する

索引として抽出したい文字列は、［索引］パネルを利用して登録していきます。登録した索引項目には、［読み］の設定を行いますが、同じ単語はまとめて登録することもできます。索引に対しても、スタイル等の書式の設定をはじめ、ページ番号の表示等、詳細にコントロールが可能です。

索引の登録

❶ ［索引］パネルを表示させる

索引として抽出したい文字列は、［索引］パネルに登録する必要があります。まず、［ウィンドウ］メニューから［書式と表］→［索引］を選択し（❶）、［索引］パネルを表示させます（❷）。

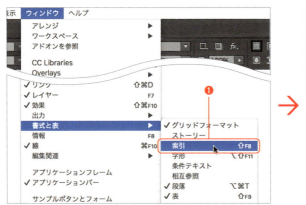

❷ ［索引］パネルが表示されます。

❷ 新規で索引項目を作成する

［文字ツール］で索引として登録したい文字列を選択し（❸）、［索引］パネルの［新規索引項目を作成］ボタンをクリックします（❹）。

❸ 文字列を選択します。
❹ ここをクリックします。

387

❸ 読みを入力する

選択していた文字列が［索引項目］として読み込まれた状態で［新規ページ参照］ダイアログが表示されるので（❺）、［読み］に読み方を入力します（❻）。［参照形式］が［現在のページ］になっていることを確認して（❼）、［OK］ボタンをクリックします。

One Point　すべて追加

［新規ページ参照］ダイアログの［すべて追加］ボタンをクリックすると、ドキュメントやブック内の同じ文字列を検索し、自動的に索引項目として追加することができます。ただし、思わぬ文字列を追加するケースもあるので、必ず確認するようにしましょう。

❹ 索引項目が登録される

［索引］パネルに索引項目の見出しとページ参照が追加されます（❽）。

One Point　索引項目の読み

［新規ページ参照］ダイアログでは、索引項目の［読み］を入力しますが、アルファベットやひらがな、カタカナの場合には、読みがなを入力する必要はありません。ただし、漢字とカタカナが混在するようなケースでは、正確にソートさせるためにも、きちんと入力するようにします。

❺ 他の索引項目を追加していく

同様の作業を繰り返して、索引項目として登録する文字列を追加していきます（❾）。

One Point　参照と見出し

［索引］パネルには、［参照］と［見出し］を切り替えるチェックボックスがあります。［参照］を選択している場合は、索引項目の見出しやページ参照が表示されますが、［見出し］を選択した場合には、見出しのみが表示されます。

388

One Point　ソートオプション

［索引］パネルのパネルメニューから［ソートオプション］を選択すると、［ソートオプション］ダイアログが表示されます。デフォルトでは、記号、数字、アルファベット、かなの順でソートされますが、各項目を索引に含めるかどうかや、ソートする順序を変更できます。索引に含めるかどうかは左側のチェックボックスで、ソートする順序はダイアログ右下の▲▼ボタンをクリックして変更できます。より上位にある項目から先にソートされます。

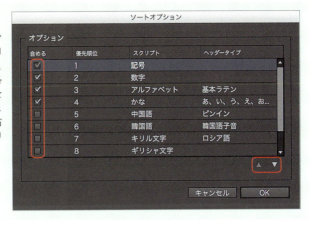

索引の作成

❶ 索引の作成を実行する

実際に索引を作成してみましょう。まず、［索引］パネルの［索引の作成］ボタンをクリックします（❶）。

❷ タイトルを入力する

［索引の作成］ダイアログが表示されるので、［タイトル］を入力して（❷）、［OK］ボタンをクリックします。

One Point　［索引の作成］の詳細設定

［索引の作成］ダイアログで［詳細設定］ボタンをクリックすると、さらに詳細な設定が可能となります。索引に適用する段落スタイルの指定をはじめ、ページ番号の区切りやページ範囲に使用する文字の指定、ページ番号に使用する文字スタイルなど、さまざまな項目の設定が可能です。

❸ 索引テキストを配置する

マウスポインタがテキスト保持アイコンに変化するので（❸）、テキストを配置します（❹）。

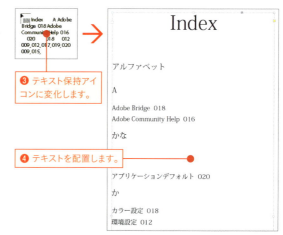

❸ テキスト保持アイコンに変化します。

❹ テキストを配置します。

❹ 段落スタイルが作成される

索引テキストを配置すると、索引に使用されている段落スタイルが、[段落スタイル]パネルに自動的に追加されます（❺）。

❺ 段落スタイルが追加されます。

❺ 索引テキストの書式を変更する

追加された段落スタイルの内容を[スタイル再定義]のコマンドを利用して変更すれば、索引テキストすべてに対して、指定した内容の書式が適用されます（❻）。

❻ 段落スタイルの書式を変更します。

One Point　索引マーカ

索引項目として登録したテキストには[索引マーカ]が追加されます。[索引]パネルでページ参照を選択して、[選択したマーカへ]ボタンをクリックすると、目的のマーカへジャンプします。なお、索引マーカは、[書式]メニューの[制御文字を表示]を実行していないと目視で確認できません。また、索引マーカは、選択して削除することも可能です。

Chapter 11　その他の便利な機能

11-05　データ結合を実行する

データ結合とは、データソースファイルとターゲットドキュメントを結合する機能で、コンマ区切り（.csv）やタブ区切り（.txt）のデータソースファイルをInDesignドキュメントに取り込んで、自動で組版された結合ファイルを作成します。

データ結合の実行

❶ データソースファイルを用意する

データ結合を実行するには、コンマ区切り（.csv）やタブ区切り（.txt）のデータソースファイルを用意します。なお、データソースファイルの1行目には、「Name」や「Number」といったフィールド名が記述されている必要があり、画像パスを含める場合はフィールド名の頭に「@」を付けます（❶）。また、「Shift JIS」か「UTF-16」で保存しておきます。一般的に、Excel等のファイルから書き出したタブ区切りのテキストに対し、フィールド名を付加すると便利です。

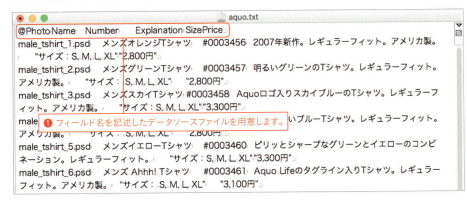

❶ フィールド名を記述したデータソースファイルを用意します。

❷ ［データ結合］パネルを表示する

［ウィンドウ］メニューから［ユーティリティ］→［データ結合］を選択して（❷）、［データ結合］パネルを表示させます。

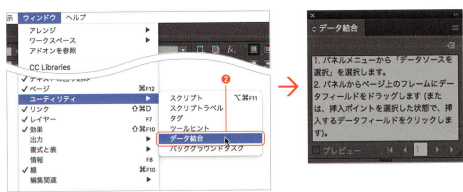

391

❸ **ターゲットドキュメントを作成する**
InDesignで、ターゲットとなるドキュメントを作成します（❸）。図では、ドキュメント左上にパーツをひとつ作成していますが、最終的にこのパーツを、ページ内に複数並べた状態で自動で複数ページを作成します。

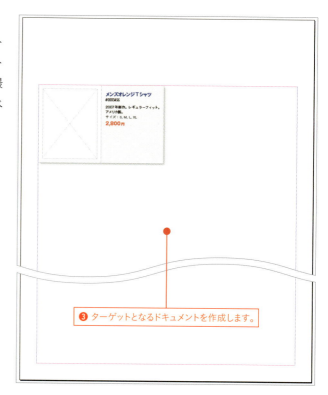

❹ **［データソースを選択］を実行する**
［データ結合］パネルのパネルメニューから［データソースを選択］を実行します（❹）。

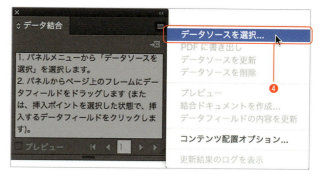

❺ **データソースを選択する**
［データソースを選択］ダイアログが表示されるので、目的のデータソースファイルを選択して（❺）、［開く］ボタンをクリックします。

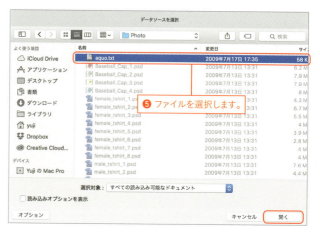

> **One Point** **データソースファイルと画像は同一フォルダに**
> 使用する画像とデータソースファイルは、あらかじめ同一フォルダ内に用意しておきます。

❻ **フィールド名が読み込まれる**

［データ結合］パネルに、フィールド名（読み込んだデータソースファイルの1行目の部分）が表示されます（❻）。

❼ **ドラッグしてフィールドを関連付ける**

［データ結合］パネルの各フィールドを、対応させたいフレーム上に関連付けます。まず、［Photo］というデータフィールドを選択し、そのまま目的のグラフィックフレーム上にドラッグします（❼）。すると、データフィールドとグラフィックフレームが関連付けられます（❽）。

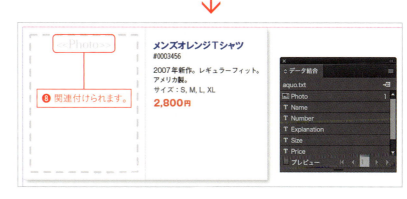

One Point　スクリプトを使用した作業

InDesignでは、データ結合以外にも、XMLを使った自動組版等がありますが、スクリプトを使用することでも、さまざまな作業を楽にすることができます。有料で販売されているプログラムはもちろん、自分の作ったスクリプトを無償で公開されている方も大勢いらっしゃいます。非常に便利なスクリプトが多数公開されていますので、ぜひ作業に役立ててください。筆者のサイト『InDesignの勉強部屋（https://study-room.info/id/）』のLinkページに、スクリプトを公開されている方のサイトを紹介していますので、参考にしてください。

❽ テキストにデータフィールドを関連付ける

今度は、テキストに対してデータフィールドを関連付けます。［文字ツール］でテキストを選択し(❾)、［データ結合］パネルで関連付けたいデータフィールドをクリックします(❿)。テキストの表示が変わり、データフィールドに関連付けられます(⓫)。

❾ すべてのデータフィールドを関連付ける

同様の手順で、すべてのテキストをデータフィールドに関連付けます(⓬)。なお、同一フレーム内に複数のフィールドを対応させる場合には、改行やスペース等、必要に応じて入力して下さい。

One Point　組版結果のプレビュー

［データ結合］パネルの［プレビュー］にチェックを入れると、実際にどのような組版結果が得られるかをプレビューできます。

394

⓾ [結合ドキュメントを作成]を実行する

[データ結合]パネルのパネルメニューから[結合ドキュメントを作成]を実行します(⓭)。

⓫ [レコード]を設定する

[結合ドキュメントを作成]ダイアログが表示されるので、まず[レコード]タブを設定します。ここでは、読み込むレコードの範囲と[ドキュメントページあたりのレコード]を設定します。作例では、[すべてのレコード]を割り付けることとし(⓮)、また1ページに複数のレコードを割り付けたいので、[複数レコード]を選択します(⓯)。

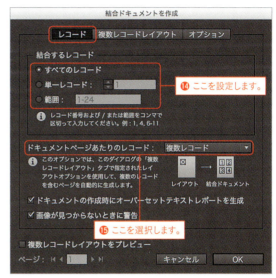

⓬ [複数レコードレイアウト]を設定する

次に[複数レコードレイアウト]タブを選択して(⓰)、複数のレコードをどのようにレイアウトするかを設定します。最初にレイアウトするレコードの位置を[マージン]に指定し(⓱)、[配置方法]と[間隔]を設定します(⓲)。

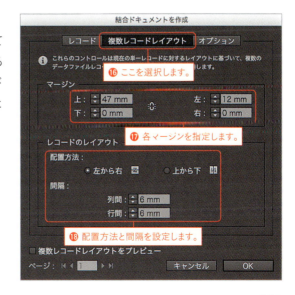

395

❸ ［オプション］を設定する

今度は［オプション］タブを選択して(⓳)、画像をどのように配置するかを設定します。［画像の配置］を設定したら(⓴)、［OK］ボタンをクリックします。なお、［複数レコードレイアウトをプレビュー］にチェックを入れると、実行前に組版結果をプレビューできます(㉑)。

❹ 結合ドキュメントが作成される

オーバーセットテキストが生成されなかったことをあらわす表示がされたら、［OK］ボタンをクリックします。ターゲットドキュメントとは別ファイルとして、複数ページの結合ドキュメントが自動で作成されます(㉒)。

One Point　XMLでも同様の組版は可能

同様の作業はXMLファイルを使用しても可能です。一般的に、データ結合はExcelで作成したファイルからタブ区切りのテキストを書き出して使用するケースが多いのに対し、XMLを使用した組版では、データベースから書き出したファイルを利用します。

Chapter 11　その他の便利な機能
11-06　XMLを利用した組版

XMLとはeXtensible Markup Languageの略で、タグ付けさせた情報のことです。InDesignではXMLを標準で扱うことができ、定型物の自動組版に威力を発揮します。また、XMLを用いることで、ワンソース・マルチユースを実現できます。

XMLファイルを読み込む

❶ XMLファイルを用意する

まず、データベース等から書き出したXMLファイルを用意します（❶）。「<タグ名>コンテンツ</タグ名>」といったように、HTML同様、コテンツを<タグ名>で囲んで記述します。タグ名は、間にスペースを挟まない半角英数字で記述し、リンクファイルは<タグ名 href="file://ファイルパス"></タグ名>と記述し、絶対パスあるいはInDesignドキュメントからの相対パスで記述します。

❶ XMLファイルを用意します。

❷ ベースとなるドキュメントを作成する

InDesignで元となるドキュメントを作成します（❷）。また、各テキストフレームには、同一の段落スタイルを設定しておきます。なお、段落スタイル名は、あとから作業しやすいようにXMLファイルで使用した各タグと同じ名前を付けておきます（❸）。

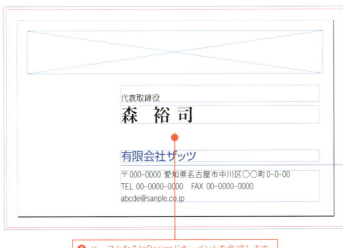

❷ ベースとなるInDesignドキュメントを作成します。

❸ XMLファイルのタグと同じ名前の段落スタイルを作成します。

❸ XMLファイルを読み込む

［ファイル］メニューから［XMLを読み込み］を実行すると（❹）、［XMLを読み込み］ダイアログが表示されるので、目的のファイルを選択して（❺）、［開く］ボタンをクリックします。

 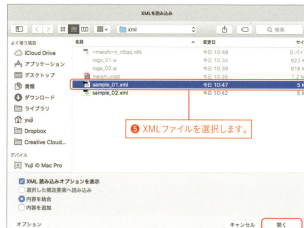

❺ XMLファイルを選択します。

❹ 読み込みオプションを設定する

［XML読み込みオプション］ダイアログが表示されるので、目的に応じて各項目を指定して、［OK］ボタンをクリックします。ここでは、デフォルト設定のまま、読み込んでいます。

One Point　［XML読み込みオプション］ダイアログのオプション項目

［XML読み込みオプション］ダイアログのオプション項目は、それぞれ以下のような内容となります。
モード：［内容を結合］を選択すると、既存のXML要素にコンテンツを結合し、［内容を追加］を選択すると、既存のXML要素とは別にコンテンツを追加します。
XSLTを適用：読み込まれるXMLの変換を定義するスタイルシートを適用します。このオプションをオンにし、［選択（Windowsでは参照）］を選択すると、ファイルシステムからXSLTファイル（.xslまたは.xslt）を選択できます。デフォルトの［XMLのスタイルシートを使用］を選択すると、XMLファイルにXSLT処理命令がある場合、その処理命令を使用してXMLデータが変換されます。
リンクを作成：XMLファイルに対するリンクを作成します。XMLに変更が生じると［リンク］パネルにアラートを表示し、リンクを更新すればコンテンツが更新されます。
繰り返すテキスト要素を複製：タグつきテキストのプレースホルダでのフォーマットを、読み込んだXMLファイル内の反復要素に自動的に適用します。
既存の構造に一致する要素だけを読み込む：既存の構造以外の要素（およびコンテンツ）を読み込みません。
タグが一致した場合テキスト要素を表に読み込む：XML内のタグが、表とセルのタグと一致する時、表に要素を読み込みます。
空白のみの要素を読み込まない：XML要素のコンテンツが空白（改行文字やタブ文字などの場合を含む）の時、ドキュメント内の既存の内容を保持します。
読み込まれたXMLに一致しない要素、フレームおよび内容を削除：読み込んだXML構造に一致しない要素を、InDesignの構造ウィンドウおよびレイアウトから自動的に削除します。
CALSテーブルをInDesignテーブルとして読み込み：XMLファイル内のすべてのCALSテーブルをInDesignテーブルとして読み込みます。

398

❺ タグを関連付ける

ドキュメントの左側に［構造］ウィンドウが表示されるので、タグを展開した後、各タグを選択して目的のオブジェクトの上にドラッグして関連付けます。図では、「logo」のタグを一番上にあるグラフィックフレーム上にドラッグして関連付けしています（❻）。

❻ すべてのタグを関連付ける

残りのすべてのタグも、各オブジェクトに関連付けます（❼）。すでに、読み込んだXMLファイルの内容が反映されているのが分かります。

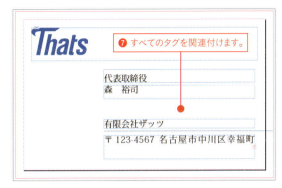

❼ ［タグをスタイルにマップ］を実行する

次にタグと段落スタイルを関連付けます。［構造］ウィンドウのウィンドウメニューから［タグをスタイルにマップ］を実行します（❽）。

❽ タグと段落スタイルを関連付ける

［タグをスタイルにマップ］ダイアログが表示されるので、各タグに対して、関連付ける段落スタイルを選択し（❾）、［OK］ボタンをクリックします。なお、タグと同名の段落スタイルがあらかじめ設定してあれば、［名前順にマップ］ボタンをクリックするだけで、すべてのマッピングを終えることができます（❿）。

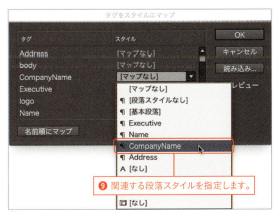

399

❾ テンプレートが完成する

各タグを段落スタイルにマッピングしたことで、テキストに段落スタイルが反映され、テンプレート用のドキュメントが完成します(⓫)。

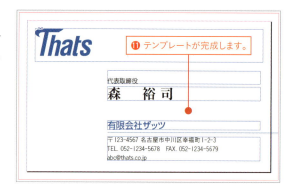

❿ ［XMLを読み込み］を実行する

あとは同様のタグ構造を持つXMLファイルを読み込んであげれば、自動的に組版が完了します。では、別のXMLファイルを読み込んでみましょう。［構造］ウィンドウのウィンドウメニューから［XMLを読み込み］を実行します(⓬)。

⓫ XMLファイルを読み込む

［XMLを読み込み］ダイアログが表示されるので、目的のXMLファイルを選択して(⓭)、［開く］ボタンをクリックします。さらに、［XML読み込みオプション］ダイアログが表示されるので、［OK］ボタンをクリックします。

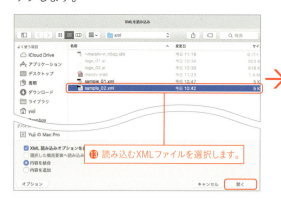

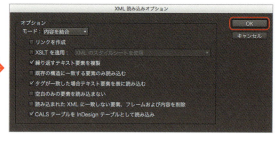

⓬ 組版が完成する

読み込んだXMLファイルの内容で、自動的にドキュメントができあがります(⓮)。あとは、同様の手順でXMLファイルを読みこんでいくだけで、次々とドキュメントができあがっていくというわけです。

400

Chapter 12
ドキュメントのチェックとプリント

12-01	ライブプリフライトを実行する	p.402
12-02	オーバープリントを確認する	p.407
12-03	分版パネルで各版の状態を確認する	p.408
12-04	透明の分割・統合パネルで透明部分を確認する	p.411
12-05	使用フォントを確認する	p.413
12-06	プリントを実行する	p.415
12-07	パッケージを実行する	p.419

Chapter 12　ドキュメントのチェックとプリント

12-01 ライブプリフライトを実行する

ライブプリフライトの機能により、ドキュメント内のエラーをチェックできます。リストアップされたエラー項目をダブルクリックすれば問題のある箇所にジャンプするので、修正箇所も簡単に見つけられます。また、プロファイルを切り替えることで、目的に応じたドキュメントチェックが可能になります。

ドキュメントの問題点を修正する

❶ エラー表示をダブルクリックする

ドキュメントを開いている際に何か問題があると、ドキュメントウィンドウ左下に赤い丸印とエラーの数が表示されます。問題を解決するためには、まずこのエラーが表示された部分をダブルクリックします（❶）。

❶ ここをダブルクリックします。

❷ [プリフライト]パネルが表示される

[プリフライト]パネルが表示されます。どのような問題があるかを確認するために、▶マークをクリックして（❷）、その内容を確認します。

❷ ここをクリックします。

❸ エラーの内容を確認する

エラーの各項目を選択すると（❸）、[情報]ウィンドウに問題点の詳細が表示されます（❹）。図のケースでは、テキストが19文字あふれているのが分かります。

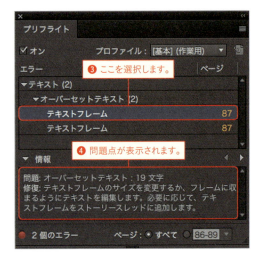

❸ ここを選択します。

❹ 問題点が表示されます。

402

❹ エラー項目をダブルクリックする

エラーの内容を確認したら、問題を解決するためにエラーの項目名をダブルクリックします（❺）。

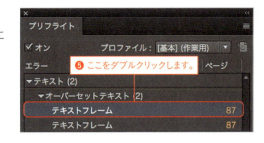

❺ ここをダブルクリックします。

❺ エラーを修正する

自動的にエラー箇所にジャンプし、問題のあるオブジェクトが選択された状態で表示されるので（❻）、問題を解決します（❼）。ここでは、テキストフレームを大きくして、テキストのあふれを解消しました。

❻ エラーが表示されます。　　❼ 問題を解決します。

❻ エラー数が減る

問題を1つ解決したので、[プリフライト]パネルをのエラー数が1つ減ります（❽）。

❽ エラー数が減ります。

> **One Point** [プリフライト]パネルの表示
>
> [プリフライト]パネルは、[ウィンドウ]メニューの[出力]→[プリフライト]を選択することでも表示できます。

❼ すべてのエラーを解決する

同様の手順ですべての問題点を解決すると、[プリフライト]パネルには緑色の丸印、および[エラーなし]と表示されます（❾）。

❾ [エラーなし]となればOKです。

> **One Point** デフォルトの
> 　　　　　　　プリフライトプロファイル
>
> デフォルト設定では、「[基本]（作業用）」というプロファイルの内容で、ドキュメントがチェックされます。

403

新規プリフライトプロファイルの作成

❶［プロファイルを定義］を実行する

InDesignのデフォルト設定では、ライブプリフライトでチェックされる内容は非常に少なく、実務では使えません。そこで、仕事の内容に応じたプリフライト用のプロファイルを作成する必要があります。まず、［プリフライト］パネルのパネルメニューから［プロファイルを定義］を選択します（❶）。

❷［基本］の内容を確認する

［プリフライトプロファイル］ダイアログが表示され、左側のリストで［基本］が選択されています（❷）。▶マークをクリックして各内容を表示させると、どのような項目をチェックしているのかが確認できます（❸）。見つからないリンクや変更されたリンク、テキストのオーバーセット、環境にないフォント、未解決のキャプションの変数等、［基本］のプロファイルでは、ごく一部の項目しかチェックしていないのが分かります。

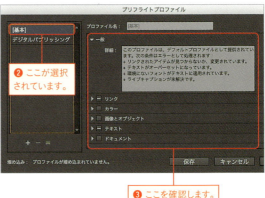

❸ 新規でプロファイルを作成する

実務で使用できるプロファイルを作成するために、新規でプロファイルを作成します。まず、［新規プリフライトプロファイル］ボタンをクリックします（❹）。

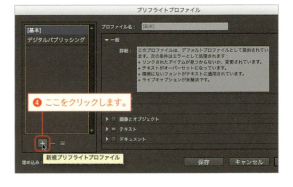

❹ 名前を付ける

新規でプロファイルが作成されるので、［プロファイル名］を入力します（❺）。

404

❺ チェック項目（カラー）を設定する

▶マークをクリックして各内容を表示させながら、チェックさせたい項目を設定していきます。例えば、[使用を許可しないカラースペースおよびカラーモード]をオンにし、さらに[RGB]と[Lab]をオンにすれば、RGBやLabモードの画像使用をチェックしてくれます（❻）。また、[白または[紙]色に適用されたオーバープリント]をオンにすれば、白や紙色へのオーバープリントをチェックします（❼）。

❻ チェック項目（画像解像度）を設定する

今度は画像解像度を設定してみましょう。[画像解像度]をオンにしたら、[カラー画像の最小解像度][グレースケール画像の最小解像度][１ビット画像の最小解像度]のそれぞれをオンにして数値を入力します（❽）。仕事の内容に応じて値を指定するとよいでしょう。

❼ チェック項目（最小線幅）を設定する

次に最小線幅を設定します。[最小線幅]をオンにし、数値を入力します（❾）。ここでは、「0.09mm」としました。同様の手順で、必要な項目をすべて指定し、設定が終わったら[OK]ボタンをクリックします。

One Point　プロファイルの読み込み・書き出し・埋め込み

[プリフライトプロファイル]ダイアログでは、プロファイルの読み込みや、書き出し、埋め込みが可能です。そのため、カスタムで作成したプロファイルを配布して、共有することができます。目的のプロファイルを選択したら、[プロファイルを読み込み][プロファイルを書き出し][プロファイルを埋め込み]コマンドのいずれかを実行します。なお、[プロファイルを埋め込み]コマンドは、[プリフライト]パネルの右上にある[クリックして選択したプロファイルを埋め込み]アイコンをクリックすることでも実行できます。

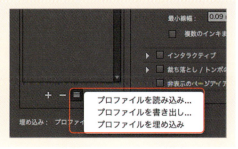

405

❽ **プロファイルを変更する**

[プリフライト]パネルに戻るので、[プロファイル]にカスタムで作成したプロファイルを選択します（❿）。すると、より厳しい条件のプロファイルに切り替えたことにより、新たなエラーがリストアップされます（⓫）。エラーの内容を確認し、前項と同様の手順で問題点を解決していきます。

❿ [プロファイル]を変更します。
⓫ エラーがリストアップされます。

One Point　プリフライトオプション

[プリフライト]パネルのパネルメニューから[プリフライトオプション]を選択すると、[プリフライトオプション]ダイアログが表示されます。このダイアログでは、デフォルトで指定されている[基本]のプロファイルを別のものに変更することができます。また、新規ドキュメントに[作業用プロファイル]を埋め込むことも可能です。ただし、チェック項目の多いプロファイルを指定した場合、InDesignの動作が重くなるケースもあるので注意してください。

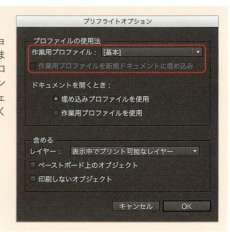

One Point　ブックのプリフライト

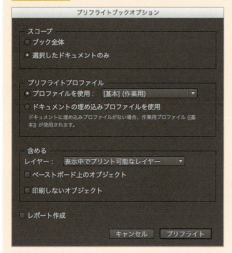

[ブック]パネルのパネルメニューから[ブックをプリフライト]を選択することで、[ブック]としてまとめたすべてのドキュメント、あるいは任意のドキュメントのプリフライトが可能です。プリフライト実行後、緑色の丸印が表示されていればOKですが、赤い丸印が表示されていると、ドキュメントにエラーがあることをあらわしています。なお、不明なステータスのドキュメントには、？のマークが表示されます。

エラーがなかったドキュメント
エラーのあるドキュメント
不明なステータスのドキュメント

406

Chapter 12　ドキュメントのチェックとプリント

12-02　オーバープリントを確認する

オーバープリントが意図しない箇所に適用されていると、印刷事故に繋がります。誤ってオーバープリントが適用されていないかどうか、出力前には必ず確認するようにしましょう。オーバープリントプレビューをオンにすることで、目視で確認できます。

オーバープリントプレビューの実行

❶ オーバープリントの状態を確認する

［表示］メニューから［オーバープリントプレビュー］を選択してオーバープリントをオンにすると（❶）、オーバープリントが適用された状態を目視で確認できます。例えば、図の桜の形の緑色のオブジェクトは、オーバープリントプレビューをオンにしたことで、印刷された際には、結果が異なることが確認できます（❷）。オブジェクトに対して、意図しないオーバープリントが適用されていないかどうか確認するようにしましょう。

❷ オーバープリントプレビューをオンにしたことで、オブジェクトの表示が変化しました。

> **One Point　オーバープリントの設定**
>
> オーバープリントを適用するには、オブジェクトを選択した状態で、［プリント属性］パネルの［塗りオーバープリント］あるいは［線オーバープリント］にチェックを入れます。
>
>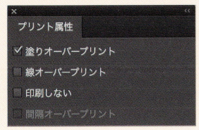

407

Chapter 12　ドキュメントのチェックとプリント

12-03　分版パネルで各版の状態を確認する

［分版］パネルでは、各版の状態や総インキ量をチェックすることが可能です。各版の状態の確認や墨文字のノセ・ヌキの確認、さらには総インキ量が高すぎることによる印刷事故を防ぐためにも、目視で確認しておくとよいでしょう。

各版の状態の確認

❶ ［分版］パネルを表示する

［分版］パネルを使用することで、各版の状態や総インキ量の確認ができます。まず、［ウィンドウ］メニューから［出力］→［分版］を選択します（❶）。

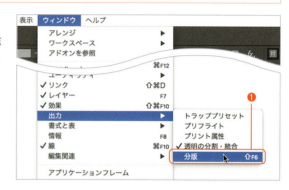

❷ ［分版］パネルで［色分解］を選択する

［分版］パネルが表示されるので、まず各版の状態を確認してみましょう。［表示］に［色分解］を選択します（❷）。なお、ここでは図のようなドキュメントで試してみたいと思います（❸）。

❷［色分解］を選択します。

❸ このドキュメントの各版の状態を確認します。

❸ 各版の状態を確認する

［表示］に［色分解］を選択したら、各版の左側にある目玉アイコンのオン／オフを切り替えてみましょう。ここでは、シアン版のみ（❹）、マゼンタ版のみ（❺）、イエロー版のみ（❻）、黒版のみ（❼）を表示させて、それぞれ各版の状態を確認しています。

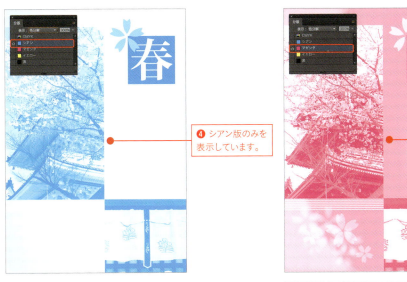

❹ シアン版のみを表示しています。

❺ マゼンタ版のみを表示しています。

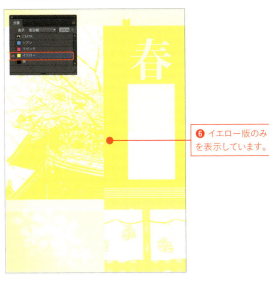

❻ イエロー版のみを表示しています。

❼ 黒版のみを表示しています。

> **One Point　単数プレートを黒で表示**
>
> ［分版］パネルのパネルメニューにある［単数プレートを黒で表示］は、デフォルト設定ではオンになっていますが、この設定をオフにすることで、各版を単独で表示させた際に、その版のカラーで表示させることができます。

One Point ［黒］とK=100

図は、シアンの背景の上にテキストを入力したものです。左側のテキストには［スウォッチ］パネルの［黒］スウォッチを、右側のテキストには［カラー］パネルでK=100％を適用しています。どちらも同じ黒色に見えますが、シアン版のみを表示させると、表示される結果が異なるのが分かります。［黒］スウォッチを適用した方はノセ（オーバープリント）になっていますが、K=100％を適用した方はヌキになっています。InDesignのデフォルト設定では、［黒］スウォッチを100％で適用した場合には、自動的にオーバープリントになるようになっているため、墨文字等が誤ってヌキにならないよう、必ず［黒］スウォッチを適用するようにしましょう。なお、［黒］スウォッチのオーバープリントを解除したい場合には、［環境設定］の［黒の表示方法］で変更することができます。

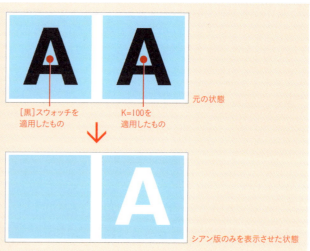

総インキ量の確認

❶ 総インキ量を指定する

今度は、総インキ量を確認してみましょう。［分版］パネルの［表示］を［インキ限定］に変更し（❶）、総インキ量を入力します（❷）。ここでは、「300％」に設定しました。

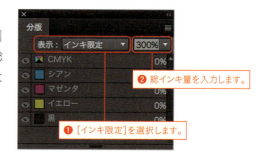

❷ 総インキ量を確認する

指定した総インキ量を超える箇所が赤くハイライトされます（❸）。ハイライトされた箇所に問題が出る可能性があるので、目的に応じて対処します。

One Point 総インキ量とは

総インキ量とは、CMYKの各版を重ね合わせた％のことです。総インキ量が高いと、印刷時にインキの定着や乾きの問題により、裏移りやブロッキングの問題が発生しやすくなります。用紙・インキ・印刷機などによって総インキ量の限界値は異なり、一般的に商業印刷では300～360％が限界値と言われています。

Chapter 12　ドキュメントのチェックとプリント

12-04　透明の分割・統合パネルで透明部分を確認する

［透明の分割・統合］パネルを使用すると、透明機能を使用したことによって、どの部分が影響を受けるかを確認することができます。意図しない箇所がラスタライズされて、思わぬ結果にならないよう、［透明の分割・統合］パネルを使用して確認しておきましょう。

透明部分の確認

❶ ［透明の分割・統合］パネルを表示する

［透明の分割・統合］パネルを使用することで、ドキュメント上で透明機能を使用した部分がどのように処理されるかを確認することができます。まず、［ウィンドウ］メニューから［出力］→［透明の分割・統合］を選択し（❶）、［透明の分割・統合］パネルを表示させます。

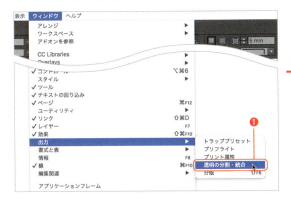
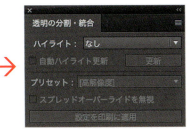

❷ ［ハイライト］に［透明オブジェクト］を選択する

［透明の分割・統合］パネルの［ハイライト］に目的のものを選択しましょう。ここでは、まず［透明オブジェクト］を選択しました。すると、透明オブジェクトが赤くハイライトされます（❷）。

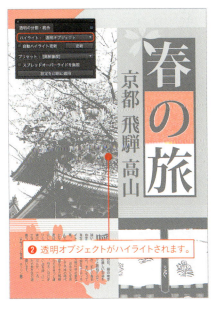

❷ 透明オブジェクトがハイライトされます。

> **One Point　ハイライト**
> ［透明の分割・統合］パネルの［ハイライト］には、図のような項目が用意されています。

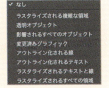

411

❸ [ハイライト]に[影響されるすべての
　オブジェクト]を選択する

今度は、[ハイライト]に[影響されるすべてのオブジェクト]を選択してみましょう。すると、透明機能によって影響を受けるすべてのオブジェクトが赤くハイライトされます（❸）。

❸ 透明の影響を受けるオブジェクトがハイライトされます。

❹ [ハイライト]に[ラスタライズされる
　テキストと線]を選択する

今度は、[ハイライト]に[ラスタライズされるテキストと線]を選択しました。すると、透明機能の影響を受け、ラスタライズされるテキストや線が赤くハイライトされます（❹）。このように、[ハイライト]に選択した項目に応じて、出力の際にどのような影響があるかを確認することができます。目的に応じて、チェックするとよいでしょう。

❹ 透明の影響を受け、ラスタライズされるオブジェクトがハイライトされます。

> **One Point** プリセット
>
> [透明の分割・統合]パネルの[プリセット]に何を選択しているかで表示結果は異なります。そのため、出力する際に使用するプリセットを選択して確認するのがベストです。出力に使用するプリセットが分からない場合は、[高解像度]を選択しておくとよいでしょう。なお、[プリセット]を新規で作成する場合は、[透明の分割・統合]パネルのパネルメニューから[透明の分割・統合プリセット]を選択し、表示されるダイアログで[新規]ボタンをクリックします。

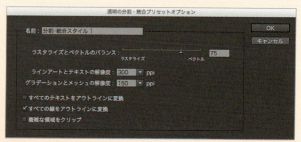

[透明の分割・統合プリセットオプション]ダイアログでは、どのように透明部分を処理するかを設定することができます。

412

Chapter 12　ドキュメントのチェックとプリント

12-05　使用フォントを確認する

データ入稿する前には、ドキュメントに使用しているフォントを確認しておきます。入稿先で許可されていないフォントを使用している場合には、別のフォントに置き換える等の処理が必要となる場合もあるので注意してください。

使用フォントの確認

❶ 置換するフォントを指定する

ドキュメントで使用されているフォントを確認するためには、[書式]メニューから[フォント検索]を選択します（❶）。[フォント検索]ダイアログが表示され、ドキュメントで使用されているフォントがすべてリストアップされます。なお、置換したいフォントがある場合には、そのフォントを選択し（❷）、[次で置換]に置換するフォントを指定します（❸）。一気に置換したい場合には[すべてを置換]を実行しますが、ここでは[最初を検索]を実行してみましょう（❹）。

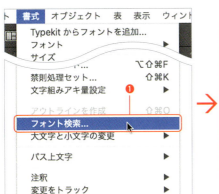
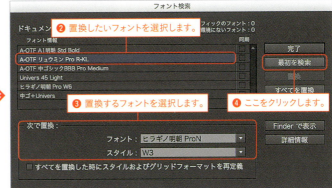

One Point　環境に無いフォント

ドキュメントを開いた際に、そのシステムにないフォントが使用されていると、[環境に無いフォント]があることを教えるアラートが表示されます。その場合、システムにそのフォントを追加するか、使用されているフォントを置換して対処します。[フォントを検索]ボタンをクリックすれば、環境にないフォントがどこで使用されているかを確認できます。
なお、[環境に無いフォント]がTypekitにある場合には、[フォントを同期]ボタンをクリックすることで、自動的にTypekitフォントと同期させて、使用することができます（Creative Cloudメンバーのみ）。

❷ **フォントを置換する**

指定したフォントが適用されたテキストが選択されます（❺）。このテキストのフォントを置換してもよければ［置換］ボタンを、置換しつつさらに検索を続けたい場合には［置換して検索］ボタンをクリックします（❻）。選択していたテキストが指定したフォントに置換されます（❼）。

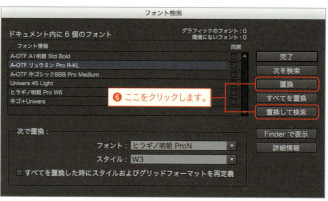

❺ テキストが選択されます。

❻ ここをクリックします。

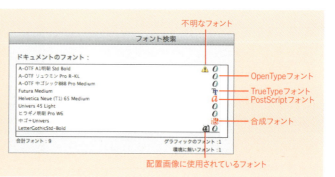

❼ フォントが置換されます。

One Point　フォントのアイコン

CS6までは、［フォント検索］ダイアログに表示される各アイコンの形状によって、フォントの形式を判断することができましたが、CC以降は［フォント検索］ダイアログにアイコンは表示されなくなりました。ただし、CC以降であっても、［フォント］メニューにはフォントの形式をあらわすアイコンが表示されます。

不明なフォント
OpenTypeフォント
TrueTypeフォント
PostScriptフォント
合成フォント
配置画像に使用されているフォント

Chapter 12　ドキュメントのチェックとプリント

12-06　プリントを実行する

プリントは頻繁に行う作業です。[プリント]ダイアログの各項目がどのような意味を持つのかを理解し、用途に応じたプリントを実行しましょう。なお、よく使用するプリント設定はプリセットとして保存しておくと、すぐ呼び出すことができて便利です。

プリントの実行

❶ [プリント]を選択する

ドキュメントをプリントするには、ドキュメントを開いた状態で[ファイル]メニューから[プリント]を選択します（❶）。

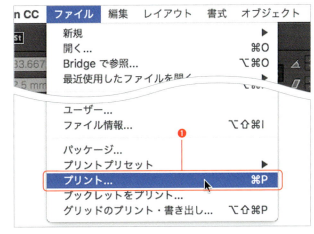

❷ [一般]を設定する

[プリント]ダイアログが表示されるので、[プリンター]に印刷するプリンタを選択します（❷）。次に、[コピー]に印刷部数を（❸）、[ページ]に印刷する範囲を指定します（❹）。また、単ページでプリントする場合には[ページ]を、見開きでプリントする場合には[見開き印刷]をチェックします（❺）。

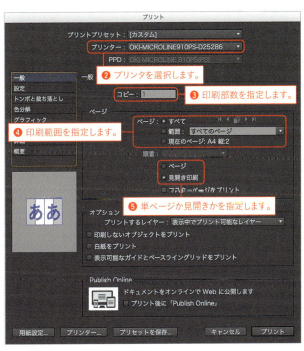

One Point　範囲

印刷範囲を指定する場合、連続ページはハイフンで区切り、ページが飛ぶ場合はカンマで区切ります。例えば、「2,4,6-8」と入力すれば、p2、p4、p6～8がプリントされることになります。

415

❸ ［設定］を設定する

［プリント］ダイアログで左側のリストから［設定］を選択します（❻）。ここでは、用紙サイズや方向の設定を行います。［用紙サイズ］にプリントする用紙を指定し（❼）、［方向］を選択します（❽）。拡大・縮小も可能ですが、ここでは図のように設定しました。

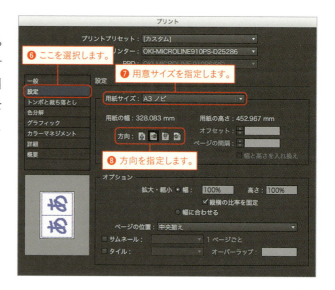

❹ ［トンボと裁ち落とし］を設定する

左側のリストから［トンボと裁ち落とし］を選択します（❾）。ここでは、トンボと裁ち落としの設定を行います。［トンボとページ情報］でトンボの種類や太さを指定し、プリントするトンボやページ情報にチェックを入れます（❿）。また［裁ち落としと印刷可能領域］を用途に合わせて設定します（⓫）。

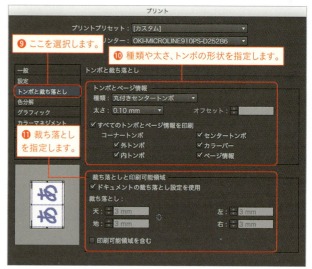

One Point　サムネール印刷とタイル印刷

［プリント］ダイアログの［設定］カテゴリーでは、サムネール印刷やタイル印刷が可能です。サムネール印刷とは、1枚の用紙に複数ページを並べて印刷することで、［サムネール］にチェックを入れ、ポップアップメニューから目的のサムネール数を指定します。
タイル印刷とは、ページを複数の用紙に分割して印刷することで、一般的に用紙サイズがドキュメントサイズよりも小さい場合に設定します。［タイル］にチェックを入れて、ポップアップメニューから目的のものを選択します。なお、［オーバーラップ］には、複数の用紙に重なって印刷される部分の数値を指定します。

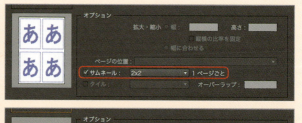

❺ [色分解]を設定する

左側のリストから[色分解]を選択します（⓬）。[カラー]のメニューから目的のものを選択しますが、コンポジット（分解せずに）でプリントする場合には、[コンポジットの変更なし][コンポジットグレー][コンポジットRGB][コンポジットCMYK]のいずれかを選択します。色分解してプリントする場合には、[色分解（InDesign）]または[色分解（In-RIP）]のいずれかを選択します（⓭）。

❻ [グラフィック]を設定する

左側のリストから[グラフィック]を選択します（⓮）。ここでは、プリンタに送信する画像の品質やフォントのダウンロード設定を行います（⓯）。[解像度]に[すべて]を選択すると、画像の解像度そのままのデータを、[サブサンプリングを最適化する]を選択すると、プリンタの解像度に合わせて再サンプリングしたデータを、[プロキシ]を選択するとサムネール画像のデータが送信されます。[なし]を選択すると画像はフレームだけがプリントされます。また、[ダウンロード]に[なし]を選択するとフォントの参照情報のみでフォントデータは送られず、[完全]を選択するとフォントデータすべて、[サブセット]ではドキュメントで使用している字形のフォントデータのみが送られます。

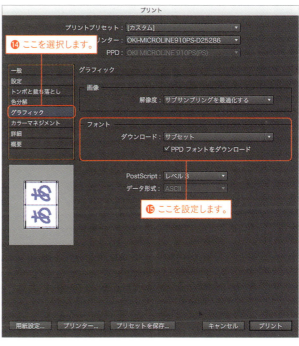

❼ [カラーマネジメント]を設定する

左側のリストから[カラーマネジメント]を選択します（⓰）。「プリント」で[ドキュメント]を選択すると、ドキュメントで使用されているプロファイルで、[校正]を選択すると[表示]メニューの[校正設定]で選択されているプロファイルでプリントされます（⓱）。校正刷り用のプリンタープロファイルがある場合には、[プリンタープロファイル]に指定します（⓲）。

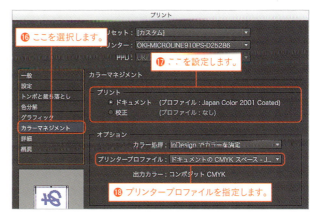

417

❽ ［詳細］を設定する

左側のリストから［詳細］を選択します（⓳）。ここでは、［OPI］の設定や［透明の分割・統合］に使用する［プリセット］を設定します（⓴）。

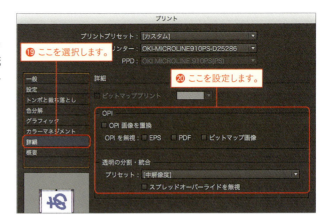

❾ ［概要］を確認する

左側のリストから［概要］を選択します（㉑）。ここには設定した内容が表示されるので、確認して問題ないようであれば（㉒）、［プリント］ボタンをクリックします。

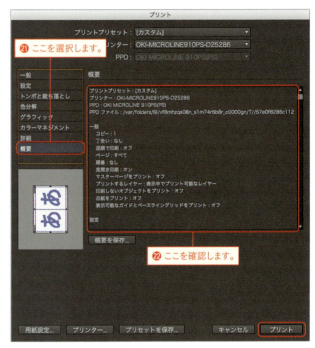

One Point　ブックレットをプリント

［ファイル］メニューから［ブックレットをプリント］を選択すると、［ブックレットをプリント］ダイアログが表示されます。このダイアログでは、中綴じや無線綴じ等、簡易面付けが可能です。なお、左側のリストから［プレビュー］を選択すれば、どのように面付けされるかを確認できます。

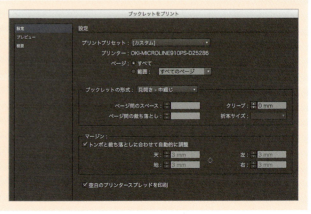

418

Chapter 12　ドキュメントのチェックとプリント

12-07　パッケージを実行する

印刷会社にデータを入稿する際には、必要なファイルをまとめる必要があります。InDesignにはパッケージ機能が用意されており、リンク画像をはじめとする、出力に必要なファイルを簡単な操作で収集することが可能です。必ず、パッケージ機能を使用して入稿用ファイルをまとめましょう。

パッケージの実行

❶ [パッケージ]を選択する

ライブプリフライトを実行して問題がないようなら、パッケージを実行して入稿用にファイルをまとめます。まず、[ファイル]メニューから[パッケージ]を選択します（❶）。

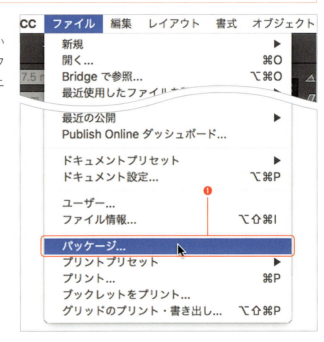

❷ エラーがないかを確認する

[パッケージ]ダイアログが表示されるので、エラーがないことを確認して[パッケージ]ボタンをクリックします（❷）。

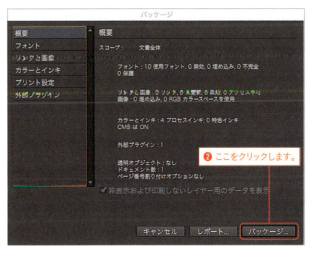

> **One Point　エラーが表示された場合**
>
> [パッケージ]ダイアログにエラーが表示された場合、[キャンセル]ボタンをクリックして、パッケージを中止します。そして、ライブプリフライトの機能を使用して問題点を解消してから、再度パッケージを実行します。

❸ 情報を入力する

［印刷の指示］ダイアログが表示されるので、各項目を入力して（❸）、［続行］ボタンをクリックします（❹）。なお、何かあった時に印刷会社の人が連絡をとれるよう、きちんと入力しておきましょう。

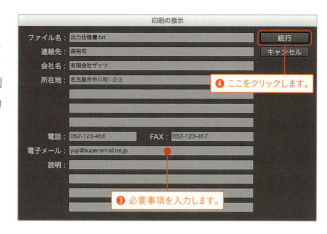

❹ 名前と場所を指定する

［パッケージ］ダイアログが表示されるので［名前］と［場所］を指定します（❺）。必要に応じてオプション項目を選択し、［パッケージ］ボタンをクリックします（❻）。

One Point　オプション項目

［パッケージ］ダイアログのオプションの上3つの項目はオンの状態にしておきましょう（デフォルトではオン）。他の項目は、目的に応じて選択してください。なお、CC 2014からは［IDMLを含める］と［PDF（印刷）を含める］が追加されており、IDMLやPDFも書き出すことができます。

❺ パッケージされる

［警告］ダイアログが表示されます。［OK］ボタンをクリックすると（❼）、指定した場所にフォルダが作成され、必要なファイルがパッケージされます（❽）。なお、Typekitフォントは収集されませんが、出力先がCreative Cloudメンバーであれば、ドキュメントを開く際に自動的に同期させることが可能です。

One Point　リンクのリンクに注意

ドキュメントに配置されたIllustrator画像に、さらに画像がリンクされているようなケースの場合、InDesignのパッケージ機能では、リンク画像にさらにリンクされた画像までは収集できません。そのような場合には、画像を手動で収集する必要があります。

420

Chapter 13
ファイルの書き出し

13-01　PDFを書き出す p.422

13-02　下位互換ファイル（IDML）を書き出す p.426

13-03　SWF・FLAファイルを書き出す p.427

13-04　EPUB（リフロー型）を書き出す p.430

13-05　EPUB（フィックス型）を書き出す p.440

13-06　Publish Online p.442

Chapter 13 ファイルの書き出し

13-01 PDFを書き出す

校正用途や出力用途など、さまざまなケースでPDFは使用されます。InDesignでは、他にもインタラクティブなPDFの作成や、カラードキュメントからグレースケールのPDFを書き出すといったことも可能です。目的に応じたPDFを書き出せるようにしておきましょう。

プリント用PDFの書き出し

❶ [書き出し]コマンドを実行する

PDFを書き出したいドキュメントを開いた状態で、[ファイル]メニューから[書き出し]を選択します（❶）。

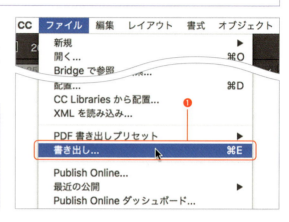

One Point　ブックファイルのPDF書き出し

ブックファイルは、[ブック]パネルのパネルメニューから[ブックをPDFに書き出し]、または[選択したドキュメントをPDFに書き出し]を実行することで、ブック全体、あるいは指定したドキュメントをまとめてPDFに書き出せます。

❷ [書き出し]ダイアログを指定する

[書き出し]ダイアログが表示されるので、[形式]に[Adobe PDF（プリント）]を選択します（❷）。次に[名前]と[場所]を指定して（❸）、[保存]ボタンをクリックします。

❸ プリセットを指定する

[Adobe PDFを書き出し]ダイアログが表示されるので、目的に応じて[PDF書き出しプリセット]を指定します（❹）。ここでは、[PDF/X-1a:2001（日本）]を選択しました。なお、選択したプリセットに応じて[標準]や[互換性]も自動的に変更されます。

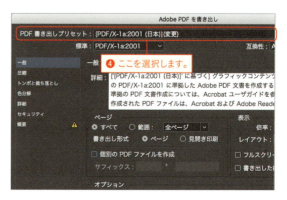

❹ ページを指定する

PDFに書き出すページ範囲を指定します。［ページ］で［すべて］が選択されていれば、すべてのページが書き出され、［範囲］を選択すれば、PDFに書き出すページ範囲を指定できます（❺）。また、ページ単位で書き出す場合には［ページ］、見開きとして書き出す場合には［見開き印刷］を選択します（❻）。さらに［オプション］や［読み込み］の各項目を目的に応じて設定します。

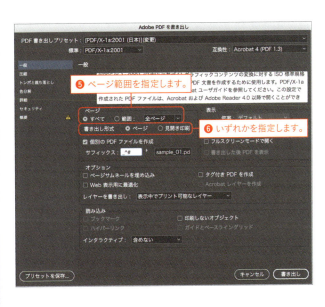

> **One Point　個別のPDFファイルを作成**
>
> CC 2018（13.1）より［個別のPDFファイルを作成］オプションが追加され、1ページごとバラバラのPDFの書き出しが可能となりました。［サフィックス］には［ページサイズ］［ページ番号］［連番］が指定できます。

❺ ［圧縮］を設定する

左側のリストから［圧縮］を選択します（❼）。ここでは、［カラー画像］［グレースケール画像］［モノクロ画像］のそれぞれにおいて、画像圧縮の方法と解像度を指定します（❽）。なお、図の［カラー画像］のように、解像度を「300ppi」とし、［次の解像度を超える場合］を「450ppi」に指定した場合、450ppiを超える画像のみを300ppiまでダウンサンプルするという設定になります。

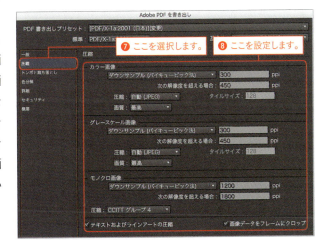

❻ ［トンボと裁ち落とし］を設定する

左側のリストから［トンボと裁ち落とし］を選択します（❾）。［トンボとページ情報］と［裁ち落としと印刷可能領域］を目的に応じて設定します（❿）。

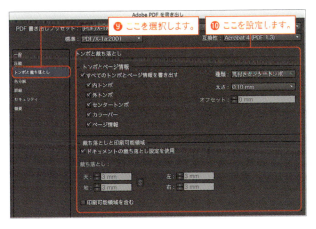

> **One Point　書き出しプリセットの設定変更**
>
> ［PDF書き出しプリセット］を選択した後、設定内容を変更すると、［PDF/X-1a:2001（日本）］（変更）といったように、プリセット名の末尾に（変更）と表示されます。

❼ [色分解]を設定する

左側のリストから[色分解]を選択します（⓫）。ここでは[カラー変換]の方法と、[出力先][出力インテントのプロファイル]を指定します（⓬）。印刷会社から指定されたプロファイルがある場合には、そのプロファイルを指定します。

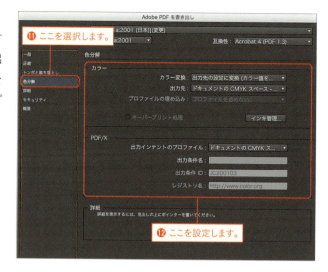

❽ [詳細]を設定する

左側のリストから[詳細]を選択します（⓭）。ここでは[透明の分割・統合]を設定します（⓮）。印刷目的であれば、印刷会社から指定されたプリセットを指定しますが、プリセットがない場合には[高解像度]を選択します。

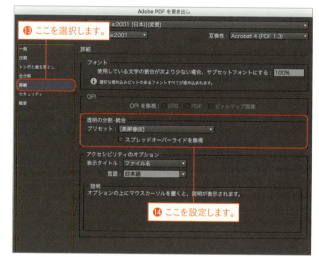

❾ [セキュリティ]を設定する

左側のリストから[セキュリティ]を選択します（⓯）。ここでは[セキュリティ]を設定しますが、印刷目的であれば設定する必要はありません。

One Point　PDF書き出しプリセット

よく使用するPDF書き出しの設定内容は、プリセットとして保存しておくと便利です。[Adobe PDFを書き出し]ダイアログで[プリセットを保存]ボタンをクリックするか、[ファイル]メニューから[PDF書き出しプリセット]→[定義]を選択することで作成可能です。

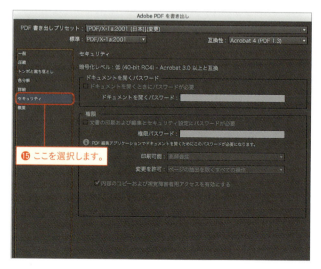

❿ ［概要］を確認する

左側のリストから［概要］を選択します（⓰）。ここでは、どのようなPDFを書き出すかの設定内容を確認できます。問題がなければ、［書き出し］ボタンをクリックしてPDFを書き出します。

⓰ ここを選択します。

One Point インタラクティブPDFの書き出し

［書き出し］ダイアログで［形式］に［Adobe PDF（インタラクティブ）］を選択すると、［インタラクティブPDFに書き出し］ダイアログが表示され、ムービーやサウンドクリップ、ブックマーク、ハイパーリンク、相互参照、ページ効果といった、インタラクティブなPDFが書き出せます。また、CS6から作成可能となったPDFフォームも、インタラクティブPDFとして書き出すことでフォームとして使用可能になります。

 →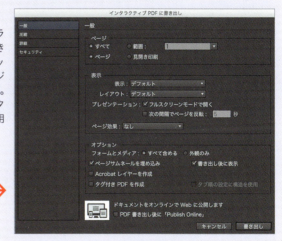

One Point グレースケールPDFの書き出し

InDesign CS6以降のバージョンでは、カラーのドキュメントからグレースケールのPDFを書き出し可能になりました。［Adobe PDFを書き出し］ダイアログで左側のリストから［色分解］を選択し、［標準］を［なし］、［カラー変換］に［出力先の設定に変換］を選択します。そして［出力先］に「Dot Gain 15%」や「Dot Gain 20%」といった、グレースケール用のカラースペースを指定してPDFを書き出します。
なお、PDFを書き出す前に、どのようなグレースケールになるかを確認することもできます。［表示］メニューから［校正設定］→［カスタム］を選択して、表示される［校正条件のカスタマイズ］ダイアログの［シミュレートするデバイス］に「Dot Gain 15%」等のグレースケール用のカラースペースを選択します。

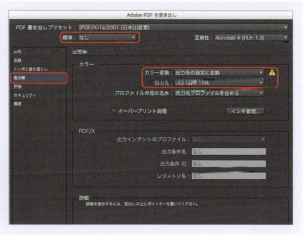

425

Chapter 13　ファイルの書き出し

13-02　下位互換ファイル（IDML）を書き出す

InDesignでは、上位バージョンで作成したドキュメントを下位バージョンで開くことはできません。下位バージョンで開くためには、一度、下位互換ファイル（IDML）に書き出す必要があります。なお、書き出した下位互換ファイルは、CS4以降で開くことができます。

下位互換ファイル（IDML）の書き出し

❶［書き出し］コマンドを実行する

下位バージョンで開くことのできるドキュメントを作成するためには、下位互換ファイル（拡張子.idml）に書き出す必要があります。まず、［ファイル］メニューから［書き出し］を選択します（❶）。

> **One Point　別名保存でのIDML書き出し**
> ［ファイル］メニューから［別名で保存］を選択すると表示される［別名で保存］ダイアログで、［形式］に［InDesign CS4以降（IDML）］を選択することでも、下位互換ファイルを作成することが可能です。

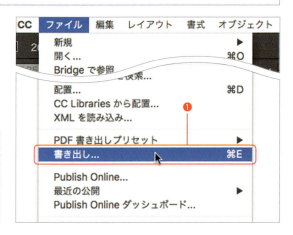

❷［書き出し］ダイアログを指定する

［書き出し］ダイアログが表示されるので、［形式］に［InDesign Markup（IDML）］を選択します（❷）。次に［名前］と［場所］を指定して（❸）、［保存］ボタンをクリックします。

❸ ここを指定します。
❷［InDesign Markup（IDML）］を選択します。

❸ IDMLが書き出される

指定した場所に拡張子.idmlの下位互換ファイルが書き出されます（❹）。このファイルは、InDesign CS4以降で開くことが可能ですが、100％元の状態を再現できる保障があるわけではないので、やむを得ぬケース以外はできるだけ使用しない方がよいでしょう。

> **One Point　Creative Cloudの場合**
> CS6以降のCreative Cloud版を使用している場合、ドキュメントを下位バージョンで開こうとすると図のようなアラートが表示され、［変換］ボタンをクリックすることで、そのままファイルを開くことが可能となります（バックグラウンドで変換が行われます）。

❹ 下位互換ファイルが書き出されます。

Chapter 13 ファイルの書き出し

13-03 SWF・FLAファイルを書き出す

InDesignでは、Flash形式の再生ファイルであるSWFや、Flash CS6 Professionalで編集可能なFLAファイルへの書き出しが可能です。SWFファイルに書き出すことで、Flash PlayerまたはWebにアップして、すぐに表示できます。

SWFに書き出す

❶ [書き出し]コマンドを実行する

SWFファイルを書き出すためには、まず、[ファイル]メニューから[書き出し]を選択します（❶）。

❷ [書き出し]ダイアログを指定する

[書き出し]ダイアログが表示されるので、[形式]に[Flash Player (SWF)]を選択します（❷）。次に[名前]と[場所]を指定して（❸）、[保存]ボタンをクリックします。

> **One Point　SWFへの書き出し**
>
> InDesign上で設定したページ効果をはじめ、アニメーションやムービー、サウンドクリップ、ハイパーリンク、ボタン等、さまざまなインタラクティブ機能をSWFに書き出すことが可能です。なお、SWFとはFlash形式の再生専用ファイルです。そのため、基本的に書き出し後の編集はできません。Flash形式として編集したい場合には、後述する[Flash CS6 Professional (FLA)]に書き出します。

❸ **どのように書き出すかを設定する**

[SWFを書き出し]ダイアログが表示されるので、目的に応じて各項目を設定していきます。[一般]タブでは、書き出すSWFのサイズの指定や背景、インタラクティブな効果やページ効果をどうするか等を設定します（❹）。[詳細]タブでは、フレームレートやテキスト、画像の圧縮や画質、解像度を設定します（❺）。設定が終わったら、[OK]ボタンをクリックします。

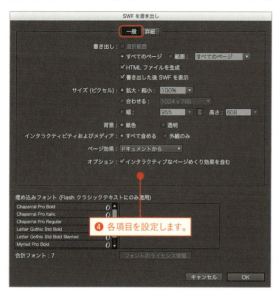
❹ 各項目を設定します。

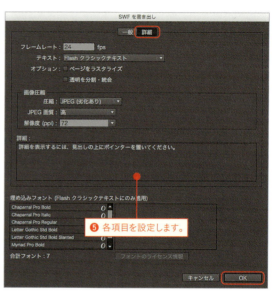
❺ 各項目を設定します。

❹ **SWFが書き出される**

指定した場所にSWFファイルが書き出されます（❻）。図はSWFファイルをブラウザで表示したものです。

❻ SWFが書き出されます。

One Point　Flashクラシックテキスト

[SWFファイルを書き出す際に、[SWFを書き出し]ダイアログの[詳細]タブで、[テキスト]をどのように書き出すかを指定できます。[Flashクラシックテキスト]を選択すれば、検索可能なテキストが出力され、[アウトラインに変換]を選択するとテキストがアウトライン化され、[ピクセルに変換]を選択すると、テキストがビットマップ画像で出力されます。

FLAファイルに書き出す

❶ [書き出し]コマンドを実行する

FLAファイルを書き出すためには、まず、[ファイル]メニューから[書き出し]を選択します（❶）。

❷ [書き出し]ダイアログを指定する

[書き出し]ダイアログが表示されるので、[形式]に[Flash CS6 Professional（FLA）]を選択します（❷）。次に[名前]と[場所]を指定して（❸）、[保存]ボタンをクリックします。

❸ どのように書き出すかを設定する

[Flash CS6 Professional（FLA）の書き出し]ダイアログが表示されるので、書き出す範囲やサイズ等を目的に応じて設定し（❹）、[OK]ボタンをクリックします。

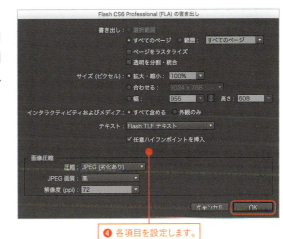

❹ FLAファイルが書き出される

指定した場所にFLAファイルが書き出されます（❺）。

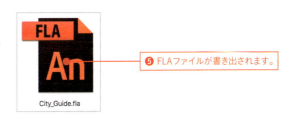

Chapter 13　ファイルの書き出し

13-04　EPUB（リフロー型）を書き出す

EPUBとは、リフロー型の電子書籍フォーマットとしてもっとも注目されているフォーマットで、中身はXHTMLとCSSをベースとして構成されています。InDesignでは、バージョンが上がるたびにEPUB書き出しの機能も強化されています。

EPUB書き出し前の作業

❶［ファイル情報］を選択する

まずは、EPUB用に書誌情報を設定します。［ファイル］メニューから［ファイル情報］を選択します（❶）。

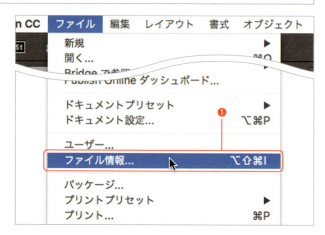

❷［ファイル情報］を入力する

［ファイル情報］ダイアログが表示されるので、［基本］カテゴリーを選択し（❷）、各項目を入力して（❸）、［OK］ボタンをクリックします。

［ドキュメントタイトル］は書籍のタイトルにあたり、EPUBの仕様では「dc:title」になります。［作成者］は著者名にあたり、EPUBの仕様では「dc:creator」になります。［説明］には、この書籍の説明や概略を入力します。EPUBの仕様では「dc:description」になります。［キーワード］には、主題やキーワードを入力します。カンマまたはセミコロンで区切れば複数のキーワードを入力でき、EPUBの仕様では「dc:subject」になります。なお、CC 2014以降は、この設定を［EPUBの書き出し］ダイアログで行うことができます。

430

> **One Point** **EPUBに書き出されるオブジェクトとその順番**
>
> ドキュメント上のオブジェクトすべてがEPUBに書き出されるわけではありません。マスターページ上に作成したオブジェクトやパスオブジェクトは、リフロー型のEPUBに正しく書き出されません（パスオブジェクトは、画像として書き出すことは可能です）。
> また、各オブジェクトは、その座標値を基にEPUBに書き出される順番が決まります。左開き（横組み）のドキュメントでは、座標値がより左にあるものから書き出され、右開き（縦組み）のドキュメントでは、座標値がより上にあるものから書き出されます。なお、テキスト連結されたフレームは、ひとまとまりのテキストとして書き出されます。

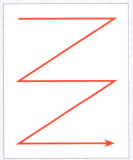
左開き（横組み）のドキュメント

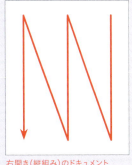
右開き（縦組み）のドキュメント

❸ アンカー付きオブジェクトの設定

EPUB書き出される各オブジェクトの順番は、座標値によって決まるため、連結されたテキストの途中に画像を挿入したいといったケースでは、ただその画像を目的の位置に配置するだけではダメで、目的のテキスト中にアンカー付けする必要があります。図では、［選択ツール］で選択した画像の■アイコンをつかんで、目的のテキスト中にドラッグして（❹）、アンカー付けしています（❺）。アンカー付けの詳細は、Chapter 7『7-11 インライングラフィックとアンカー付きオブジェクト』を参照してください。

> **One Point** **グループオブジェクトのアンカー付け**
>
> 画像と一緒に、キャプション等もアンカー付けしたい場合には、あらかじめ画像とキャプションをグループ化しておき、グループ化したオブジェクトをアンカー付けします。

> **One Point** **ファイル名に注意**
>
> EPUBに書き出す場合、InDesignのファイル名はもちろん、リンク画像のファイル名は、すべて英数字（日本語は使わない）のみにしておく必要があります。

❹ ルビを設定する

CS6までのバージョンでは、ルビが設定されている場合、すべてのルビをグループルビに変更するか、もしくは一文字単位でモノルビに変更します（区切り文字として使用している全角スペースや欧文スペースもEPUBに書き出されてしまうため）。なお、InDesign CC以降はこの手順は必要ありません。

❺ 圏点を設定する

圏点を設定する場合には、文字スタイルとして登録してテキストに適用します。こうしておくことで、EPUB書き出し後の編集が容易になります（必ずしも必要な手順というわけではありません）。

❻ 縦中横を設定する

縦中横を適用する場合、通常は［段落］パネルの［自動縦中横設定］を実行しますが、CS6までのバージョンでは、この機能を適用してもEPUBに書き出した時に縦中横として反映されません。そのため、［文字］パネルの［縦中横］コマンドを文字スタイルとして登録し、縦中横にしたい2桁数字等に適用します。なお、InDesign CC以降はこの手順は必要ありません。

One Point 「縦中横」の文字スタイルを一気に適用する

実際の作業では、手作業で「縦中横」の文字スタイルを適用していては、手間がかかってしまいます。そこで、［検索と置換］の機能を利用して、一気に「縦中横」の文字スタイルを適用してしまいます。まず、［検索と置換］ダイアログを表示させたら［正規表現］タブを選択します。次に［検索文字列］に「(?<!\d)\d{2}(?!\d)」と入力し、［置換形式］に「縦中横」の文字スタイルを指定します。これで置換を実行すれば、2桁数字のみに対して「縦中横」の文字スタイルが適用されます。なお、3桁数字の場合には、［検索文字列］に「(?<!\d)\d{3}(?!\d)」と入力します。なお、［自動縦中横設定］は適用されたままでもかまいません。

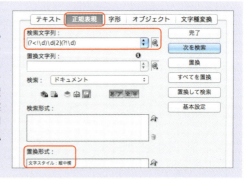

❼ 書き出しタグを編集する

ドキュメント内のすべてのテキストに対して、段落スタイルや文字スタイルが適用された状態にしておく必要があります。さらに、スタイルに対してはタグやクラスを指定しておきます。まず、[段落スタイル]パネル、または[文字スタイル]パネルのパネルメニューから[すべての書き出しタグを編集]を選択します（❻）。なお、スタイル機能の詳細に関しては、「Chapter 6 スタイル機能」を参照してください。

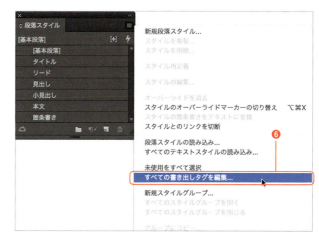

❽ タグ・クラスを指定する

[すべての書き出しタグを編集]をダイアログが表示されます。ドキュメントで使用している段落スタイル・文字スタイルがすべて表示されているので、各スタイルに対して[タグ]と[クラス]を指定し（❼）、[OK]ボタンをクリックします。ポップアップメニューからタグを指定してもかまいませんし、直接、タグやクラスを入力してもかまいません。なお、任意の段落スタイルを基準にEPUB（XHTML）を分割したい場合には、その段落スタイルの[EPUBを分割]にチェックを入れます。

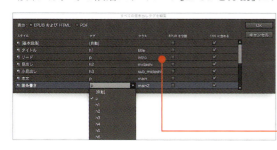

❼ タグとクラスを指定します。

One Point　スタイルごとにタグ・クラスを指定する

タグやクラスは、スタイル単位で設定することも可能です。その場合、[段落スタイルの編集]ダイアログ、または[文字スタイルの編集]ダイアログを表示させ、左側のリストから[タグを書き出し]を選択します。[タグ]や[クラス]を指定すると、実際にどのように書き出されるかを[書き出しの詳細]フィールドで確認できます。
なお、[タグ]のみ指定して、[クラス]を指定していない場合には、EPUBにはタグのみが書き出され、font-sizeやfont-weightといったプロパティは書き出されません。

❾ ［オブジェクト書き出しオプション］を選択する

InDesign CS6以降のバージョンでは、画像等に対してフロート（float）の指定が可能になり、EPUBで回り込みを実現できます。回り込みさせたい画像を選択して（❽）、［オブジェクト］メニューから［オブジェクト書き出しオプション］を選択します（❾）。

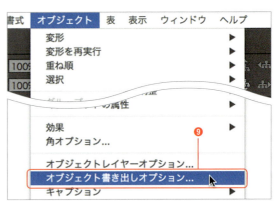

❿ フロートを設定する

［オブジェクト書き出しオプション］ダイアログが表示されるので、［EPUBおよびHTML］タブを選択します（❿）。［レイアウトのカスタム設定］にチェックを入れ、［左にフロート］または［右のフロート］を選択したら（⓫）、［完了］ボタンをクリックします。

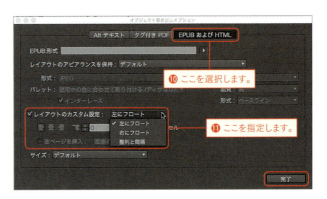

⓫ 回り込みを設定する

フロートを設定しただけでは、書き出したEPUBの画像にテキストがくっついてしまうので、マージンを設定する必要があります。CSSプロパティのmarginには、InDesign上では［テキストの回り込み］パネルの［オフセット］の値が使用されます。［選択ツール］で画像を選択し（⓬）。［テキストの回り込み］パネルの［オフセット］を指定します（⓭）。

434

［アーティクル］パネルへの登録

❶ ［アーティクル］パネルを表示させる

各オブジェクトは座標値に基づいてEPUBに書き出されますが、［アーティクル］パネルを使用することで、オブジェクトを書き出す順番をコントロールできます。まず、［ウィンドウ］メニューから［アーティクル］を選択して（❶）、［アーティクル］パネルを表示します。

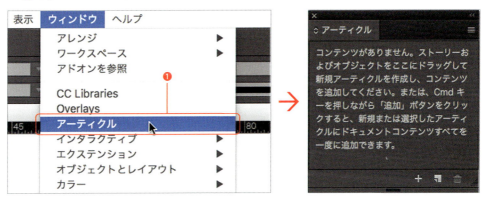

❷ ［アーティクル］パネル上にオブジェクトをドラッグする

アーティクルとして登録するオブジェクトを［選択ツール］で選択し（❷）、［アーティクル］パネル上にドラッグします（❸）。

> **One Point** パスオブジェクトを画像として書き出す
>
> InDeignドキュメント上のパスオブジェクトは、そのままではリフロー型のEPUBに書き出されません。［アーティクル］パネルに登録するか、インライングラフィック、あるいはアンカー付きオブジェクトとして設定することで、画像としてEPUBに書き出すことが可能となります。

❸ 名前を付ける

[新規アーティクル]ダイアログが表示されるので、[名前]を入力して（❹）、[OK]ボタンをクリックします。

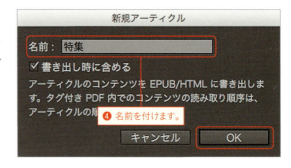

❹ 名前を付けます。

❹ 書き出す順番を設定する

選択していたオブジェクトが[アーティクル]パネルに登録されます（❺）。次に、登録された各アイテムをドラッグして（❻）、EPUBに書き出す順番を指定します（❼）。[アーティクル]パネルの上位にあるものから順に書き出されます。

❺ オブジェクトが登録されます。　❻ ドラッグします。　❼ 順番を変更します。

> **One Point　アーティクルパネルと同じ**
>
> [アーティクル]パネルを設定しただけでは、EPUBに書き出すオブジェクトの順番をコントロールできません。[アーティクル]パネルを使用した場合には、EPUB書き出しの際に[EPUB書き出しオプション]ダイアログの[一般]タブで、[順序]に[アーティクルパネルと同じ]が選択されている必要があります。

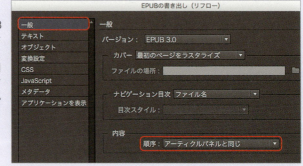

> **One Point　目次の作成**
>
> InDesignの目次機能を使用して作成した目次は、自動的にEPUBの目次として書き出されます。ですから、必ず目次機能を使用する必要がありますが、必ずしもページ内に作成する必要はなく、ペーストボード上に作成してもかまいません。ページ内に作成した目次は、EPUBの目次、およびテキストに書き出されますが、ペーストボード上に作成した目次は、EPUBの目次としてのみ書き出されます。なお、ページの区切りのないEPUBでは、ページ番号は必要ありません。

EPUBの書き出し

❶［書き出し］を選択する
では、EPUBを書き出します。［ファイル］メニューから［書き出し］を選択します（❶）。

❷［書き出し］ダイアログを指定する
［書き出し］ダイアログが表示されるので、［形式］に［EPUB（リフロー可能）］を選択します（❷）。次に［名前］と［場所］を指定して（❸）、［保存］ボタンをクリックします。

❸［一般］を設定する
［EPUB書き出しオプション］ダイアログが表示されます。［一般］タブでは、EPUBの［バージョン］を指定し（❹）、［ナビゲーション目次］や［内容］、［ドキュメントの分割］等、各項目を目的に応じて設定します（❺）。

> **One Point　カバーの作成**
> カバー画像は、ドキュメントの最初のページをラスタライズして自動的に作成する方法と、任意の画像をカバーとして読み込む方法があります。［カバー］で目的のものを選択します。

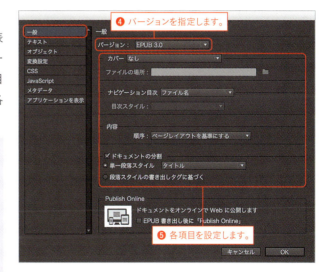

❹［テキスト］を設定する
左側のリストから［テキスト］を選択します（❻）。ここでは、「強制改行を削除するのかどうか」や［脚注］［リスト］等の設定を行います（❼）。

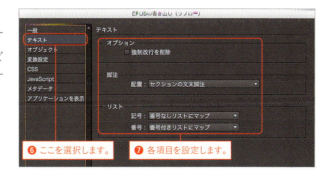

437

❺ ［オブジェクト］を設定する

左側のリストから［オブジェクト］を選択します（❽）。ここでは、HTMLへの画像の書き出し方法を指定します（❾）。［レイアウト］で画像の揃えやアキを設定します。なお、画像に改ページを挿入することも可能です。

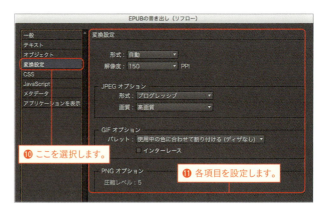

❻ ［変換設定］を設定する

左側のリストから［変換設定］を選択します（❿）。ここでは、画像をどのように書き出すかを設定します（⓫）。［形式］では、GIF、JPEG、PNGが選択できますが、「自動」を選択すると各画像でどの形式を使用するかをInDesignが決定します。

❼ ［CSS］を設定する

左側のリストから［CSS］を選択します（⓬）。ここでは、CSSをInDesignで生成するかどうかを指定します（⓭）。CSSを生成せずにEPUBを書き出すと、スタイルに関連付けられているクラスのみがHTMLタグでマークアップされます。オーバーライドクラスは作成されません。なお、［スタイルシートを追加］ボタンをクリックすることで、外部のCSSを指定することもできます。

❽ ［JavaScript］を設定する

左側のリストから［JavaScript］を選択します（⓮）。ここでは、［JavaScriptファイルを追加］ボタンをクリックすることで、JavaScriptを指定することができます（⓯）。

438

❾ [メタデータ]を設定する

左側のリストから[メタデータ]を選択します(⓰)。ここでは、EPUBに書き出す際のメタデータを指定します(⓱)。なお、[識別子]が空欄の場合、InDesignが自動的に識別子を指定します。

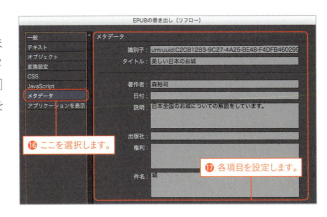

⓰ ここを選択します。
⓱ 各項目を設定します。

❿ [アプリケーションを表示]を設定する

左側のリストから[アプリケーションを表示]を選択します(⓲)。ここでは、EPUB書き出し後に、EPUBを表示するビューワーを指定します。[アプリケーションを追加]ボタンから追加が可能です(⓳)。
すべての設定が終わったら[OK]ボタンをクリックします。

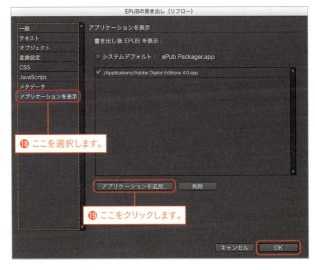

⓲ ここを選択します。
⓳ ここをクリックします。

⓫ EPUBが書き出される

指定した場所にEPUBファイルが書き出されます(⓴)。

⓴ EPUBファイルが書き出されます。

> **One Point　書き出し後のEPUB**
>
> 書き出したEPUBは、それでできあがりではありません。書き出したEPUBを編集して、見栄え等を調整する必要があります。また、EPUDをチェックするツール等を用いて、EPUBに問題がないかどうかも確認します。

> **One Point　Adobe Digital Editions**
>
> EPUBを表示するビューワーには、さまざまなものがありますが、Adobeからも「Adobe Digital Editions(無償)」というビューワーが以下のURLからダウンロード可能です。なお、右図はAdobe Digital EditionsでEPUBを表示したものです。
> http://www.adobe.com/jp/solutions/ebook/digital-editions.html

439

Chapter 13　ファイルの書き出し

13-05　EPUB（フィックス型）を書き出す

現在、InDesignではフィックス型EPUBの書き出しも可能となっています（CC 2014以降）。フィックス型とは、別名「固定型」とも呼ばれ、ページを固定して表示するEPUBです。コミックや写真集などでよく使用されており、EPUB 3で使用可能となりました。

EPUBを書き出す

❶ **ドキュメントを用意する**

InDesignでは、CC 2014からフィックス型のEPUBの書き出しが可能となりました。ここでは、図のようなドキュメントからフィックス型のEPUBを書き出してみたいと思います。

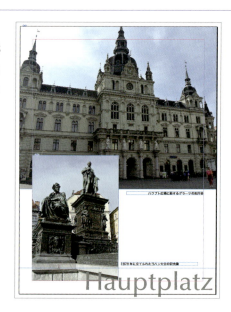

❷ **［書き出し］を選択する**

まずは、［ファイル］メニューから［書き出し］を選択します（❶）。

❸ **［書き出し］ダイアログを設定する**

［書き出し］ダイアログが表示されるので、［形式］に［EPUB（固定レイアウト）］を選択します（❷）。次に［名前］と［場所］を指定して（❸）、［保存］ボタンをクリックします。

❹ ［EPUBの書き出し（固定レイアウト）］ダイアログを設定する

［EPUBの書き出し（固定レイアウト）］ダイアログが表示されるので、目的に応じて各項目を設定し、［OK］ボタンをクリックします。なお、［一般］カテゴリーでは、EPUBに書き出すページ範囲や、カバー、目次を設定し（❹）、［変換設定］カテゴリーでは、書き出す画像の形式や解像度等を設定します（❺）。また、［CSS］カテゴリーでは、CSSファイルの追加（❻）、［JavaScript］カテゴリーでは、JavaScriptの追加が可能です（❼）。そして、［メタデータ］カテゴリーでは、メタデータを指定し（❽）、［アプリケーションを表示］カテゴリーでは、書き出されたEPUBを表示するビューワーの指定が可能です（❾）。

❺ EPUBを表示する

指定した場所にEPUBファイルが書き出されます。図は、書き出されたEPUBファイルをAdobe Digital Editionで表示したものです。なお、テキストが生きたまま書き出されているのが分かります。

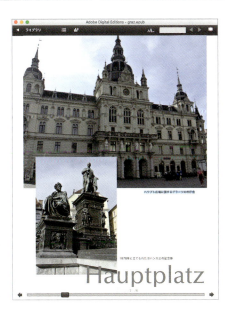

One Point　フィックス型EPUBのテキスト

InDesignから書き出したEPUB（フィックス型）は、テキストを画像化するのではなく、検索可能な（テキスト情報を保持した）テキストとして書き出せます。縦書きテキストも書き出すことが可能ですが、当初は縦中横が保持されず、文字が回転した状態になっていました。しかし、バージョンがCC 2015（2015.4）となり、縦中横の文字もきちんと書き出されるようになっています。ただし、若干位置がずれて表示されてしまうため、さらなる改善が望まれます。

Chapter 13　ファイルの書き出し
13-06　Publish Online

CC 2015からPublish Onlineの機能が使用可能になりました。この機能は、InDesignドキュメントをオンラインで公開できる機能で、アップロードしたドキュメントはブラウザで確認できます。また、ブラウザからPDFをダウンロードすることも可能です。

Publish Onlineの実行

❶ ドキュメントを用意する

InDesignでは、CC 2015からドキュメントをオンラインで公開してURLを共有できる「Publish Online」という機能が追加されました。ここでは、アニメーションを設定した図のようなドキュメントを用意し、Publish Onlineを実行してみたいと思います。

One Point　インタラクティブ機能

Publish Onlineで公開するInDesignドキュメントには、ビデオやオーディオ、アニメーションといったInDesignのすべてのインタラクティブ機能を含めることが可能で、ブラウザで表示可能なHTMLバージョンとして表示されます。

❷ Publish Onlineを実行する

［コントロール］パネルの［Publish Online］ボタンをクリック、あるいは［ファイル］メニューから［Publish Online］を実行します（❶）。

❶ ここをクリックします。

❸［一般］を設定する

［ドキュメントをオンラインで公開］ダイアログが表示されるので、［一般］タブの各項目を設定します（❷）。［タイトル］や［説明］はもちろん、書き出すページ範囲、単ページか見開きか等を設定できます。なお、閲覧者にPDFをダウンロード可能にする場合には、［閲覧者がドキュメントをPDF（印刷）としてダウンロードすることを許可］をオンにします（❸）。また、既存のドキュメントを更新する場合には［既存ドキュメントを更新］をオンにします。

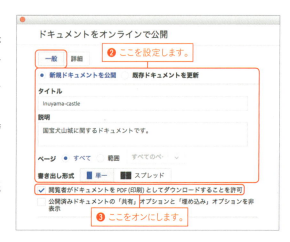

❷ ここを設定します。

❸ ここをオンにします。

❹ ［詳細］を設定する

［詳細］タブに切り替え、各項目を設定し（❹）、［公開］ボタンをクリックします。ここでは、［カバーのサムネール］の設定や、書き出す画像の［形式］や［解像度］が設定できます。なお、閲覧者にPDFをダウンロード可能にする場合には、そのダウンロード可能なPDFの設定を［PDFプリセットを選択］のプルダウンメニューから指定します（❺）。

❺ アップロードされる

ドキュメントがアップロードされたことをあらわすダイアログが表示されたら、［ドキュメントを表示］ボタンをクリックします（❻）。なお、アップロード先を誰かに知らせる場合には、［コピー］ボタンをクリックしてURLをコピーします（❼）。また、Facebook、Twitter、メールを介してドキュメントを共有することも可能です。

❻ ブラウザで表示される

アップロードされたドキュメントがブラウザで表示されます（❽）。なお、閲覧者はブラウザ下部にあるボタンを使って、サムネールの切り替えやズームイン・ズームアウト、フルスクリーン、FacebookやTwitterでのシェア、PDFのダウンロード、不正使用の報告、オーディオとビデオのオン/オフ等を実行できます（❾）。

One Point　Publish Onlineダッシュボード

［ファイル］メニューから［Publish Onlineダッシュボード］を選択することで、公開したすべてのドキュメントへのアクセス、および管理ができます。ドキュメントの削除はもちろん、SNS等への共有や、サイトに埋め込むのに必要なコードのコピー、公開したドキュメントの解析結果の表示も可能です。

Index

数字・アルファベット

.idms	262
1歯詰め	27
A-マスター	59
Adobe Color	339
Adobe Stock	11
Adobe 日本語段落コンポーザー	23
Bridge	11, 19
CC Libraries	269
CCライブラリ	13, 269
EPUB	430, 440
Excel	345
GID/CID	181
GPUパフォーマンス	11
IDMLファイル	426
Illustrator	235, 270, 293, 317
Japan Color 2011 Coated	19
Mini Bridge	291
OpenType機能	122
PDF	422
Photoshop	270, 310
Pulish Online	11, 442
SWF・FLAファイル	427
Unicode	181
Word	225
XML	397

あ行

アート	294
アイコン化	14
アイテム情報	264
アウトポート	80
アウトライン化	168
アセット	270
アニメーションズーム	37

アプリケーションバー	10, 11
アルファチャンネル	312
アンカー付きオブジェクト	260
異体字	90
インポート	80
引用符	189
インライングラフィック	110, 258
打ち消し線	118
エッジの検出	312
エラー	402
欧文泣き別れ	156
欧文回転	133
オーバープリント	407
オーバーライド	61, 197, 202
オブジェクト	230
オブジェクトスタイル	253
オブジェクトの感覚調整	239
オブジェクトの整列	237
オブジェクトの複製	241
親子関係	63, 207
親マスターページ	63

か行

カーニング	165
開始ページ番号	65
ガイド	29
拡大/縮小時に線幅を調整	248
囲み罫	186
箇条書き	139
下線	117
画像位置	295
画像の配置	13, 288
仮想ボディ	258
画像を切り抜く	309
片ページ	66
角オプション	233
角丸	235
カラー	322
カラーテーマツール	335
カラーラベル	47

444

カラー設定	19
環境設定と初期設定	17
キーオブジェクト	237
キーボードショートカット	20
起動画面	16
脚注	141
行送りの基準位置	153
境界線ボックス	294
共同利用	272
行取り	135
行末吸収	156
禁則処理	154
禁則調整方式	23
均等	127
クイック適用	216
組み方向	86
グラデーション	324
グラフィックセル	375
グラフィック用フレームツール	290
グリッド揃え	152
グリッドフォーマット	79, 227
クリッピングパス	309
警告アラート	107
検索対象	178
検索と置換	177, 220
検索フィールド	11
圏点	115
原点の移動	32
合成フォント	146, 217
小口揃え	107
子マスターページ	64
混合インキ	333
コンテンツグラバー	296
コンテンツの収集・配置	263
コントロールパネル	10, 11
コンベヤー	265
コンポーザー	23, 149

さ行

最近使用したフォント	107

サイズと位置のオプション	254
索引	387
サンプルテキストの割り付け	83
字形	90
字形パネル	91
字下げ	111
四則演算	29
自動行送り	77
自動サイズ調整	98
自動調整	301
自動流し込み	86
字取り	134
ジャスティファケーション	162
定規ガイド	30
条件テキスト	174
使用フォント	413
ショートカット	201, 323
新規ドキュメント	13, 26
スウォッチ	327
ズームツール	36
ズームレベル	11
スクリーンモード	11
スクリプト	393
スタイルグループ	201
スタイルの再定義	200
スタイルの読み込み	199
スタイルマッピング	226
ストーリーエディター	81
スナップ	33
スニペット	262
スプレッドガイド	31
スプレッドビューを回転	47
スペクトルUI	10
スマートカーソル	35
スマートガイド	33
スマートサイズ	34
スマートスペーシング	34
正規表現	179, 214
制御文字	95
セクションプレフィックス	53
セクションマーカー	51

445

線種	230
選択スプレッドの移動を許可	67
選択とターゲット	44
先頭文字スタイル	211
線の位置	231
線幅	230
総インキ量	410
相互参照	170
相対的に変形	247

た行

ダーシ	189
代替レイアウト	274
タグ	223, 399
裁ち落とし	294
タッチインターフェイス	12
タッチジェスチャー	13
縦中横	131
タブ	125
単位と増減地	17
段抜き見出し	137
段分割	138
段落	100
段落境界線	128
段落スタイル	196
調整量を優先	23
ツールパネル	10, 11
次のスタイル	209
次ページ番号	50
データの結合	391
テキストアンカー	172
テキストと図版の作成	13
テキストの編集	106
テキストフレーム	74, 96
テキスト変数	54
透明機能	313
透明の分割・統合	411
ドキュメントウィンドウ	10
ドキュメントプリセットの保存	28
ドキュメントレイアウト	11

特殊文字	94
特殊文字セット	147
特色	332
トラッキング	162
トリミング	293
ドロップキャップ	111
ドロップシャドウ	251
トンボ	294

な行

内容のオフセットを表示	247
ノド揃え	107
ノンブル	48

は行

背景色	187
配置	82, 288
ハイパーリンク	172
柱	51
パスの先端	231
バックアップ	18
パッケージ	419
パネルオプション	46
パワーズーム	37
半自動流し込み	88
表	342
表示 / 非表示	11, 35
表示オプション	11
表示画質	298
表示の拡大 / 縮小	36
表示倍率	37
表示モード	38
フォント	413
フォントの絞り込み	107
複合シェイプ	245
複合パス	244
複製コマンド	241
ブック機能	378
ブックファイル	378

不透明度	250
プライマリテキストフレーム	26, 69
ぶら下がり	121
プリセット	412
プリント	415
フレームグリッド	74, 227
フレームの種類	39
フレームの調整	300
フレームを内容の揃える	102
プロポーショナル	164
分版パネル	408
文末脚注	144
分離禁止文字	190
ページアイコン	62
ページサイズ	68
ページサイズの変更	283
ページの移動	42, 47
ページの基本操作	42
ページの削除	46
ページの挿入	44
ページ範囲の指定	46
ベースラインシフト	110, 259
ヘルプ	24
変形パネル	246
保存場所	18

ま行

マーキング	220
マージン・段組	28
前ページ番号	50
マスターアイコン	45
マスターアイテム	60
マスターにテキストフレーム	26
マスターページ	57
マルチプルマスターページ	63
マルチプレース	291
回り込み	306
見開きスタート	65
メタデータ	315
メディア	294

メトリクス	166
目次	383
文字組みアキ量設定	157
文字スタイル	198
文字揃え	151
文字の変形	108
文字を詰める	162
元データの編集	304

や行

読み込みオプション	83, 288

ら行

ライブ角効果	234
ライブキャプション	314
ライブプリフライト	402
リキッドレイアウト	282
リフロー処理	88
リンク	302, 316
リンクバッジ	266, 290
ルビ	114
レイアウトグリッド	27,228
レイアウト調整	28
レイアウトビューを分割	275
レコード	395
列を揃える	100
連結	80

わ行

ワークスペース	14
ワークスペースの切り替え	11
和文組版	22
割注	119

著者紹介

森裕司 Yuji Mori
（有限会社ザッツ）

名古屋で活動するフリーランスのデザイナー。Webサイト『InDesignの勉強部屋』や、名古屋で活動するDTP関連の方を対象とした勉強会・懇親会を行う『DTPの勉強部屋』を主催。Adobe公認のエバンジェリスト『Adobe Community Evangelist』にも認定されており、Adobeサイト内の「YUJIが指南、今こそInDesignを使いこなそう」の執筆やDTP関連の著書も多数。また、2016年11月末より、個人で執筆した『InDesignパーフェクトブック（PDF版電子書籍）』のダウンロード販売もスタートさせている。

お問い合わせについて

本書の内容に関する質問は、下記のメールアドレスまたはファクス番号まで書名と質問箇所を明記のうえ、書面にてお送りください。電話によるご質問にはお答えできません。また、本書の内容以外についてのご質問についてもお答えできませんので、あらかじめご了承ください。なお、質問への回答期限は本書発行日より2年間（2020年4月まで）とさせていただきます。

メールアドレス：pc-books@mynavi.jp
ファクス：03-3556-2742

InDesignパーフェクトブック　CC 2018対応

2018年4月24日　　　　初版第1刷発行

著者	森 裕司
発行者	滝口 直樹
発行所	株式会社 マイナビ出版
	〒101-0003　東京都千代田区一ツ橋2-6-3　一ツ橋ビル 2F
	TEL：0480-38-6872（注文専用ダイヤル）
	TEL：03-3556-2731（販売部）
	TEL：03-3556-2736（編集部）
	編集部問い合わせ先：pc-books@mynavi.jp
	URL：http://book.mynavi.jp

装丁・本文デザイン	吉村 朋子
本文デザイン・DTP	森 裕司
印刷・製本	大丸グラフィックス

© 2018 Yuji Mori
ISBN978-4-8399-6632-4

- 定価はカバーに記載してあります。
- 乱丁・落丁についてのお問い合わせは、TEL：0480-38-6872（注文専用ダイヤル）、電子メール：sas@mynavi.jpまでお願いいたします。
- 本書は著作権法上の保護を受けています。本書の一部あるいは全部について、著者、発行者の許諾を得ずに、無断で複写、複製することは禁じられています。
- 本書中に登場する会社名や商品名は一般に各社の商標または登録商標です。Adobe およびInDesign はAdobe Systems Incorporated（アドビ システムズ社）の米国ならびに他の国における商標または登録商標です。